高等院校信息技术规划教材

面向对象程序设计教程

任宏萍 编著

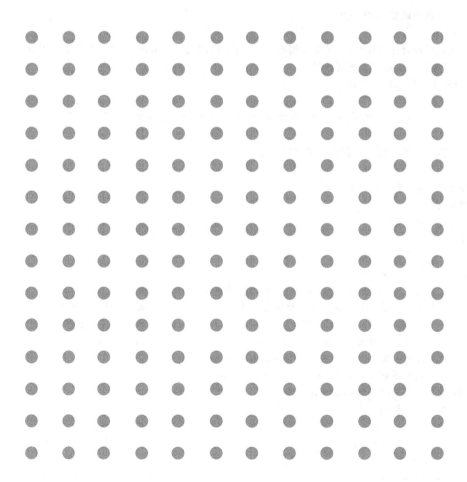

清华大学出版社
北京

内 容 简 介

本书从面向对象软件开发的角度出发,以 Java 语言为辅助工具,重点讲述面向对象程序设计的思想、方法、技术以及面向对象的编程原则,使读者能较全面地了解面向对象软件开发的方法和实现过程,更好地理解和掌握面向对象的程序设计。

全书分为 9 章,从面向对象软件开发概述讲起,包括面向对象的基本概念、统一建模语言 UML 部分内容、程序设计模式等,以帮助读者打下良好的面向对象程序设计基础;其次讲述了 Java 语言编程的基础知识;然后以三层程序设计模式为主线,分别讲解问题域类、图形用户界面类、数据访问类的设计与实现以及它们之间如何交互共同完成系统功能,其中包括设计、实现面向对象的重要概念:封装、继承、多态和类之间的各种关系,数据库访问以及异常处理等;最后讲解基于 Web 的应用开发。

本书的附录介绍 Java 应用开发环境的建立、MyEclipse(含 Tomcat)的安装和使用说明以及常用的面向对象程序设计的术语和词汇的解释。

本书可作为高等院校计算机相关专业及软件工程专业"面向对象程序设计"课程的教材,也可作为高校教师、软件开发人员和计算机科技人员的学习参考书。

本书封面贴有清华大学出版社防伪标签,无标签者不得销售。
版权所有,侵权必究。举报: 010-62782989,beiqinquan@tup.tsinghua.edu.cn。

图书在版编目(CIP)数据

面向对象程序设计教程/任宏萍编著. —北京:清华大学出版社,2012.11(2023.1重印)
(高等院校信息技术规划教材)
ISBN 978-7-302-30048-9

Ⅰ. ①面… Ⅱ. ①任… Ⅲ. ①面向对象语言-程序设计-教材 Ⅳ. ①TP312

中国版本图书馆 CIP 数据核字(2012)第 211991 号

责任编辑:焦 虹 顾 冰
封面设计:常雪影
责任校对:梁 毅
责任印制:丛怀宇

出版发行:清华大学出版社
网　　址:http://www.tup.com.cn, http://www.wqbook.com
地　　址:北京清华大学学研大厦 A 座　　邮　编:100084
社 总 机:010-83470000　　邮　购:010-62786544
投稿与读者服务:010-62776969, c-service@tup.tsinghua.edu.cn
质量反馈:010-62772015, zhiliang@tup.tsinghua.edu.cn
课件下载:http://www.tup.com.cn,010-83470236
印 装 者:北京九州迅驰传媒文化有限公司
经　　销:全国新华书店
开　　本:185mm×260mm　　印 张:20.75　　字 数:490 千字
版　　次:2012 年 11 月第 1 版　　印 次:2023 年 1 月第 6 次印刷
定　　价:59.00 元

产品编号:043558-03

前言

随着计算机技术、信息技术行业的不断发展以及软件的广泛应用，面向对象的程序设计已经成为软件开发的主流程序设计方法，面向对象的软件开发也显现出前所未有的优势。

面向对象程序设计是一种程序设计范例，同时也是一种程序开发的方法。它将对象作为软件的基本单元，将数据和方法封装在对象中，以提高软件的重用性、灵活性和扩展性。面向对象程序设计问世以来，市面上出现了较多的相关书籍，但它们大多以讲述面向对象程序设计语言细节为主。学生学习后可能掌握了这个面向对象程序设计的语言，会使用这个语言的语句编写程序，但对面向对象的概念、思想、方法的应用还是不够清楚，面对实际问题写出来的软件可维护性差。因此不能说使用了面向对象的程序设计语言(如Java)编程，就实现了面向对象的软件开发。

笔者根据多年对面向对象软件开发的研究与实践以及教学经验和体会编写成此书，希望使读者对面向对象有一个较系统的认知，明确面向对象程序设计在软件开发中所处的地位，程序设计的依据是什么，什么是好的程序设计模式，面向对象程序设计的宗旨是什么，逐步建立和掌握使用面向对象认知世界的思想、方法来指导程序的实现，以提高认识问题和解决问题的能力。

全书共分9章，第1章面向对象软件开发概述，主要讲述面向对象的基本概念和特征，面向对象软件开发的基础知识和基本过程，以及程序设计模式。第2章Java基础知识，主要讲述Java语言的基础知识和基本编程技术。第3章Java的类及使用，主要讲述Java提供的常用类和包以及如何在程序中使用它们。第4~8章主要以三层程序设计模式(表示层、业务逻辑层、数据访问层)为主线，由浅入深地介绍各层中类的设计和实现，然后介绍它们之间如何交互共同完成应用系统的功能。其中贯穿如何实现面向对象的重要概念：封装、继承和多态。例如，第4章自定义类及使用，主要讲解如何设计一个问题域类(封装)，如何定义使用问题域类，以及如何处理程序可能出现的异常情况，提高程序的健壮性。第5章继承与多态，主要讲解类的继承关系如何设计,继承和多态的实现机制以及它们的作用,介绍抽象类和接口的设计与实现。第 6 章类之间的关系及实现,主要讲解如何建立类之间的关系以及如何编程实现这些关系。第 7 章图形用户界面类,主要讲述图形用户界面类的设计和实现,包括界面布局、事件处理机制以及如何编写处理事件的方法、用户界面类与问题域类如何交互等。第 8 章数据持久化和数据访问的实现,主要讲述利用数据库实现数据持久,讲解数据访问类的设计和实现,以及数据访问类与问题域类如何交互等。第 9 章 Web 应用系统的开发,主要讲述 Web 技术的基础知识,Web 应用程序设计模式 MVC,通过案例讲述 Web 应用系统的设计与实现。

本书实例丰富,解题思路清晰,步骤明确,解释详细,浅显易懂,便于读者理解和掌握面向对象的程序设计的方法和技术。

在本书出版之际,感谢华中科技大学软件学院领导和同事们的积极支持,叶倩参与了本书附录的编写,在此一并表示感谢。

由于时间关系,书中难免有误和不足之处,敬请广大读者批评指正。

编者
2012 年 6 月

目 录

第1章 面向对象软件开发概述 … 1

- 1.1 面向对象及软件开发 … 1
  - 1.1.1 什么是面向对象 … 1
  - 1.1.2 什么是面向对象程序设计 … 2
  - 1.1.3 面向对象的软件开发 … 2
  - 1.1.4 面向对象方法的优越性 … 4
- 1.2 面向对象的基本概念 … 5
  - 1.2.1 对象 … 5
  - 1.2.2 消息及消息发送 … 6
  - 1.2.3 类与实例 … 6
  - 1.2.4 类的特性 … 7
- 1.3 UML简介 … 9
  - 1.3.1 用例图 … 10
  - 1.3.2 类图 … 11
  - 1.3.3 序列图 … 14
  - 1.3.4 活动图 … 16
  - 1.3.5 UML建模举例 … 19
- 1.4 程序设计模式及风格 … 23
  - 1.4.1 三层程序设计模式 … 23
  - 1.4.2 分层结构的优势和缺点 … 25
  - 1.4.3 程序设计风格 … 26
- 1.5 本章小结 … 27
- 练习题 … 28

第2章 Java基础知识 … 30

- 2.1 认识Java … 30
  - 2.1.1 Java的历史和特点 … 30

         2.1.2　Java 开发环境和开发过程 ……………………………………………… 32
   2.2　标识符、关键字和分隔符 ………………………………………………………… 34
         2.2.1　标识符 ………………………………………………………………… 34
         2.2.2　关键字 ………………………………………………………………… 35
         2.2.3　分隔符 ………………………………………………………………… 35
   2.3　变量和常量 ………………………………………………………………………… 36
         2.3.1　变量 …………………………………………………………………… 37
         2.3.2　常量 …………………………………………………………………… 38
   2.4　数据类型及转换 …………………………………………………………………… 38
         2.4.1　基本类型 ……………………………………………………………… 39
         2.4.2　引用类型 ……………………………………………………………… 39
         2.4.3　数据类型的转换 ……………………………………………………… 40
   2.5　运算符与表达式 …………………………………………………………………… 40
         2.5.1　算术运算符和表达式 ………………………………………………… 40
         2.5.2　逻辑运算符和表达式 ………………………………………………… 41
   2.6　控制流程语句 ……………………………………………………………………… 42
         2.6.1　条件语句 ……………………………………………………………… 43
         2.6.2　选择语句 ……………………………………………………………… 45
         2.6.3　循环语句 ……………………………………………………………… 46
         2.6.4　跳转控制语句 ………………………………………………………… 49
   2.7　数组 ………………………………………………………………………………… 53
         2.7.1　一维数组 ……………………………………………………………… 53
         2.7.2　多维数组 ……………………………………………………………… 55
   2.8　本章小结 …………………………………………………………………………… 58
   练习题 ……………………………………………………………………………………… 58

第 3 章　Java 的类及使用 …………………………………………………………… 61

   3.1　Java 的程序包 ……………………………………………………………………… 61
         3.1.1　包的概念 ……………………………………………………………… 61
         3.1.2　创建和编译一个包 …………………………………………………… 63
         3.1.3　包的使用 ……………………………………………………………… 64
   3.2　字符串类 String …………………………………………………………………… 65
         3.2.1　String 类的常用方法及使用 ………………………………………… 65
         3.2.2　字符串与其他数据类型的转换 ……………………………………… 67
         3.2.3　创建 String 数组 ……………………………………………………… 68
   3.3　动态数组类 ArrayList ……………………………………………………………… 68
         3.3.1　ArrayList 类的常用方法 ……………………………………………… 69
         3.3.2　ArrayList 类的使用 …………………………………………………… 69

3.4 日期类 Date、Calendar 与 DateFormat ································· 70
　　3.4.1 创建日期对象和日期的格式化 ································· 71
　　3.4.2 Calendar 类的应用 ································· 72
3.5 其他几个常用的类 ································· 74
　　3.5.1 包装类 Wrapper ································· 74
　　3.5.2 数值计算类 Math ································· 74
　　3.5.3 扫描器类 Scanner ································· 75
3.6 什么是良好的编程习惯 ································· 77
3.7 本章小结 ································· 77
练习题 ································· 77

第 4 章 自定义类（问题域类） ································· 79

4.1 类的详细设计 ································· 79
4.2 类的定义 ································· 80
　　4.2.1 类定义的结构 ································· 80
　　4.2.2 声明类的属性变量 ································· 81
　　4.2.3 编写类的方法成员 ································· 81
4.3 类的使用 ································· 86
　　4.3.1 创建类的实例 ································· 86
　　4.3.2 调用类的方法成员 ································· 87
　　4.3.3 体会面向对象程序设计方法 ································· 94
　　4.3.4 优化自定义的类 ································· 95
4.4 静态变量和静态方法 ································· 96
　　4.4.1 定义静态变量和静态方法 ································· 96
　　4.4.2 静态变量和静态方法的应用 ································· 96
4.5 方法的重载 ································· 99
　　4.5.1 什么是方法的重载 ································· 99
　　4.5.2 重载方法的条件和使用 ································· 100
4.6 异常及异常处理 ································· 101
　　4.6.1 异常的分类 ································· 101
　　4.6.2 异常的捕获与处理 ································· 102
　　4.6.3 异常处理的一般原则 ································· 107
　　4.6.4 常见的 Java 异常类 ································· 108
4.7 本章小结 ································· 109
练习题 ································· 109

第 5 章 继承与多态 ································· 111

5.1 类的继承 ································· 111

- 5.1.1 继承的案例 ········· 112
- 5.1.2 继承的实现 ········· 113
- 5.1.3 可访问修饰符 ········· 122
- 5.1.4 继承的应用举例——自定义异常类 ········· 123
- 5.2 抽象类与抽象方法 ········· 125
  - 5.2.1 什么是抽象类和抽象方法 ········· 126
  - 5.2.2 抽象类的应用 ········· 126
- 5.3 多态性 ········· 133
  - 5.3.1 多态的概念 ········· 133
  - 5.3.2 方法的重写及功用 ········· 133
  - 5.3.3 实现多态的步骤 ········· 135
  - 5.3.4 使用多态的好处 ········· 136
- 5.4 接口 ········· 139
  - 5.4.1 接口的定义与实现 ········· 139
  - 5.4.2 接口的应用 ········· 142
  - 5.4.3 接口与继承的不同作用 ········· 148
  - 5.4.4 接口与抽象类的比较 ········· 149
- 5.5 本章小结 ········· 150
- 练习题 ········· 150

第 6 章 类之间的关系及实现 ········· 153

- 6.1 关联关系及实现 ········· 153
  - 6.1.1 关联关系的概念及实例 ········· 153
  - 6.1.2 实现 1 对 1 的关联关系 ········· 155
  - 6.1.3 实现 1 对多的关联关系 ········· 158
- 6.2 聚合关系及实现 ········· 162
  - 6.2.1 聚合关系的定义 ········· 163
  - 6.2.2 聚合关系的实现 ········· 163
  - 6.2.3 组合关系 ········· 166
- 6.3 依赖关系及实现 ········· 166
  - 6.3.1 依赖关系的定义 ········· 167
  - 6.3.2 依赖关系的实现 ········· 167
  - 6.3.3 关联和依赖的区别 ········· 168
- 6.4 本章小结 ········· 168
- 练习题 ········· 169

第 7 章 图形用户界面 ········· 170

- 7.1 Java 的 GUI 类及应用 ········· 170

　　　　7.1.1　组件和容器类 ··· 170
　　　　7.1.2　布局管理器类 ··· 174
　　7.2　用户界面事件的处理 ·· 178
　　　　7.2.1　用户界面事件 ··· 178
　　　　7.2.2　事件处理方法 ··· 179
　　7.3　自定义 GUI 类 ··· 180
　　　　7.3.1　定义 GUI 类 ··· 180
　　　　7.3.2　GUI 类的简单应用 ··· 180
　　7.4　用户界面类与问题域类的交互 ·· 186
　　　　7.4.1　实现交互的步骤 ·· 186
　　　　7.4.2　用户界面与业务逻辑分离的好处 ······························ 189
　　7.5　用户界面设计的原则 ·· 190
　　7.6　本章小结 ··· 191
　　练习题 ·· 191

第 8 章　数据持久化和数据访问的实现 ·· 193

　　8.1　数据持久化 ·· 193
　　8.2　文件及访问 ·· 194
　　　　8.2.1　文件的数据结构 ·· 194
　　　　8.2.2　Java I/O 包 ·· 195
　　　　8.2.3　创建一个文件 ··· 197
　　　　8.2.4　顺序文件的读和写 ··· 198
　　　　8.2.5　随机文件的读和写 ··· 201
　　8.3　数据库及 SQL ··· 204
　　　　8.3.1　Access 数据库管理系统 ·· 204
　　　　8.3.2　建立数据库连接 ·· 208
　　　　8.3.3　数据库访问语言 SQL ··· 212
　　　　8.3.4　Java SQL 程序包 ··· 214
　　8.4　数据访问的实现 ·· 217
　　　　8.4.1　数据访问类的设计 ··· 217
　　　　8.4.2　数据访问类的实现 ··· 219
　　　　8.4.3　问题域类与数据访问类的交互 ·································· 226
　　8.5　较复杂的数据库访问的实现 ··· 229
　　　　8.5.1　访问 1 对 1 关系数据表 ·· 230
　　　　8.5.2　访问 1 对多关系数据表 ·· 241
　　8.6　本章小结 ··· 247
　　练习题 ·· 247

第 9 章 Web 应用系统的开发 …… 249

9.1 Web 基本知识 …… 249
9.1.1 WWW 工作原理 …… 250
9.1.2 URL …… 250
9.1.3 HTTP …… 251
9.1.4 HTML …… 252
9.1.5 Web 浏览器和 Web 服务器 …… 254

9.2 Web 应用系统结构 …… 255
9.2.1 C/S 结构 …… 255
9.2.2 B/S 结构 …… 255

9.3 Java Servlet …… 257
9.3.1 Servlet 的功能及生命周期 …… 257
9.3.2 Java Servlet 包 …… 259
9.3.3 自定义 Servlet …… 260
9.3.4 Servlet 运行环境 …… 262
9.3.5 调用 Servlet 程序 …… 263

9.4 JSP …… 265
9.4.1 JSP 页面结构 …… 265
9.4.2 JSP 页面元素 …… 266
9.4.3 JSP 与 Bean …… 269
9.4.4 JSP 的工作过程 …… 270

9.5 Web 应用系统的设计模式与架构 …… 271
9.5.1 Web 应用系统的设计模式 …… 271
9.5.2 MVC 设计模式 …… 272
9.5.3 Web 应用系统的架构 …… 274

9.6 Web 应用系统开发实例 …… 275
9.6.1 基于 MVC 的 Web 应用的实现步骤 …… 275
9.6.2 基于 MVC 的 Web 应用开发举例 …… 278
9.6.3 Web 应用系统软件在 TOMCAT 中的部署 …… 286

9.7 本章小结 …… 288
练习题 …… 288

附录 A Java Application 开发环境的建立 …… 289
A.1 下载和安装 MyEclipse …… 289
A.2 使用 MyEclipse 编写 Java 程序 …… 291
A.2.1 创建 Java Project(项目) …… 291

		A.2.2 创建自定义的类 …………………………………… 291
		A.2.3 编译一个类 ………………………………………… 293
		A.2.4 运行一个类 ………………………………………… 293
	A.3	导入 Java Class ………………………………………………… 294
	A.4	导出 Java 项目 ………………………………………………… 295
	A.5	调试(Debug)Java 程序 ……………………………………… 295

附录 B　Java Web 应用开发环境的建立 …………………………………… 301

  B.1　建立 Web 项目 ……………………………………………………… 301

  B.2　创建、编辑、编译 Web 应用文件 ………………………………… 302

  B.3　调试运行 JSP 文件 …………………………………………………… 303

  B.4　项目的发布 …………………………………………………………… 304

附录 C　常用术语或词汇表 …………………………………………………… 305

参考文献 ………………………………………………………………………… 318

第1章

面向对象软件开发概述

随着计算机技术的迅猛发展，人们对计算机的依赖程度越来越高，期望利用计算机解决各类问题的欲望也越来越强烈，从而导致软件开发所面临的问题越来越复杂，这就需要软件开发人员掌握良好的软件开发方法，以便指导软件开发的全过程，提高软件产品的开发效率，确实保证软件产品的质量。面向对象的软件开发方法就是这样一种好的开发方法。

本章要点
- 面向对象软件开发的特征及内容；
- 面向对象的基本概念；
- 软件建模语言 UML 简介；
- 什么是好的程序设计模式和风格。

1.1 面向对象及软件开发

面向对象(Object-Oriented,OO)是一种新的软件开发和程序设计技术，它认为客观事物都是由对象(object)组成的，对象是在原事物基础上抽象的结果。任何复杂的事物都可以通过对象的某种组合结构构成。面向对象技术的发展，是朝着更加贴近人们世界观的方向发展。

1.1.1 什么是面向对象

面向对象是一种思维方式，是观察和分析问题的方法。通常表现为我们是将问题按照过程方式来解决呢，还是将问题抽象为一个对象或多个对象来解决它。很多情况下，我们会不知不觉地按照过程方式来解决它，例如，先做什么，后做什么，而不是考虑将要解决的问题抽象为对象去解决它。

面向对象最重要的改进就是把世间万物都描述为对象(object)，如一个学生、一本书、一台计算机等都是对象，复杂对象可以由简单对象组成，自然界包括软件系统是由一组彼此相关并能相互通信的对象所组成。例如，一个学生成绩管理系统是由学生、课程、教师和分数等对象组成，这些对象是对现实世界问题域的抽象表述。对象与对象之间通过消息进行通信。各个对象各司其职,相互协作来完成目标任务。

面向对象也是一种用计算机语言模拟客观世界的技术,它所追求的目标是将客观世界的问题求解尽可能地简单化。通过面向对象的理念使计算机软件系统能与客观世界中的系统一一对应,使得软件开发更直观一些。

总之,面向对象不仅是一些具体的软件开发技术与策略,还是一整套关于如何看待软件系统与客观世界的关系,以及如何进行软件系统构造的方法学。

1.1.2　什么是面向对象程序设计

面向对象程序设计(Object Oriented Programming,OOP)是一种新兴的程序设计方法,或者是一种新的程序设计规范(paradigm),或者是一种计算机编程架构。其精髓在于程序的组织与构造。面向对象程序将对象作为程序的基本结构单元,程序由对象组合而成。作为动作的主体,对象将数据及对数据的操作封装在一起成为一个相对独立的实体,以简单的接口对外提供服务。

面向对象程序设计的基本思想是使用对象、类、继承、封装、消息等基本概念来进行程序设计,通过使用这些概念使面向对象的思想得到了具体的体现。

面向对象程序设计优于传统的结构化程序设计,其优越性表现在,它有希望解决软件工程的两个主要的问题——软件复杂性控制和软件生产率的提高,达到软件工程的三个主要目标:重用性、灵活性和扩展性。

1.1.3　面向对象的软件开发

面向对象的软件开发就是使用计算机语言将人们关心的现实世界所涉及的业务范围(即软件的问题域)映射到计算机世界的过程,即把一个复杂的问题分解成多个能够完成独立功能的对象(类),然后把这些对象组合起来去解决这个复杂的问题。面向对象的软件开发的本质是识别和组织问题领域中的对象模型,采用对象来描述问题域中的实体,再用程序代码模拟这些对象,使程序设计过程更自然、更直观。是使用对象、类、继承、封装、消息等基本概念来进行程序设计。

面向对象的软件开发的核心工作包括系统的需求分析、设计、实现及测试等。

(1) 需求分析(analysis)的任务是,首先应明确用户的需求,包括功能性的需求和非功能性的需求。功能性需求描述的是用户想要系统实现的功能;非功能性需求描述的是如何使这个系统能在实际环境中运行。其次将这些需求以标准化模型的形式规范地表述出来,即将用户和开发人员头脑中形成的需求以准确的文字、图、表等形式表述出来,形成双方都认可的文件。通过构造模型(问题域模型和应用模型)更加深入地理解需求。分析的目标是确定系统应该完成哪些功能,即做什么,而不是确定如何完成这些功能。分析阶段的工作是由用户和开发人员共同协作完成的。

(2) 设计(design)可分为系统架构设计和类的设计。系统设计是为解决应用问题而设计的一个高层策略——架构,制定政策以指导后续的类设计;类设计是对分析模型进行扩展,将模型进一步细化,并考虑技术细节和限制条件,设计的目的是制定一个可行的解决方案,即怎么做,以便能很容易地转变成为编程代码。

设计阶段的重心是从应用概念转向计算机概念,开发者要选择合适的算法来实现系统主要功能。

(3) 实现(implementation)的任务是要选择一种合适的面向对象的编程语言,用面向对象程序设计的方法和技术进行编程,把软件设计模型转换成计算机可以接受的程序,本书将重点讲述这一部分。

(4) 在测试(test)阶段,测试人员利用开发人员和用户提供的测试样例分别检验编码,完成各个模块的测试(单元测试)和整个软件系统的功能测试(系统测试)。

面向对象的软件开发过程有多种形式,迭代化增量的开发过程是形式之一。这种开发过程是开发人员通过选择一组需求或变更请求来进行分析、设计、实现和单元测试,然后将其集成并发布的过程。开发人员将继续依照这种方式进行工作,再选择并实现一小部分的需求,并根据用户提出的变更请求做相应改变,直至完成分配给他们的所有工作任务。迭代特性如图1-1所示。

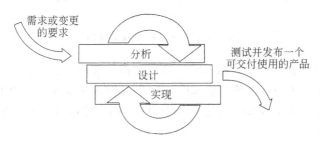

图1-1 从开发人员角度进行的迭代

"增量"可以说是产品的一个发布。第1个增量实现系统的基本需求,客户对每一个增量的使用和评估都作为下一个增量发布的新特征和功能,这个过程在每一个增量发布后不断重复,直到产生最终的完善产品。增量模型强调每一个增量均发布一个可操作的产品。每一个增量可能有一个或几个迭代。这种基于迭代的反馈信息,可以准确地评估进度和调整计划,如果出现问题可及早发现并解决,使失败的风险最小化。

对于大型软件工程项目,可采用统一过程(unified process)模型来开发,它提供了在开发组织中分派任务和责任的纪律化方法。它的目标是在可预见的日程和预算的前提下,确保满足最终用户需求的高质量产品。统一过程模型如图1-2所示。

统一过程模型可用二维坐标来描述。横轴通过时间来组织,是过程展开的生命周期特征,体现开发过程的动态结构。在时间上被顺序分解为4个阶段,分别为初始阶段(inception)、细化阶段(elaboration)、构造阶段(construction)和交付阶段(transition)。纵轴以工作流程来组织,体现开发过程的静态结构,模型中有9个核心工作流,即6个核心过程工作流(core process workflows):业务建模、需求、分析与设计、实施、测试和部署;3个核心支持工作流(core supporting workflows):配置与变更管理、项目管理和开发环境。

统一过程模型的每个阶段可以进一步分解为迭代过程。迭代过程是导致可执行产品版本(内部和外部)的完整开发循环,是最终产品的一个子集,从一个迭代过程到另一

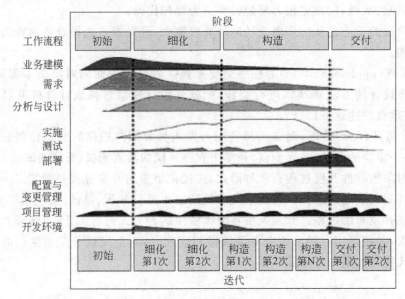

图 1-2 统一过程模型示意图

个迭代过程递增式增长形成最终的系统。迭代过程具有以下优点。

(1) 降低了在一个增量上的开发风险。如果开发人员重复某个迭代，那么损失只是这一个开发有误的迭代的花费。通过在开发早期确定风险，降低了产品无法按照既定进度进入市场的风险。

(2) 用户的需求并不能从一开始就作出完全的界定，通常是在后续阶段中不断细化的。因此，迭代过程这种模式更能适应需求的变化。

(3) 项目小组可以在开发中学习，积累经验。

(4) 高度的重用性，可获得较佳的总体质量。

软件开发过程是一个复杂的过程，很难对其进行机械的划分，我们能够做的就是把握平衡——成本和质量的平衡。

1.1.4 面向对象方法的优越性

面向对象开发方法的优越是相对传统的结构方法而言的。

传统的结构方法思考的着眼点在解决问题的流程上，是面向过程的模式。在面向过程的软件开发中，人们把焦点放在系统的功能、操作上，关心事物发展的过程，较少地涉及产生动作的主体，因此造成与人类对事物认识之间的差距。

面向对象方法思考的着眼点在于解决问题所需用到的对象及对象之间的互动上。它把一个系统定义为对象的集合，每个对象有特定的行为功能，是负有责任的角色，并维护它自己的状态(数据)。通过对象的互动(相互通信,消息传递)来完成系统的功能。

在软件发展初期，传统的结构方法没有很大的问题，但是当软件规模越来越大，变化的速度越来越快的时候，这两种观念就有了冲突。例如，在订单处理系统中，订单这个对象是现实社会的一个普通的商业名词,它是相对稳定的,所不同的只是处理规则有所不同。在传统的语言编程中,"订单"这个名词并不是关心的重点,关心的重点放在订单的处理过程上。偏偏这个处理过程是不稳定的。一旦处理过程改变,软件也须修改,而且可能因涉及面较大,修改量也随之增加。而面向对象采用现实世界系统的思考方式,侧重于建立订单这个类,并构造订单类的体系,然后建立处理规则。所以,它与现实世界的变化规律基本一致,改变起来也就比较容易。

从本质上说,面向对象是确定动作的主体(对象)在先,执行动作在后。面向对象的分析和设计,就是先确定系统中的实体(问题域对象),再确定在这些对象上可能实施的操作。因此,面向对象模式又可称为主体-动作模式。

面向对象的开发之所以强调对象本身"是"什么,而不是它"怎样被使用",其本质原因是:对象的使用依赖于应用程序的细节,而应用程序的细节在开发过程中经常会发生变化。随着需求的发展,对象提供的特征会比使用它的方式更加稳定。因此,构建在对象基础上的软件系统也会比较稳定。

总的来说,面向对象的开发方法有以下优点:

(1) 把软件系统看成各种对象的集合,更接近人类的自然思维方式。

(2) 软件需求的变动往往是功能的变动,而功能的执行者——对象一般不会有大的变化,这使得按对象设计出来的系统结构比较稳定。

(3) 对象把数据(属性值)和行为(方法)一起封装起来,这使得方法和与之相关的数据不再分离,提高了每个对象的相对独立性,从而提高了软件的可维护性。

(4) 可重用性。从一开始对象的产生就是为了重复利用,完成的对象将在今后的程序开发中被部分或全部地重复利用。

(5) 可靠性。由于面向对象的应用程序代码包含了来源于成熟可靠的类库,因而新开发程序的新增代码明显减少,这是程序可靠性提高的一个重要原因。

1.2 面向对象的基本概念

面向对象的基本概念主要包括对象、类、消息、封装、继承、多态和消息传递等。

1.2.1 对象

对象是人们要进行研究的任何实体或事物,从最简单的整数到复杂的飞机等均可视为对象。每一个对象都具有标识符和相应的属性和行为。如汽车,它的属性有品牌、型号、颜色等;其行为有启动、加速、减速、刹车等。对象是构成软件系统的一个基本单位,它由一组属性和方法组成。属性(attribute)反映了对象的信息特征,如特点、值、状态等。而方法(method)则是用来定义改变属性状态的操作以及对对象行为的描述,即对象能做的工作。一个软件系统通常有:

- 用户界面对象,如菜单、按钮、文本框,它们的属性和方法如表 1-1 所示;
- 问题域对象,如在一个订单处理系统中的对象客户、订单和产品,它们的属性和方法如表 1-2 所示。

表 1-1　用户界面中的对象

对象名称	属性成员	方法成员
Button	size、shape、color、location、caption	click、enable、disable、hide、show
TextField	size、shape	set text、get text、hide、show

表 1-2　问题域对象

对象名称	属性成员	方法成员
Customer	name、address、phone number	set name、set address、add new order for customer 等
Order	order number、date、amount	set order date、calculate order amount、add product to order、schedule order shipment 等
Product	product number、description、price	add to order、set description、get price 等

1.2.2　消息及消息发送

消息（message）是指对象之间相互联系和相互作用的方式，是一个对象向另一个对象发出的服务请求，它应该包含下述信息：提供服务的对象标识（对象名）、服务标识（方法名）、输入信息和应答信息。服务通常被称为方法或函数。

在一个应用系统中，存在多个不同的对象。系统的任务是靠这些对象的相互通信来完成的。对象之间的通信主要是通过传递消息来实现的，而传递的方式是通过消息模式（message pattern）和方法所定义的操作过程来完成的。一个对象通过接收消息、处理消息、传出消息或使用其他对象的方法来实现一定功能。

消息是一个对象请求另一个对象执行它的某个方法而发出的一个指令。消息用来激活（调用）另一个对象的一个行为（方法）。发送一条消息至少应给出一个对象的名字和调用这个对象的方法名字。在消息中，经常还有一组数据（也就是那个方法所要求的参数），将外界的有关信息传给这个对象。例如，当对象 A 请求对象 B 执行对象 B 中的某个方法 method 时，对象 A 就发送名为 method 的消息给对象 B，对象 B 接收到此消息，就执行其相应的方法 method，给予相应的响应。消息发送的示意图如图 1-3 所示。

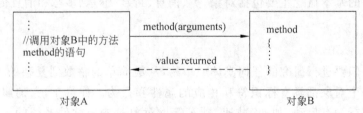

图 1-3　消息发送的示意图

1.2.3　类与实例

1. 类

对象可按其属性和行为进行归类（class），或者说类是一组具有相同属性和行为的对象的集合。类是对对象的抽象,它将一组数据属性和在数据上的一组合法操作封装起来。类是最基本的封装单元。例如,订购者可能是张三、李四、王五等,他们具有相同的属性,如客户名、地址、电话号码、电子信箱等;同时,也具有相同的行为(或方法),如修改、删除客户的资料等。这些订购者的集合就是一个类,可取名为"Customer(客户)"。类的引入可简化冗余的描述。

2. 实例

对于一个具体的类,它有许多具体的个体,这些个体叫做对象。当类中的一个对象被创建时,就称这个类被实例(instance)化了。例如,当Customer类中的一个对象张三被创建时,就称这个类被实例化了,这个对象就是这个类的实例。术语"实例"和"对象"可以互换使用。类和它的实例如图1-4所示。

图1-4 类和它的实例示意图

1.2.4 类的特性

类的定义决定了类具有以下4个特性:抽象、继承、封装和多态。

1. 抽象

类的定义中明确指出类是一组具有相同属性和行为的对象的抽象(abstract)。抽象是一种从一般的观点看待事物的方法,是简化复杂的现实问题的途径。抽象要求我们对具体问题(对象)进行概括,抽取出这一类对象的共同的、本质性的特征并且加以描述,舍弃非本质的特征。应用要点如下:

(1) 先注意问题的本质及描述,其次注意实现的过程或细节。它直接决定程序的优劣——类的定义及组成元素。

(2) 所涉及的主要内容:
- 数据抽象——描述某类对象的属性或状态。
- 代码抽象——描述某类对象的共有的行为或具有的功能。

面向对象鼓励人们用抽象的观点来看待现实世界,即将现实世界看成是一组组抽象的对象(类)组成的。

2. 封装

封装性(encapsulation)就是在抽象的基础上把对象的属性及方法组合成一个独立的单位,并尽可能隐蔽对象的内部细节,封装包含两个含义:

(1) 把对象的属性和方法结合在一起,形成一个不可分割的独立单位——"类",其中属性和方法都是类的成员。

(2) 信息隐蔽,即尽可能隐蔽对象的内部信息,只保留有限的对外接口使之与外部发生联系。

封装的原则在软件上的反映是：要求使本对象以外的部分不能直接存取对象的内部数据(属性)，外界只能通过对象提供的有限的接口(某些方法)对对象的属性数据进行操作。内部的数据隐蔽可通过增加访问权限来实现。封装的过程如图 1-5 所示。

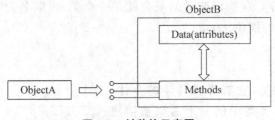

图 1-5　封装的示意图

面向对象的类是封装良好的模块，也是封装的最基本单位。封装使得在修改一个对象的数据结构时不会影响其他的对象，防止了程序相互依赖性而带来的变动影响，从而使维护变得简单，同时也提高了程序的可重用性。

3. 继承(inheritance)

继承是指一个对象从另一个对象中获得属性和方法的过程。继承支持按层次分类的概念。例如，波斯猫是猫的一种，猫又是哺乳动物的一种，哺乳动物又是动物的一种。动物是所有各类动物的超类(或父类)。如果不使用层次的概念，每个对象都需要明确定义各自的全部特征。通过层次分类方式，一个对象只需要在它的类中定义它特有的属性，然后从超类中继承共同的属性即可。

继承，又称泛化(generalization/specification)。继承是在已有类(父类或超类)的基础上派生出新的类(子类)，新的类能够继承已有类的属性和方法，并扩展新的属性和方法。继承是面向对象描述类之间相似性的一个重要机制。面向对象利用继承来表达这种相似性，这样既可以利用继承来管理类，也使得在定义一个相似类时能简化类的定义工作。

在继承机制中，往往从一组类中抽出共同属性和共用方法放在超类中。例如，给定客户类 Customer、售货员类 SalesClerk，可把它们的共同属性放在一个称为人员 Person 的超类中，客户类和售货员类为它的子类，它们各自特有的属性和行为仍然放在它们各自的类中，类的继承关系如图 1-6 所示。

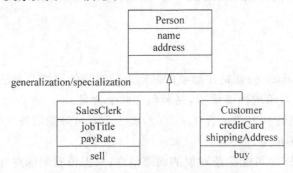

图 1-6　类的继承关系示意图

图 1-6 说明了 SalesClerk 类具有 4 个属性：name、address、jobTitle 和 payRate。前两个属性是从超类中继承而来的，后两个是它特有的属性。类似地，Customer 类也有 4 个属性：name、address、creditCard 和 shipingAddress。继承关系的图符是用带有顶点指向父类的三角形箭头的线段来表示。

继承的好处有以下两点。

（1）继承共性，避免重复。通过类的继承关系，使公共的特性能够共享，提高了软件的重用性。例如，父类被多个子类使用，这样在程序实现时不需要多次编写相同的代码，避免了冗余，提高了代码的重用性。

（2）继承的引入，可以容易地通过增加子类来扩展功能，以增强软件系统的可维护性和可扩展性。

4. 多态

多态(polymorphism)性是指同名的方法可在不同的类中具有不同的行为。在父类演绎为子类时，类的行为也同样可以演绎，演绎使子类的同名行为更具体，甚至子类可以有不同于父类的行为。不同的子类可以演绎出不同的行为。例如，动物都会吃，而羊和狼吃的方式和内容都不一样。又例如，图 1-7 所示的父类 Shape 和子类 Circle、Rectangle 中都有相同的方法名 draw()，但是在不同类中会有不同的语义，如在类 Circle 中，方法 draw() 是画一个圆，在类 Rectangle 中，方法 draw() 是画一个矩形。这就是多态性。

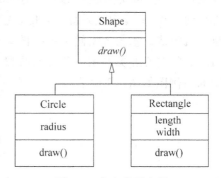

图 1-7　多态的示意图

多态具有灵活、抽象、行为共享、代码共享的优势，能很好地解决应用程序中方法的同名问题。这些在后面章节中会看到。

封装、继承、多态也是面向对象程序的设计的 3 个主要特征。简单地说，封装，隐藏内部实现；继承，重用现有代码；多态，改写对象行为。将它们组合使用可以设计和编写出健壮、具扩展性和可重用性的程序。

1.3　UML 简介

统一建模语言(Unified Modeling Language，UML)是构建软件系统模型的标准化语言。它提供了描述软件系统模型的概念和图形表示方法；同时，由于它采用面向对象的技术、方法，因此能准确、方便地表达面向对象的概念，体现面向对象的分析与设计风格。

UML 是编制软件蓝图的标准化语言，用于对复杂软件系统的各种成分的可视化说明和构造系统模型，以及建立软件文档。

因为模型的作用就是使复杂的信息关联简单易懂，并能有效地使系统需求映射到软件结构上去，所以建模是具体描述客观世界和抽象事物之间联系的较好的方法。在软件开发中模型主要用来描述问题域和软件域。问题域主要包括业务、业务规则、业务流程；软件域主要包括软件的组成、软件的结构和软件部署等。

UML 由事物(things)、关系和图组成。事物是模型(图)中的元素，关系是指事物之间的关系。图主要由事务和关系组成。本节重点介绍 UML 的部分图，如用例图、类图、顺序图和活动图。UML 的完整介绍可参见 Booch、Rumbaugh 和 Jacobson 编写的 *The Unified Modeling Language User Guide*(second edition)一书。

1.3.1 用例图

用例图(use case diagram)是用来为系统的功能建模，它由用例和参与者构成。用例图以图形化的方式表示系统内部的功能、系统外部的参与者，以及它们之间的交互关系，帮助开发团队以一种可视化的方式理解系统的功能需求，如图 1-8 所示。

通常一个用例代表系统的一个功能，或定义系统参与者与系统的一次完整的交互。在 UML 中用椭圆形表示用例。用例的名称一般写在椭圆内。注意：用例不描述系统内部如何工作，只是定义系统的功能，说明系统必须做什么，通常一个用例由一系列动作或事件流组成。参与者是使用系统的人员或与该系统交互的其他系统或设备。用例和参与者之间的交互关系用一条无向线段表示。一个简单的在局域网环境中的商品订购系统的用例图如图 1-9 所示。

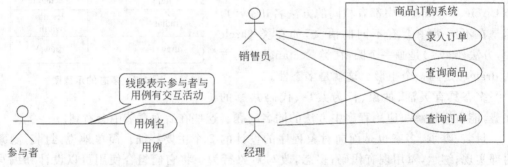

图 1-8　用例图的示意图　　　　　图 1-9　商品订购系统的用例图

在图 1-9 中，系统的参与者有销售员和经理(系统用户)；系统的用例有录入订单、查询商品和查询订单。

用例的一般描述分为以下几个方面。
- 简要说明：描述用例的作用。
- 主事件流和其他事件流：用例的具体细节，即从用户角度描述执行用例的具体步骤。
- 前提条件：执行用例之前必须要满足的条件。
- 事后条件：用例执行后必须为真的条件。

例如，商品订购系统中的用例"录入订单"的描述如下。
- 简要说明：销售员根据客户的要求录入订购的商品到系统中。
- 主事件流：销售员先查询有没有客户要求订购的商品，如果有则输入客户姓名；

查询该客户是不是新客户,如果是新客户则需录入较详细的客户信息,如姓名、个人客户或团体客户、电话号码、工作单位等;为该客户填写订单。
- 其他事件流:无。
- 前提条件:有客户要订购商品。
- 事后条件:无。

用例图的创建处于软件开发需求(分析)阶段,具体步骤如下。

(1) 识别系统的参与者,以及他们对系统的需求。

(2) 从他们对系统的需求描述中,找出系统的用例,一个用例的范畴是用户与系统交互的一个完整的事件流,用例名一般是动词短语。

(3) 对每个用例进行描述,写出它的主事件流和其他事件流,包括异常事件流。

(4) 画出系统用例图。

1.3.2 类图

1. 类图简述

类是面向对象系统组织结构的核心。类图(class diagram)用来显示系统中的类,以及类之间是如何彼此相关联的。换句话说,它显示了系统的静态结构。

UML 类图可用于表示问题域类(或事务逻辑类)及关系,问题域类通常就是业务人员所谈及的对象种类,有属性和操作(或行为),如客户、订单、商品等。类图也可用于表示实体类及关系。类图还可用于表示主动类(active class)和其他类之间的关系,主动类是这样的类:其对象拥有一个控制线程并且能够发起控制活动;它不在别的线程或状态机内运行,具有独立的控制期。或者可以这样理解:主动类对应的代码是可执行程序,如一个 Java Application 程序。本节重点讲述问题域类图。

在 UML 类图中,每个类用矩形框表示,主要包含三部分内容:类名、类的属性(数据)和类的操作(方法)。类的图形符号如图 1-10 所示。图中 BankAccount 是类名,owner 和 balance 是 BankAccount 的属性,deposit()、withdraw() 和 updateBalance() 是 BankAccount 的操作或方法。

在为系统建模时会发现类很少独立存在,大多数类都以某种方式彼此协作。即:不同的类之间可能会有某种联系。因此,在为系统建模时,不仅需要从问题域的词表中抽象出类,还需要描述这些类间的关系。例如,在商品订购系统中,问题域类有 Order、OrderItem、Product 和 Customer,它们之间的关系如图 1-11 所示。

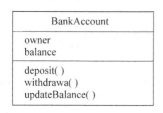

图 1-10 类的图形符号

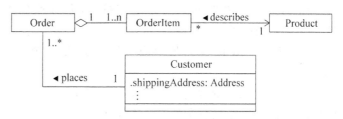

图 1-11 商品订购系统简化的问题域类图

图 1-11 描述了订购系统的静态结构关系,类图中关系符号说明如下。

(1) 关联关系(association)。关联关系表示两个类之间存在某种语义上的联系。它是一种结构关系,规定了一种事物的对象可以与另一种事物的对象相连。例如,Customer(客户)和 Order(订单)之间存在某种语义上的联系关系。在类图模型中,类 Customer(客户)和 Order(订单)之间建立关联关系。关联关系的 UML 符号表示是一条实线。

关联关系具有导航性。给定一个连接两个类的关联,可以从一个类的对象导航到另一个类的对象。如果这两个类的对象,其中只有一个对象需要发送消息给另一个对象,则该关联关系使用单向开箭头表示,例如类 OrderItem(订单项)与 Product(商品)的关联关系可设计为单向。关联上的方向性(navigability)箭头表示该关联传递或查询的方向。OrderItem 类可以查询它的 Product,但是不需要反过来查询。

(2) 聚合关系(aggregation)。关联关系所涉及的两个类是处于同一层次上的,而在聚合关系中,两个类处在不平等的层次上的,一个代表整体,另一个代表部分。例如,类 Order 与 OrderItem 之间的关系就是聚合关系,一个 Order 由若干个 OrderItem 组成。聚合关系的 UML 符号表示是一条实线加菱形箭头。

(3) 关系的多重性。赋给一个类的多重性(multipicity),表明该类可以有多少个对象与另一个类的一个对象相关联,多重性指定了有多少个对象可以参与该关联。例如,订单类 Order 与订单明细类 OrderItem 的聚合关系的多重性是:某一个订单(订单类的实例)至少有一个或多个订单项(订单明细类的实例),即订单类 Order 与订单项类 OrderItem 是 1 对多关系。反过来,某一个订单项仅属于某一个订单,即类 OrderItem 与订单类 Order 是 1 对 1 的关系。多重性的取值范围有以下几种表示:

- 0..1 表示有零个或一个实例;
- 0..*(或 *)表示有零个或多个实例;
- 1 表示有且只能有一个实例;
- 1..* 表示至少有一个实例;
- m..n 表示有 m 至 n 个实例。

2. 阅读类图

要实现面向对象的程序设计必须学会阅读类图。在阅读类图时,重点要把握三项内容:类、关系、多重性。

阅读类图的方法是:先从类图中看清有哪些类,理解类的语意;然后看看类之间的关系,并结合多重性来理解类图的结构特点,以及各个属性和方法的含义。例如,阅读图 1-11 的过程如下:

(1) 读出类并理解类的语意。图中共有 4 个类,即 Order、OrderItem、Prodcut、Customer。

(2) 读出类之间的关系和多重性。从图中关系最复杂(也就是线条最密集的地方)的类开始阅读,本图中最复杂的就是 Order 类。

① 订单(Order)与订单项(OrderItem)的关系是聚合关系。聚合关系是一种特殊类

型的关联,表示整体与部分关系的关联。根据箭头的方向可知,订单包含了订单项,或者说订单由若干个订单项组成。类 Order 与类 OrderItem 的关系多重性为:某一个订单至少有一个或多个订单项(项)(1 对多),一个订单项仅属于一个订单(1 对 1)。

② 订单项与商品(Product)有关联关系,并且是单向的,即从订单项可查询到商品的详细信息,反过来不需要。订单项与商品的关联关系多重性是,一个订单项对应一种商品(1 对 1),一种商品可能在 0 个或多个订单项中(1 对多)。

③ 客户(Customer)与订单有关联关系,并且是双向的,即从一个订单可查到订单的客户;反过来,从客户可以查到他的订单。它们的关联关系多重性是,一个客户至少有一个或多个订单(1 对多),一个订单只属于一个客户(1 对 1)。

(3) 理解类的属性和方法。

图 1-11 是一个简化的类图,较详细的问题域类图如图 1-12 所示,在图中添加了类的属性、方法。

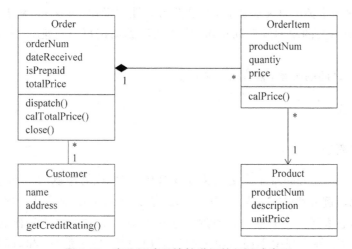

图 1-12　商品订购系统较详细的问题域类图

通常在编写软件文档时,每个类图都会用表格的形式对其属性和操作(方法)进行详细说明,便于对类图的理解。例如,对 Order 类的说明如表 1-3 所示。

表 1-3　Order 类的说明

类名	属性和方法成员	说　　明
Order	orderNumber	订单号
	dateReceived	订单接收日期,数据类型:date
	isPrepaid	是否提前付款,数据类型:boolean
	totalPrice	总价,数据类型:money
	dispatch()	分派订单
	close()	关闭订单
	calTotalPrice()	计算订单中商品的总价

类的详细说明除了能帮助很好地理解每个类的职责外,最重要的是程序员可根据类图及说明写出相应的类定义(代码)。

3. 创建类图

系统的问题域类图是系统类图的核心,类图在 UML 图中占据相当重要的地位。创建问题域类图可按以下步骤进行。

(1) 寻找类和确定类。从需求分析和用例的描述中提取有意义的名词或名词短语,这些名词可能是类也可能是类的属性。寻找类的过程如图 1-13 所示。

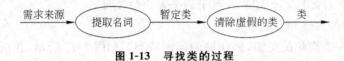

图 1-13 寻找类的过程

(2) 明确每一个类的含义和职责,确定类的属性和操作(方法)。从需求分析和用例的描述中提取有意义的动词或动词短语,这些动词或动词短语可能是类的操作(要做的事情)。

(3) 找出类之间的关系,然后画出类图。

1.3.3 序列图

1. 序列图简述

序列图(sequence diagram)主要用来显示具体用例(或者用例的一部分)的详细动作或事件流程,把用例表达的需求转化为进一步、更加正式的精细表达。序列图可用来描述用例的实现,它表明了由哪些对象通过消息发送,相互协作来实现用例的功能。

序列图显示事件流程中不同对象之间的调用关系(传送消息)和时间顺序,同时还详细地显示对不同对象的不同调用(消息发送),但不显示对象之间的关系。一个序列图通常显示某个用例中的一个事件流程。序列图可帮助我们进行系统需求分析和设计。

序列图将对象交互关系表示为一个二维图。其中,纵轴是时间轴,以发生的时间顺序显示消息(调用)的序列,时间沿竖线向下延伸;横轴显示消息被发送到的对象(类的实例)。

序列图有以下三个特征。

(1) 对象生命线。这是一条垂直的虚线,表示一个对象在一段时间内存在。

(2) 对象激活框。这是一个细长矩形,表示对象执行一个动作所经历的一个时间段。

(3) 消息。这是带箭头的水平线,箭头指向接收者。如果消息是调用,则线段是实线段,箭头是实心箭头;如果消息是返回,则线段是虚线段,箭头是枝状箭头。

一个图书管理系统中"还书"用例的序列图如图 1-14 所示。

在图 1-14 中,顶部每个框表示类的对象或类。如果框内是对象,则表现形式可以是以下三种之一:

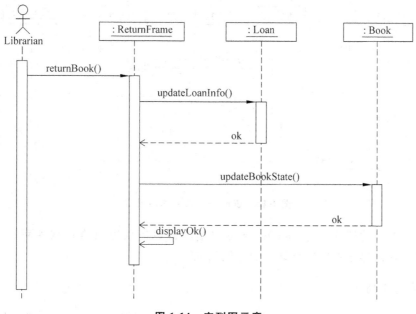

图 1-14 序列图示意

（1）对象名称和类名称之间用冒号来分隔，再加下划线，如aLoan:Loan。
（2）省略对象名称，如:Loan（借还记录）。
（3）只保留对象名，如aLoan。

如果框内是类，则用类名表示，不需要下划线。

如果某个对象向另一个对象发送一条消息，则绘制一条指向接收对象的实箭头水平连线，并把消息（方法名）放在连线上面。例如，对象:ReturnFrame 发送消息 updateLoanInfo()，表明调用对象:loan 的方法 updateLoanInfo()。

如果发送的消息是创建一个类的对象，则将连线的箭头直接指向那个对象。对于某些返回的消息，可以绘制一条开箭头的虚线指向发送消息的对象，并将返回值标注在虚线上。例如，对象:loan 返回消息 ok。图中窄矩形框表示对象被激活了，它将要执行消息指定的方法（method）。图中垂直虚线表示对象的生命线。

2．阅读序列图

阅读序列图非常简单。从左上角启动序列的"主动"类对象开始，从左到右顺着每条消息往下阅读。例如，阅读销售员查询一个订单的序列图如图 1-15 所示。

下面给出阅读图 1-15 所示序列图的过程。

销售员在查询界面 QueryGUI 上输入订单号 ID 后，查询界面 QueryGUI 调用对象 anOrder 的方法 find(ID)，或者发送消息 find(ID)给对象 anOrder；随后 anOrder 调用对象 anOrderItem 的方法 findItem(ID)，在此方法内，anOrderItem 调用对象 aProduct 的方法 getDetails()；对象 aProduct 响应这个消息，返回商品的详细信息给对象 anOrderItem，anOrderItem 将得到的订单项返回给 anOrder；anOrder 又调用 aCustomer 的方法 getDetails()

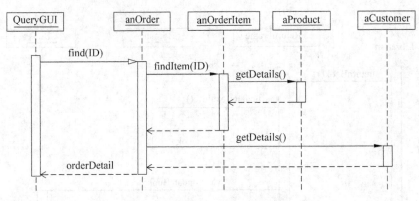

图 1-15　查询一个订单的序列图

以获得订单客户的信息；最后 anOrder 将完整的订单信息返回给查询界面 QueryGUI。销售员可以在此界面看到这个订单的详细信息。

3. 绘制序列图

序列图的主要用途之一，是把用例表达的需求转化为进一步、更加正式的精细表达。用例常常被细化为一个或多个序列图，由用例的事件流程的个数决定。在设计阶段，架构师和开发者使用序列图，挖掘系统对象间的交互，来充实整个系统设计。序列图除了在设计新系统方面的用途外，还能用来描述一个已存在系统的对象如何交互。当把这个系统移交给另一个人或组织时，这个文档就会有用。

系统序列图的绘制可按以下步骤进行：
（1）确定要建模的某用例的一个事件流程。
（2）布置参与这个事件流程的多个对象在图的顶部。
（3）添加各对象的生命线、发送的消息、激活矩形框。

序列图的创建属于在分析和设计阶段进行的工作之一。

1.3.4　活动图

1. 活动图简述

活动图（activity diagram）是 UML 用于对系统动态行为建模的另一种常用工具，它描述活动的顺序，展现从一个活动到另一个活动的控制流。活动图在本质上是一种流程图，活动图着重表现从一个活动到另一个活动的控制流。活动图描述的控制流程可分为有两类，一类是简单控制流，另一类是并发控制流。UML 活动图的示意如图 1-16 所示。

从图中可见，组成活动图的元素有活动起点、活动终点，活动、分叉、汇合、分支、合并。
（1）活动是一个或若干个连续的动作组成的行为。
（2）分叉是指一个活动在该点同时产生多个并发活动。

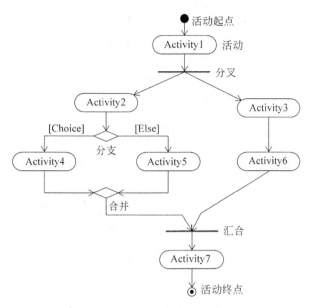

图 1-16 活动图示意

(3) 汇合是指多个并发活动完成后在该点汇合,当所有的并发活动都完成之后才能转移到下一个活动。

(4) 分支是指在该点需要判断,即根据不同的条件转移到不同的活动节点,转移的条件写在[]中,一个分支节点只有一个输入流和两个或多个输出流。

(5) 合并是相对于分支而言的,不管哪一个分支活动到达该点都将转移出去,一个合并节点有两个或多个输入流和一个输出流。

活动图从一个连接到活动起点的实心圆开始。活动是通过一个圆角矩形(活动的名称包含在其内)来表示的。活动可以通过转移线段连接到其他活动,或者连接到判断点,这些判断点连接到由判断点的条件所保护的不同活动。结束过程的活动连接到一个终点。

2. 阅读活动图

活动图可将业务流程或软件进程以工作流的形式表现出来。

使用活动图可以描述多种类型的流程,具体如下:

- 用户和系统之间的业务流程或工作流。
- 某一用例中执行的步骤。
- 软件协议,即允许在组件间进行的交互序列。
- 软件算法。

例如,对企业业务流程建模,描述某公司销售过程的活动图如图 1-17 所示。

阅读图 1-17 所示的销售过程:当公司收到订单后,有两个并发的活动进行,一个并发活动是准备货物,货物准备好后下一个活动是送货。送货分两种情况,如果是加急货物,则快递(EMS);如果是普通货物,则按普通包裹传递。另一个并发活动是开具发票,

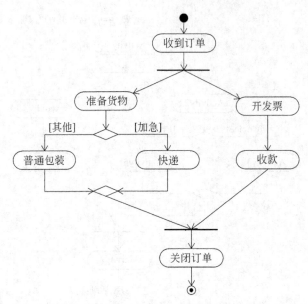

图 1-17 某公司销售过程的活动图

收款;仅当货物送到,款也收了,这个订单任务才算完成,关闭订单,该次销售过程结束。

3. 活动图建模的步骤

1) 定义活动图的范围

首先应该定义要对什么建模,是单个用例还是一个用例的一部分;是一个包含多个用例的商务流程,还是单个类的单个方法。一旦确定了所作图的范围,在其顶部,用一个标注添加标签,指明该图的标题和唯一的标识符。

2) 添加活动起始和结束点

每个活动图有一个起始点和一个或多个结束点,因此需要添加它们在活动图上。有时候一个活动只是一个简单的结束,如果是这种情况,指明其唯一的转移是到一个结束点也是无害的。

3) 添加活动节点

从活动起点开始,找出随时间推动的动作和活动,并在活动图中把它们标识成活动节点。

如果是对一个用例建模,对角色(actor)所发出的主要步骤引入一个活动(该活动可能包括起始步骤,加上对起始步骤和系统响应的任何步骤)。

如果是对一个高层的商务流程建模,对每个主要流程引入一个活动。

如果对一个方法建模(或对操作流程建模),那么该方法的每一步可作为一个活动节点。

4) 添加活动节点之间的转移

在活动节点之间添加转移线段。当一个活动有多个转移时,需对每个活动的转移加转移条件。

5) 添加分支点

有时候,对建模的逻辑需要做出一个决策。例如,需要检查某些事务或比较某些事务,或对多种活动选择其一,这时需添加分支节点。合并节点有时可略。

6) 找出可并发活动之处,添加分叉与汇合

当两个活动间没有直接的联系,而且它们都必须在第三个活动开始前结束,那它们是可以并行运行的。例如,图 1-17 中,准备货物和开具发票两个活动是并发活动,此时在这两个活动前需添加分叉节点,在关闭订单活动前需添加汇合节点。

UML 还有其他描述软件系统的图,有兴趣的读者可以参考相关资料。

对于软件项目开发,使用 UML 和 UP(统一过程)是最佳的组合选择。在软件开发时,对业务建模通常使用用例图、序列图和活动图对已有业务或要改进业务的建模;在需求阶段使用用例图为应用系统功能建模;在分析阶段使用类图、序列图和状态图等建立问题域模型(例如问题域类图)和应用模型(例如控制执行过程的类图和序列图等);在设计阶段细化类图、序列图等,建立数据访问类和 GUI 类图。

1.3.5 UML 建模举例

在用面向程序设计语言编程之前,需要经过对问题的需求分析和设计两个阶段,创建出系统的用例图、序列图和类图等软件文档,用这些文档来指导程序设计。例如,经过需求分析,可将分析结果用用例图描述,并对每个用例进行文字说明。有了用例图及说明,就可以从中找出系统问题域类,由此创建类图;另外,根据用例图及说明,就可以用序列图进一步精细地描述每个用例的事件流。在实现阶段根据类图及各类的详细描述,就可以用 Java 语言来定义图中的每个类,再结合其他模型如序列图、活动图及相应文档就能编写出相应的控制执行程序调用已定义类的方法来实现系统的各个功能。

图 1-18 所示的是用 UML 为应用系统建模的简单示意图。

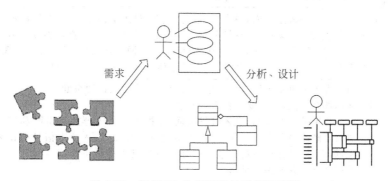

图 1-18 用 UML 为应用系统建模示意图

下面以一个简单的手机应用程序"电话簿管理系统"为例,用面向对象的方法来分析和设计电话簿管理系统。假设经过需求分析,电话簿管理系统应具有如下功能:

(1) 新建联系人及电话号码。

(2) 修改、删除联系人及电话号码。

(3) 查询联系人电话号码，包括全部查询、分组查询、按关键字查询。

1. 用例图建模

根据以上功能描述，电话簿管理系统的用例图如图 1-19 所示。

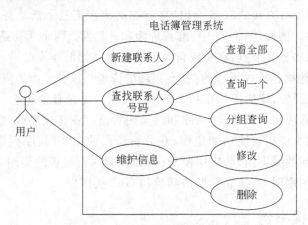

图 1-19 电话簿管理系统的用例图

图中每个用例功能的描述如表 1-4 所示。

表 1-4 各用例功能的描述

用例名	主要事件流
新建联系人	(1) 用户进入手机主界面，单击"电话簿"按钮，进入电话簿页面 (2) 单击"新建联系人"按钮，进入录入页面 (3) 输入联系人姓名、电话号码、电话类型（个人、办公和商务）、组别（朋友、同学、家人等）等信息 (4) 单击"保存"按钮，显示存储信息，进入维护页面或返回电话簿页面，如果电话簿已有此人信息，需提示是否存储
查找联系人号码	(1) 用户进入手机主界面，单击"电话簿"按钮，进入电话簿页面，系统显示全部联系人 (2) 从联系人下拉菜单中选择"分组"（朋友、同学、家人等），查询相应类别的联系人 (3) 在搜索框输入欲搜索联系人名，系统即时返回搜索结果。注：应可实现模糊查询 (4) 单击用户姓名，查询包括姓名、电话号码在内的用户详细信息
维护信息	(1) 用户进入手机主界面，单击"电话簿"按钮，进入电话簿页面 (2) 利用查询功能，找到要维护人的姓名 (3) 单击要维护人的姓名，进入维护页面，维护页面有"修改"、"删除"和"返回"按钮 (4) 如果要修改该联系人的信息，则单击"修改"按钮，进入个人信息编辑页面，进行修改，然后单击"保存"按钮，显示存储信息并进入维护页面或返回到电话簿页面，或不存储直接返回到电话簿页面 (5) 如果要删除该联系人，则在单击"删除"按钮后，出现一提示窗口显示"是否删除？"。选择"是"，即删除该联系人的所有信息；选择"否"，则返回上个页面

2. 活动图建模

描述电话簿管理主页面工作流程的活动图如图 1-20 所示。

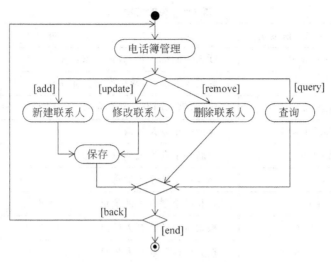

图 1-20　电话簿管理系统活动图

从图 1-20 可以看出系统最上一层的工作流程。我们还可以对图中的各个活动细化，例如可用另外一个活动图描述"新建联系人"的操作流程等。

3. 类图建模

根据表 1-4 中对每个用例的事件流的描述，从名词中找出该系统问题域类：Contact（联系人）和 Phone（电话）。因为每个联系人可能有一个或多个电话号码，并且电话有不同类型，所以电话应该是一个单独的类。我们知道，类是一组具有相同属性和行为的对象的集合，属性表示对象的性质或状态，行为表示该对象具有的操作或应做的工作（即方法）。再从表 1-4 中对每个用例的事件流的描述可以找出 Contact 类的属性：联系人姓名 name、组别 group 等，其方法有添加、修改、删除联系人及查询等；Phone 类的属性有电话号码 phoneNum、电话类别 type，其方法有添加、删除、修改和查询。电话簿管理系统问题域类图如图 1-21 所示。

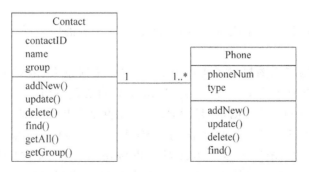

图 1-21　电话簿管理系统问题域类图

Contact 类和 Phone 类的说明如表 1-5 所示。

表 1-5 类的说明

类名	属性和方法成员	说 明
Contact	contactID	联系人的标识符,数据类型:int
	name	联系人的名字,数据类型:String
	group	组别,例如朋友、同学、家人。数据类型:String
	addNew()	添加一个联系人信息
	update()	更新一个联系人信息
	delete()	删除一个联系人信息
	find()	查找一个联系人的信息
	getAll()	检索所有的联系人信息
	getGroup()	按分组检索联系人信息
Phone	phoneNum	电话号码,数据类型:int
	type	电话号码类别,例如办公、个人、商务等,数据类型:String
	addNew()	添加一个电话信息
	update()	更新一个电话信息
	delete()	删除一个电话信息
	find()	按电话号码查找联系人

Contact 类和 Phone 类的方法除了表 1-5 中列出的之外,为保证属性(数据)的安全还应有对类中属性变量赋值的方法(set methods)和获取属性值的方法(get methods)。因为每个问题域类中都应包含这些赋值方法和获取方法,所以也称这些方法为标准方法,或称 Setters 和 Getters。为简洁起见,标准方法不出现在类图中,但是在用面向对象程序设计语言定义类时要将标准方法添加到类中。

4. 序列图建模

下面根据用例"新建一个联系人"的事件流建立相应的序列图,进一步细化用例,如图 1-22 所示。

图 1-22 给出的序列图描述了实现用例"新建一个联系人"的对象之间的交互流程。图中 GUI 是用户界面对象,aContact 是 Contact 类的实例,aPhone 是 Phone 类的实例;ContactDA 和 PhoneDA 是数据访问类具体实现访问数据库的功能。首先,用户在系统用户界面输入联系人信息,用户界面对象创建一个 Contact 的实例 aContact;然后,调用 aContact 的方法 addNew,aContact 对象再调用 ContactDA 的 addNew 方法,将用户输入的联系人信息存入数据库。用类似的方法可以将用户输入的电话信息存入数据库。

以上序列图是依据三层程序设计模式建立的。三层程序设计模式将在 1.4 节详细介绍。根据三层程序设计模式和在分析、设计阶段建立的 UML 模型,就可以用面向对象

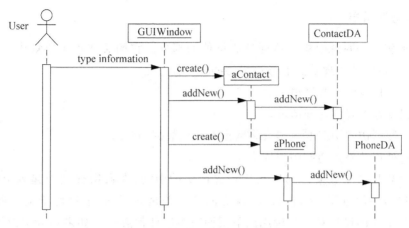

图 1-22 "新建一个联系人"序列图

的程序设计语言编写代码,实现这个电话簿管理系统。后面的章节将重点介绍一个应用系统如何被实现。

1.4 程序设计模式及风格

一个人编写优秀的面向对象的代码已很困难,而让整个开发团队都编写出优秀的面向对象的代码则更难。这是因为面向对象的方法对问题的解不是唯一的,各个不同的优秀解汇集到一起,可能是一个糟糕的解,这是设计模式和架构不同造成的。因此,对于团队开发软件,程序设计的模式和风格尤为重用。只有遵循了一定的模式,我们编写的程序才能在规模不断扩大和变化中保持健壮。借助好的设计模式,可以更好地编写程序,建立整体思路。

1.4.1 三层程序设计模式

通常一个应用程序按功能可以分解为用户界面、业务处理逻辑和数据存取。三层设计模式(three-tier design model)是指在设计构建软件系统时,开发者需将应用程序分解为三层设计,这三层是指表示层(也称用户界面层)、业务逻辑层(也称问题域层)和数据访问层。每一层对应的类分别为图形用户界面类(GUI class)、问题域类(PD class)和数据访问类(DA class)。

1. 表示层

表示层位于最外层(逻辑上的),用于显示数据和接收用户输入的数据,为用户提供一个人机交互式操作的界面。表示层主要的任务是:管理 Windows 界面的呈现和行为,包括显示数据、捕获数据、数据验证检查、向问题域层发送用户输入的信息、从问题域层接收结果、向用户显示结果。表示层由图形用户界面类构成。

2. 业务逻辑层

业务逻辑层是系统架构中体现核心价值的部分。它的关注点主要集中在业务规则的制订、业务流程的实现等。业务逻辑层的主要任务是：

（1）从用户界面层接受请求。

（2）根据业务规则处理请求。

（3）从数据访问层获取数据或将数据发送到数据访问层。

（4）将处理结果传递回用户界面层。

业务逻辑层处于数据访问层与用户界面层的中间，在数据交换中起承上启下的作用。由于层是一种弱耦合结构，层与层之间的依赖是向下的，下层对于上层而言是"无知"的，改变上层的设计对于其调用的下层而言没有任何影响。如果在分层设计时，遵循了面向接口设计的思想，那么这种向下的依赖也应该是一种弱依赖关系。因而在不改变接口定义的前提下，理想的分层式架构应该是一个支持可抽取、可替换的"抽屉"式架构。正因为如此，问题域层的设计对于一个支持可扩展的架构尤为关键，因为它扮演了两个不同的角色。对于数据访问层而言，它是调用者；对于用户界面层而言，它却是被调用者。业务逻辑层由问题域类构成。

3. 数据访问层

数据访问层有时候也称为数据持久层，其功能主要是负责对数据库或文件的访问，例如对数据库数据的查询、添加、修改和删除；对文本文件、图形文件等的访问。数据访问层的主要任务是：

（1）建立数据库的连接。

（2）接收问题域层的调用请求，完成添加、修改、删除或查询数据。

（3）关闭数据库的连接，释放资源。

数据访问层由数据访问类构成。

在三层设计的软件系统中，用户仅与用户界面类交互，用户界面类仅与问题域类交互，问题域类仅与数据访问类交互，数据访问类处理数据的存储和检索。三层程序设计模式示意如图 1-23 所示。

图 1-23 三层程序设计模式示意图

分层次设计主要有以下几个目的：

（1）分散关注。一个好的分层式设计，可以使得开发人员的分工更加明确。一旦定义好各层之间的接口，负责不同逻辑设计的开发人员就可以分散关注，齐头并进。例如用户界面设计人员只需考虑用户界面的体验与操作,问题域的设计人员可以仅关注业务逻辑的设计,而数据库设计人员也不必为烦琐的用户交互而头疼了,这样,开发进度就可以迅速地提高。

(2) 松散耦合。松散耦合的好处是显而易见的。如果一个系统没有分层,那么各自的逻辑都紧紧纠缠在一起,彼此相互依赖,谁都是不可替换的。一旦发生改变,则牵一发而动全身,对项目的影响极为严重。降低层与层之间的依赖性,既可以较好地保证未来的可扩展性和可维护性,在重用性上也具有明显的优势。

(3) 逻辑复用。每个功能模块一旦定义好统一的接口,就可以被其他模块所调用,而不用为相同的功能进行重复地开发。

(4) 标准定义。进行好的分层式结构设计,标准也是必不可少的。只有在一定程度的标准化基础上,这个系统才是可扩展的,可替换的。接口的标准化保证了层与层之间的正确通信。

1.4.2 分层结构的优势和缺点

1. 分层结构的优势

程序的分层结构简化了开发人员的代码重写,提高了开发人员的开发效率,更重要的是三层架构程序模式有利于程序的功能扩展和升级。具体分层结构带来的好处有如下几个方面。

(1) 合理地划分各层功能,使之在逻辑上保持相对独立性,从而使整个系统逻辑结构上更为清晰,提高系统的可维护性和可扩展性。

(2) 允许更灵活有效地选用相关软硬件系统,使之在处理负载及处理特性上分别适应结构中的不同层,并具有良好的可升级和开放性。

(3) 允许应用的各层并行开发,并选择各自最合适的开发语言以及开发环境,使系统能够并行地、高效地开发,达到较高的性价比。每一层的处理和逻辑维护更容易。

(4) 充分利用业务逻辑层,有效地隔离开表示层和数据层,未授权的用户难以绕过中间层访问数据层,为严格的安全管理奠定了坚实的基础。

分层设计使软件系统的修改和扩充变得较容易。例如,对一个考试系统,如果要改变其考试合格的最低分数线,则只需要修改问题域类"分数"的相应方法。只要此方法的参数和返回内容不变,在 GUI 类不需要作任何改动。在这里,体现了面向对象编程的特性之一——封装性的优点,而这一点在开发大型应用软件时尤其重要。再如,一个应用系统使用 SQL Server 数据库管理系统,由于各种原因要增加一个或改为 Oracle 数据库管理系统,若使用了三层设计,只要再加一个 Oracle 数据访问层,就可以实现多数据库访问了;如果不是三层设计模式的系统,可能要改很多代码才能完成修改,延长开发周期。

代码的可重用性也是显而易见的。例如,要开发一个应用系统,该系统要对数据库进行操作,如果以前编写过这样的数据访问类,则只要把原来的数据访问类复制过来或做少量修改就可以了。可见代码的重用可缩短软件的开发周期。

2. 分层式结构的缺点

分层式结构也存在一些缺陷：

（1）降低了系统的性能。如果不采用分层式结构，很多业务可以直接访问数据库来获取相应的数据，现在却必须通过中间层来完成，这自然而然地降低了速度。

（2）有时会导致级联的修改。这种修改尤其体现在自上而下的方向。如果在表示层中需要增加一个功能，为保证其设计符合分层式结构，可能需要在相应的业务逻辑层和数据访问层中都增加相应的代码。

分层式结构的第一个缺点相对它的优点，可以忽略。

分层式结构的第二个缺点是可以通过开发人员在需求分析和设计阶段中做详细的工作来避免的。

1.4.3 程序设计风格

良好的程序设计风格（programming style）对保证程序质量是非常重要的。面向对象程序设计就是一种良好的程序设计，即一个问题的解决方案是一组相互关联的对象（或类）。这不仅能明显减少维护或扩展的开销，而且有助于在新项目中重用已有的代码。良好的程序设计风格归纳起来有三点：可重用性（reusability）、可扩展性（extensibility）和健壮性（robustness）。

1. 可重用性

可重用性是面向对象软件开发的一个核心思路。可重用性是指一个软件项目中所开发的模块，不仅可在这个项目中使用，而且可以重复地使用在其他项目中，从而缩短了开发周期，降低了开发成本。面向对象程序设计的抽象、封装、继承、多态四大特点都无一例外、或多或少地围绕着可重用性这个核心并为之服务。

代码的重用有两种：一种是本项目内的代码重用，另一种是新项目重用旧项目的代码。本项目内的代码重用主要是找出设计中相同或相似的部分，然后利用继承机制共享它们。新项目重用旧项目的代码主要是将旧项目中的类或子系统用于新项目中。

为了提高代码的可重用性，在程序设计时须遵循以下规则。

（1）保持方法（method）清楚易懂，减小方法的规模，即一个方法只应完成单项功能或一组密切相关的功能。如果一个方法的代码过长，比如超过两页，就应把该方法拆分成更小的方法。

（2）保持方法的一致性，即功能相似的方法应使用相同的方法名、参数特征（包括参数个数、类型和次序）、返回值类型、使用条件及出错条件等。

（3）把策略与实现功能分别放在两个方法中。策略方法用于收集全局情景信息、整理参数、作出判断转移。例如，策略方法用来控制多个实现方法的转换、检查状态和异常信息。策略方法不应该直接执行计算或实现复杂的算法。实现方法用来处理特定的逻辑,不需要判断是否或为什么要做这些事情。如果遇到 Error(错误)或 Exception(异常),则应返回状态值,而不是采取行动。策略方法一般出现在用户界面类中(在 Web 应用中,策略方法出现在控制程序中,见第 9 章),实现功能的方法一般出现在问题域类中。

(4) 利用继承机制。在面向对象程序设计中,继承机制是实现共享和提高重用程度的主要途径。

2. 可扩展性

可扩展性要求开发的软件能够容易地进行扩充和修改已有的功能。要提高软件的可扩展性,在开发时须遵循以下规则。

(1) 使用封装机制,即类的内部结构对其他类是不可见的。其他类要想得到该类的数据只能通过调用该类的方法来获取,不能直接访问该类的数据。可通过设置属性的可见性为"私有的"来达到这个目的。

(2) 合理使用方法的可访问性修辞符。可访问性修辞符有 public、private、protected 等。public(公用)方法在类的外部是可见的,其他类可调用它。如果其他类使用了公用方法,那么,若要修改和删除该类,所花的代价就会增大。因此,要小心地定义方法的可访问性为 public。

3. 健壮性

程序的健壮性是指程序具有容错功能。首先程序必须能正确地运行才有价值。但是,对一个程序来说,只有提供正确的输入才能产生正确的输出是不够的。一个好的程序设计应该是:在程序运行过程中,遇到各种可能的情况都能正常工作,即能在偶然的或故意的错误下正常运行。这就要求在设计时尽量考虑到各种可能出现的情况,并能处理它们。对于初学者来说,所编写的程序不是实用系统,对健壮性的要求不是很高,但有必要把它作为一个基本标准,以便从一开始就养成良好的程序设计习惯。

1.5 本章小结

面向对象的软件开发方法把软件系统看成是各种对象的集合,对象是系统最小的模块,一组相关的对象能够组合成一个子系统或功能模块。这种开发方法的优点是:与人们习惯的思维方法一致,可使软件系统结构更加稳定,软件具有更好的可重用性,更便于维护与扩充。了解和领会面向对象的基本概念,如类、封装、继承、多态等,以及掌握统一建模语言 UML,将有助于我们设计出良好的程序。

在面向对象的软件开发中,采用好的程序设计模式和良好的程序设计风格,可提高程序的可重用性、可扩展性和健壮性,在实践中你会受益匪浅。后面章节将以三层程序设计模式为主线,介绍如何用面向对象程序设计语言 Java 实现各层设计。

练 习 题

1. 什么是面向对象？面向对象的软件开发主要的工作流程是什么？
2. 什么是对象？什么是类？对象与类的关系是什么？
3. 试简述面向对象的基本特征。
4. 对象具有属性、行为和_____等三个基本特征。
5. 什么是类的关联关系？
6. 一个类的对象和类的实例是指同一事物吗？
7. 符合对象和类的关系的是_____。

    A. 人和狮子   B. 书和《唐诗》   C. 楼和建筑物   D. 汽车和交通工具

8. 封装的特点之一是信息隐藏，信息隐藏指的是_____。

    A. 输入数据必须输入保密口令
    B. 数据经过加密处理
    C. 对象内部数据结构上建有防火墙
    D. 对象内部数据结构的不可访问性

9. 面向对象的系统被定义为_____。

    A. 为完成任务而交互作用的对象的集合
    B. 类和过程与数据分离
    C. 处理输入输出的数据流
    D. 为 Internet 设计的任何系统

10. 面向对象的软件开发有哪些优越性？
11. UML 是一种什么语言？
12. 用例图、序列图和类图有联系吗？
13. 建一栋大楼需要有建筑图纸（蓝图）。软件系统的实现，即编程（或程序设计）需要有类似的蓝图吗？这个蓝图是什么？
14. 阅读题图 1-1 所示的 UML 类图，回答以下问题。

（1）图中有几个类？

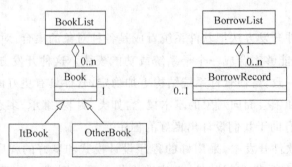

题图 1-1

(2) 类之间有哪几种关系？

(3) 说明 Book 类与 BorrowRecord 类之间的多重性。

15. 用活动图对 1.3.5 节中手机电话簿管理中"查找联系人号码"用例中事件流程建模。

16. 三层程序设计模式将应用系统分为_____。

  A. GUI 类、数据库类、操作系统类

  B. 问题域类、GUI 类、数据访问类

  C. 问题域类、操作系统类、数据访问类

  C. 操作系统类、GUI 类、数据访问类

17. 应用程序分三层设计的目的是什么？

18. 什么是良好的程序设计风格？

第 2 章 Java 基础知识

实现面向对象的设计需要采用面向对象程序设计语言。当前,非常流行的面向对象程序设计语言是 Java。为了能更好地描述面向对象的程序设计的方法和技术,本书将以 Java 语言作为辅助工具,故在此先介绍 Java 的基础知识。

本章要点
- Java 的特点;
- 建立 Java 程序的开发环境的方法;
- Java 程序的开发过程;
- Java 语言的基本语法和语义;
- Java 基本语句、数组等的使用。

2.1 认识 Java

Java 是 Sun 公司推出的新一代面向对象的程序设计语言和开发平台,特别适合于 Internet 应用程序的开发,它的平台无关性、安全性使它的应用越来越广泛。Java 作为软件开发的一种革命性的技术,其地位已经确立。

2.1.1 Java 的历史和特点

1. Java 发展历史

Java 来自于 Sun 公司的一个称为 Green 的项目(1991 年),这个项目由 James Gosling 负责。Green 项目最初的目的是开发智能家用电子产品。开始,项目组准备采用 C++ 语言,但由于 C++ 太复杂,且安全性差,因此项目组决定开发一种新的编程语言来实现,该语言就是 Java 语言的前身 Oak。Oak 是在 C 和 C++ 的基础上进行简化和改进的、一种网络的和安全的小巧语言。20 世纪 90 年代,Internet 的出现把具有不同操作系统的、不同地域的计算机连接了起来,但彼此通信仍比较困难。人们期望有一种新的编程语言能够在不同的平台上运行,使之更容易地彼此通信。Gosling 等人看到了 Oak 语言在计算机网络上的广阔应用前景,于是对 Oak 进行改造,并在 1995 年 5 月 23 日正式以 Java 的名称对外发布。同年,Sun 公司决定免费向公众发放 Java 的开发工具包,并与当时著名的网景公司合作,将 Java 虚拟机(Java Vitrual Machine,JVM)加到 Netscape 浏览器当中。这一系列举措都使得 Java 伴随着 Internet 的迅猛发展而发展起来,并逐渐成为重要的 Internet 编程语言。

Java 的取名也有一个趣闻。有一天,几位 Java 成员组的会员正在讨论给这个新的语言取什么名字,当时他们正在咖啡馆喝着 Java(爪哇)咖啡,有人灵机一动说就叫 Java 怎样,得到其他人的赞赏。于是,Java 这个名字就这样传开了。

第一个 Java 版本发布于 1995 年 5 月,Java 几乎每年都在更新。版本 JDK(Java Development Kit)1.0、JDK 1.1 被称为 Java 1;JDK 1.2、JDK 1.3、JDK 1.4、JDK 1.5 和 JDK 1.6 被称为 Java 2。至今,Sun 针对不同的应用已推出 Java 2 的三个版本:J2SE、J2EE、J2ME(现又改名为 Java SE、Java EE、Java ME)。

J2SE(Java 2 Platform Standard Edition)是 Java 2 的标准版,是 Java 最核心的技术,通常称之为 JDK(Java Development Kit)或 JSDK(Java Software Development Kit)。J2SE 包含构成 Java 语言核心的类。

(1) 开发工具:编译器、调试器、文档制作工具;
(2) 运行环境:Java 虚拟机、组成 Java 2 平台 API 的类;
(3) 帮助文档;
(4) 附加库;
(5) Java 源程序例子。

J2EE(Java 2 Platform Enterprise Edition)是 Java 2 的企业版。J2EE 包含 J2SE 中的类,另外还包含用于开发企业级应用的类,如 EJB、servlet、JSP、XML、事务控制等。J2EE 主要用于分布式的网络程序的开发,如电子商务网站和 ERP(Enterprise Resource Planning)系统。

J2ME (Java 2 Platform Micro Edition) 是 Java 2 的袖珍版。J2ME 主要应用于嵌入式系统(小型电子设备)的开发,如智能卡、手机(短消息发送(SMS)、股票查询、气象服务、游戏)、汽车导航仪等。J2ME 包含 J2SE 中一部分类,其核心类库被修改以满足嵌入式系统的需要。目前,J2ME 在无线编程技术中正发挥着它独特的作用,已成为手机游戏开发应用最广泛的语言之一。

2. Java 的特点

Java 能如此迅猛发展,与 Java 本身的特点是分不开的。Java 主要特点如下。

(1) 简单。简单体现在以下 3 个方面:
- 风格类似于 C++,基本语法与 C 类似。
- 摒弃了 C++ 中容易引发程序错误的地方,如指针和内存管理。
- 提供了丰富的类库。Java 把大多数常用的功能编译成各种类,这些类的集合就是 Java 类库(class library)。

(2) 面向对象。Java 能实现面向对象的概念,如封装、继承和多态,并支持代码重用,容易维护和扩展。它不支持类似 C 那样的面向过程的程序设计技术。

(3) 与平台无关。Java 源程序被编译成一种高层次的与机器无关的 byte-code 格式代码,被安装在不同平台上的Java虚拟机(JVM)解释执行,解决了异构操作系统的兼容性问题。

(4) 分布式。Java有一个支持HTTP和FTP等基于TCP/IP协议的子库。因此,Java应用程序可凭借URL打开并访问网络上的对象,其访问方式与访问本地文件系统几乎完全相同。

(5) 多线程。Java提供的多线程功能使得在一个程序里可同时执行多个小任务。多线程带来的好处是可获得更好的交互性能和实时控制性能。

(6) 健壮。Java致力于检查程序在编译和运行时的错误,以减少错误的发生。Java还提供程序异常处理机制,使得即使有异常出现也不至于死机。

(7) 安全。由于Java主要用于网络应用程序开发,因此对安全性有较高的要求。

Java的安全性可从两个方面得到保证:一方面,在Java里,像指针和释放内存等C++功能被删除,避免了非法内存操作;另一方面,Java提供从解释到执行层层把关机制,可有效防止病毒程序的产生和下载程序对本地系统的威胁破坏。

(8) 动态。Java的动态特性是其面向对象设计方法的拓展,它允许动态地装入运行过程中所需要的类。

2.1.2　Java开发环境和开发过程

所谓开发环境是指用户执行核心开发任务的环境。目前最流行的Java集成开发环境是Eclipse和MyEclipse。

Eclipse是著名的跨平台的可扩展的开放源代码的免费的集成开发环境(IDE),由IBM公司出资组建。Eclipse集程序的编辑、编译、调试、运行为一体,有良好的用户界面。Eclipse框架灵活、扩展容易,因此受到开发人员的喜爱,目前它的支持者越来越多,大有成为Java第一开发工具之势。

MyEclipse是Eclipse的一个插件,MyEclipse新的版本除了包含开发Java应用程序所需的开发环境包外,还集成了开发Web应用程序所需开发环境包。myEclipse可以从网站http://www.myeclipse.com下载,其安装与使用说明参见附录A。

在集成开发环境中,应用程序开发的过程如下:

- 创建和命名文件来存储程序。
- 编写代码(使用Java或者其他语言)。
- 编译代码(检查错误,生成可执行程序)。
- 调试和测试代码。

Java应用程序从编写到运行需经历编辑、编译、装载、验证和执行五个步骤,如图2-1所示。

(1) 编辑:程序员写好源程序,然后将该程序存盘,生成的文件称为源文件,其后缀名为.java。

(2) 编译:Java编译器对该程序进行编译生成字节码(byte-codes)文件,其后缀名为.class。

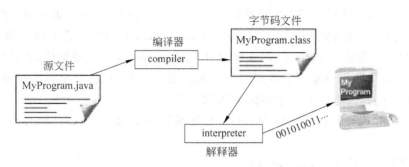

图 2-1　Java 程序的开发过程

（3）加载：Java 类加载器将字节码加载到内存中。
（4）验证：Java 验证器验证该字节码是否合法、是否违反安全规定。
（5）执行：Java 解释器将该字节码翻译成计算机能执行的机器代码，然后执行。

对于程序员来说，一般在建立好的开发环境（如 MyEclipse）中对程序进行编写、编辑、运行(包含编译)、调试即可。

下面以 Java 应用程序 MyProgram.java 为例，说明 Java 程序的开发过程。

（1）在 MyEclipse 的编辑器中编写如下源程序，保存文件名为 MyProgram.java。

```
/**
 * The MyProgram Class implements an application that
 * displays "Hello World!" to the standard output.
 */
public class MyProgram {            程序进入点
  public static void main(String[] args) {
    //display "Hello World!"
    System.out.println("Hello World!");
  }
}
```
（注解、类）

程序的注解部分是程序员加入的注释，用于提高程序的可读性，使程序便于理解。编译器会跳过注解部分，所以注解部分不会被执行。

Java 支持三种不同的程序注释方式。

① 多行注解：以"/*"开始，以"*/"结束。
② 单行注解：以"//"开始。
③ 文本注解：以"/**"开始，以"*/"结束。可利用 javadoc 工具将"/**"与"*/"之间的文字抽出，直接生成说明文件。

Java 应用程序体由类或类的定义组成。类是 Java 程序的基本单元，类名必须与 Java 源文件名相同。程序第一行中，class 代表类，class 后面的是类名，本例为 MyProgram，因此存档的源文件名应为 MyProgram.java。class 前面的 public 表示该类的访问属性是公共的。

Java 应用程序有一个显著的标记，即在程序中必须定义一个主方法，其名为 main

(String[] args),它是程序开始执行的地方。一个类中可以声明多个方法,通过主方法再调用其他的方法。主方法 public static void main(String[] args)是 Java 应用程序运行点的标准写法。关键字 static 和 void 分别声明方法 main 是一个静态的,不返回任何值。main 方法中的参数 String[] args 表明参数 args 是一个数组,其类型是字符串。如果类中有 main()方法,这个类就是主动类,可直接运行。

System.out.println("Hello World!");将括号中的文本 Hello World! 显示在屏幕上。

(2) 编译和运行 MyProgram.java。

因为安装 MyEclipse 时已自动设置了"Build Automatically"(自动编译),所以可以直接点击 MyEclipse 界面上菜单项[Run],如果程序没有语法错误,那么可以看到在\bin 目录下生成了一个 MyProgram.class 字节码文件,表明程序编译成功;在 MyEclipse 界面的输出显示栏中显示"**Hello World!**"。

2.2 标识符、关键字和分隔符

Java 语言主要由标识符、关键字、数据类型、运算符和分隔符等五种元素组成。这五种元素有着不同的语法含义和组成规则,它们互相配合,共同完成 Java 语言的语意表达。本节将介绍标识符、关键字和分隔符,其他元素将在下面几节分别介绍。

2.2.1 标识符

所谓标识符(identifier)是指常量、变量、类和类的属性、方法等的名称。

1. 标识符命名的基本规则

Java 对标识符有一定的限制。标识符命名的基本规则如下:
(1) 所有标识符的首字符必须是字母(大、小写)、下划线或美元符 $。
(2) 标识符是由数字(0~9)、大写字母(A~Z)、小写字母(a~z)和下划线、美元符 $ 和所有在十六进制 0xc0 前的 ASCII 码等构成。
(3) 不能使用 Java 的关键字作为标识符。

标识符正误对照表如表 2-1 所示。通过该表,可以对标识符的命名规则有一个更好的理解。

表 2-1 标识符正误对照表

合法标识符	非法标识符	备 注
try_1	try	关键字不能作为标识符
group_7	7group	不能用数字符号开头
openDoor	open-door	不能用-作为标识符号
boolean_1	boolean	boolean 为 Java 关键字,不能用关键字作为标识符

2. 标识符命名要求

当使用标识符作为变量、常量、对象或类命名时,应该使标识符能在一定程度上反映它们的意义。例如,订单类的标识符(类名)可为 Order,其方法"计算总价"的标识符(方法名)可为 calTotalPrice。Java 对命名有如下要求。

(1) 包名(package name):包名是全小写的名词,中间可以由点分隔开,如 java.awt.event。

(2) 类名(class name):首字母大写,通常由多个单词合成一个类名,要求每个单词的首字母也要大写,如类名 MyProgram。

(3) 接口名(interface name):命名规则与类名相同,如 public interface Collection 中 Collection 是接口名。

(4) 方法名(method name):往往由多个单词合成,第一个单词通常为动词,首字母小写,中间的每个单词的首字母都要大写,如 balanceAccount()、isButtonPressed()。

注意:布尔方法名的前缀一般是 is、has 或 can。

(5) 变量名(variable name):为小写,一般为名词,若变量名由 2 个以上单词组成,第 2 个单词首字母要大写,如 length、audioSystem、isFound。

注意:布尔变量名的前缀一般是 is、has 或 can。

(6) 常量名(constant name):基本数据类型的常量名为全大写,如果是对象类型(引用类型)的,则是大小写混合,由大写字母把单词隔开;如果是由多个单词构成的,则可以用下划线隔开,如 int YEAR、int WEEK_OF_MONTH。

2.2.2 关键字

关键字(keyword)是 Java 语言本身使用的标识符,有其特定的语法含义。所有 Java 语言的关键字都不能用作标识符,Java 语言的关键字如表 2-2 所示。

表 2-2 Java 的关键字

abstract	else	interface	super	char	for	private	transient
boolean	extends	long	switch	class	if	protected	true
break	false	native	synchronized	countinue	implements	public	try
byte	final	new	this	default	import	return	void
case	finally	null	throw	do	instanceOf	short	while
catch	float	package	throws	double	int	static	

2.2.3 分隔符

分隔符(separator symbol)用来区分源程序中的基本成分,可使编译器确认代码在何处分隔。分隔符有普通分隔符、注释和空白符等三种。

1. 普通分隔符

- 逗号",":分隔变量声明中连续的标识符,或分隔方法的参数。

- 分号";":语句的结束符。
- 点".":用于分隔包、子包和类,或者分隔实例变量中的变量和方法。
- 括号():用于在方法定义和访问中将参数表括起来,或者在表达式中定义运算的先后顺序,或者在控制语句中将表达式和类型转换括起来。
- 方括号[]:用于声明数据类型,以及引用数组的元素值。
- 花括号{}:用于将若干语句序列括起来作为一个程序代码块,或者为数组初始化赋值。

2. 注释符

注释符(Comment symbol)有以下三种方式:
- "//"为单行注释符。
- "/*…*/"为多行注释符。
- "/**…*/"为文档注释符。

每个 Java 源程序的最开始部分是对该程序的说明,例如:

```
/*
 * 文件名:
 * 主要功能描述:
 * 版本:
 * 日期:
 * 修改记录:
 * 作者:名字,学号,电子邮件
 */
```

只注释一行使用//,注释多行则使用/*…*/格式。所有的注释与被注释行左对齐。一般对定义在程序中的变量、方法、返回值和主要语句都要进行说明,说明的位置在语句的上方或在语句结束符";"后面。

3. 空白符

空白符(whitespace symbol)包括空格、回车、换行和 Tab 键,用来作为程序中各种基本成分的分隔符。空白分隔符的引入可以提高程序的阅读性。一般在较大的程序块{…}之间加空行;并排语句之间加空格;运算符两侧加空格。遇到{后缩进(按 Tab 键),遇到}后回缩(按 Shift+Tab 键),使程序层次分明。

源程序是否逻辑简明清晰、易读易懂,是评价程序好坏的重要标准。注释和空白分隔符的使用可大大提高源程序的可读性,使源程序意义清楚。

2.3 变量和常量

程序运行时,所用的数据均被放在内存,内存有两个基本属性:内存地址和其存储的数据,这些被存储的数据根据可否变化分为变量和常量。

2.3.1 变量

变量(variable)是指在程序执行过程中,其值可以改变的量。在内存的数据区中,会为变量分配存储空间来存放变量的值,而这个内存空间的地址对应着变量的名称,所以在程序中可以通过变量名称来区分和使用这些内存空间。变量的名称为用户提供了一种存储、检索和操作数据的途径。

通常用字母或单词作为变量名。每个变量都具有类型,如 int(整型)类型、Object(对象)类型;变量有作用域即生命期;变量的值在程序运行过程中可以被改变。

在 Java 程序中,变量必须先声明(declaring)然后才能使用。变量的声明包括变量的数据类型、变量名称,必要时还可以指定变量的初始数值。变量声明的一般语法格式如下:

[修饰符] 数据类型 变量名 1 [,变量名 n];

其中,修饰符包括变量的可访问性,如 public(公有的)、private(私有的)、protected(受保护的);修饰符还可能包括 static(静态的)、final(最终的)。数据类型主要有基本类型和引用类型(或称对象类型),将在下节说明。默认修饰符的变量表示是 public。括号[]内的内容表示是可选的。

注意:程序中不允许使用未被初始化(initializing)的变量。下面是声明变量的例子。

```
String a;              // 声明 a 是一个字符串变量
int x,y;               // 声明 x,y 为整型变量。声明多个同一类型的变量,可以用逗号将它们分开
boolean b = true;      // 声明 b 为布尔变量,并给 b 赋初值 true
```

变量在程序中声明(定义)的位置隐含地指出了该变量的作用域。Java 用花括号{ }将若干语句组成语句块,变量的有效作用范围是声明它的语句所在的语句块,一旦程序的执行离开了这个语句块,变量就变得没有意义,不能再使用。根据变量作用域的不同,变量可分为全局变量、局部变量等。例如:

```
class MyClass {
    int x = 5;
    public void main (String[] args) {
        int y = 10;
        x = x + y;
        System.out.println (" x = " + x + "y = " + y);
    }
    System.out.println ("x = " + x );
}
```

在上例中,变量 *x* 被声明的位置在 MyClass 类中,它的作用域是整个类,所以它是全局变量。全局变量定义在所有的方法体之外,它们在程序开始运行时分配存储空间,在程序结束时释放存储空间,类中的任何一个方法都可以访问全局变量。

变量 *y* 被声明的位置在方法 main 中,它的作用域是整个 main 方法,所以它是局部

变量。注意：同一作用域中不可有同名的变量。局部变量在该方法每次被调用时分配存储空间，在方法结束时释放存储空间。局部变量的生命周期从方法被调用时开始，到方法执行结束时终止。应尽可能地将变量声明在它们将被使用的最小的范围内。

2.3.2 常量

常量（constant）实际上是其值不可改变的变量。常量通常用来代替一个数或字符串的名称，使用关键字 final 来修饰常量，表明该变量的值不能改变。习惯上将常量的名字统统大写。

声明常量的一般语法格式如下：

`[修饰符] final 数据类型 变量名 = 数值(或字符串);`

例如，private final double INTEREST_RATE＝0.35;，该语句声明常量 INTEREST_RATE（利率）是双精度的，其值为 0.35，关键字 final 保证该常量在程序运行中不会被改变。

常量用在应用程序中可减少程序维护量。例如，银行软件系统中的存款利率，一般银行存款利率是不会改变的，但当经济形势变化时会做调整。如果直接把存款利率 0.35 写在计算存款利息的表达式中或使用它的地方，一旦利率发生变化则需要修改程序中所有出现利率 0.35 的地方。但如果用常量的形式表示利率，则当利率变化时只需修改一个地方，即声明它为常量的地方。

2.4 数据类型及转换

数据类型简单地说就是对数据的分类，是为了给不同的数据分配合适的空间，确定合适的存储形式。数据类型用来说明常量、变量或表达式的性质。Java 的数据类型主要可分为基本类型和引用（reference）类型，引用类型也称 Object 类型。Java 数据类型如图 2-2 所示。

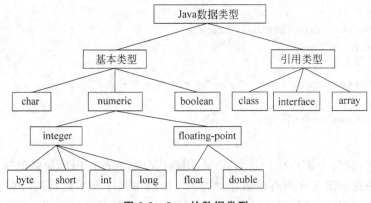

图 2-2 Java 的数据类型

2.4.1 基本类型

Java 基本类型(primitive data types)有 8 种,它们可分为 4 组。
- 整型:byte、short、int、long。
- 浮点型:float、double。
- 字符型:char。
- 布尔型:boolean。

Java 基本类型及说明如表 2-3 所示。

表 2-3 Java 基本类型

基本类型	说 明	使用举例
boolean	布尔型,可以为 true 或 false,用来判断条件表达式的真假;默认初始值为 flase	boolean exists = true;
char	字符型,用来表示 2 个字节的 UNICODE 文字,范围为'\u0000'~'\uffff',默认初始值为'0'	char c='A'
byte	字节型,用来表示 1 个字节的符号整数,范围为 $-128\sim127$,默认初始值为 0	byte b=0x55;
short	短整型,用来表示 2 个字节的符号整数,范围为 $-32\,768\sim32\,767$,默认初始值为 0	short s=25;
int	整型,用来表示 4 个字节的符号整数,范围为 $-2\,147\,483\,648\sim2\,147\,483\,647$,默认初始值为 0	int i=1000;
long	长整型。用来表示 8 个字节的整数,范围为 $-9\,223\,372\,036\,854\,775\,808\sim9\,223\,372\,036\,854\,775\,807$,默认初始值为 0	long l=4095;
float	单精度浮点型,用来表示 4 个字节的浮点数,范围为 $3.4E-038\sim3.4E+038$,默认初始值为 0.0F	float f=0.23F;
double	双精度浮点型,用来表示 8 个字节的浮点数,范围为 $1.7E-308\sim1.7E+308$,默认初始值为 0.0D	double d=10.5;

2.4.2 引用类型

在 Java 中"引用(reference)"指向一个对象在内存中的位置,本质上引用是一种带有很强的完整性和安全性限制的指针(指针是简单的地址)。

当声明一个变量的类型是某个类(或接口或数组)时,这个变量的类型就是引用类型(或称实例类型),它表明这个变量的值总是这个类的实例的引用,或者是 null 引用。或者说这个变量的值是这个类的实例所在内存的地址。引用除了表示地址以外,还可以理解为对象的缩影。例如:

(1) String s;,声明 s 的数据类型是类 String(字符串),s 是引用变量(或称实例变量),s 不指向任何实例或内存的任何地方,其值为 null。在 Java 中,null 是一个关键字,用来标识一个不确定的对象。因此,可以将 null 赋给引用类型变量,但不可以将 null 赋给基本类型变量。

(2) String s="Hello World";,变量 s 指向字符串(String 类)的实例 Hello World。

基本类型的变量和引用类型的变量在内存中存放的内容是不同的。

例如,char c='A';和 String s ="Hello Again";中,其基本类型变量 c 对应的内存地址存放的是字符 A,而实例变量 s 对应的内存地址存放的是指针(对象的首地址),即该地址是存放字符串对象"Hello Again"的内存首地址。其示意图如图 2-3 所示。

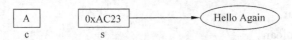

图 2-3　基本类型的变量和引用类型的变量在内存中的表示

2.4.3　数据类型的转换

在开发应用程序时,经常会涉及数据类型的转换。Java 数据类型的转换规则是:凡是将变量从占用内存较少的短数据类型转化成占用内存较多的长数据类型时(不丢失精度),可以不做显式的类型转换声明;反之,必须做强制类型转换(Casting),否则出错。

强制类型转换的一般语法格式如下:

数据类型 变量名 1 = (转换后的数据类型) 变量名 2 (或表达式)

转换后的数据类型应该与赋值号左边的数据类型相同。

例如,声明 int c=5;double a,b=3.5;a=b+c;,Java 自动将 c 的类型提升为 double,然后完成加法,不丢失精度。

例如,声明 int a,c=5;double b=3.5;a=(int)b+c;,Java 对长数据类型 b 转换成短数据类型,强制数据类型转换后将丢失精度。

2.5　运算符与表达式

对数据进行的操作称为运算。表示各种不同运算的符号称为运算符。参与运算的数据称为操作数。Java 的运算符代表着特定的运算指令,程序运行时将对运算符连接的操作数进行相应的运算。

Java 提供了十分丰富的运算符,主要分为 4 类:算术运算符、位运算符、关系运算符和布尔运算符。

表达式是由一系列变量、运算符、方法调用构成的。通过计算,表达式可以计算出一个值。程序中的很多工作都是通过计算表达式的值来完成的。

2.5.1　算术运算符和表达式

1. 算术运算符

算术运算表达式由算术运算符和一个或两个操作数组成。Java 二元算术运算符及应用说明如表 2-4 所示。

表 2-4 算术运算符及应用说明

运算符	运算符描述	举例	结　　果
＋	加	15＋2	17
－	减	15－2	13
＊	乘	15×2	30
/	除	15/2	若数字 15 和 2 是整型,则结果为 7;若 15 和 2 是双精度型,则结果为 7.5
％	取余数	15％2	1

注意：表 2-4 中,"＋"也可以作为字符串连接运算符。

2. 快捷赋值运算符(一元算术运算符)

Java 快捷赋值运算符及应用说明如表 2-5 所示。

表 2-5 快捷赋值运算符及应用说明

运算符	运算符描述	举例	等价于	运算符	运算符描述	举例	等价于
＋＝	加等于	i＋＝8	i＝i＋8	/＝	除等于	i/＝8	i＝i/8
－＝	减等于	i－＝8.0	i＝i－8.0	％＝	取余等于	i％＝8	i＝i％8
＊＝	乘等于	i＊＝8	i＝i＊8				

3. 增 1、减 1 运算符(一元算术运算符)

Java 增 1、减 1 运算符及应用说明如表 2-6 所示。

表 2-6 增 1、减 1 运算符及应用说明

运算符	运算符描述	举例	等价于
＋＋	自加 1	x＋＋ 或 ＋＋x	x ＝ x＋1
－－	自减 1	x－－ 或 －－x	x ＝ x－1

4. 算术运算符的优先级

算术运算符的优先级顺序：＋＋和－－运算和快捷赋值运算符的优先级别最高；其次是 ＊、/和％运算；＋和－运算的优先级最低。

2.5.2 逻辑运算符和表达式

逻辑运算表达式由两个操作数和逻辑运算符组成,实现两个操作数之间的运算,运算结果是布尔值"true"或"flase"。Java 逻辑运算符及应用说明如表 2-7 所示。

运算符的优先级别关系为：！优先级最高,其次是＞、＞＝、＜、＜＝,再次是＝＝和！＝,然后是 &&,优先级最低的是 ‖。编写程序的时候,使用括号可以改变优先级次序。

表 2-7 逻辑运算符及应用说明

运算符	运算符描述	举 例	结果
==	等于	若 a=3,b=4,则 a==b	false
>	大于	3>5	false
>=	大于或等于	3>=3	true
<	小于	2<3	true
<=	小于或等于	2<=3	true
!	非(NOT)	!(3>2)	false
!=	不等于	3!=2	true
&&	与(AND)	(2>3) && (5<7)	false
||	或(OR)	(2>3) || (5<5)	false

对于 && 和 ‖ 运算符,Java 语言采用短路方式运算,基本原则如下:

(1) 运算符 && 左边的表达式值若为 false,则不用计算右边的表达式的值,整个表达式值为 false。

(2) 运算符 ‖ 左边的表达式值若为 true,则不用计算右边的表达式的值,整个表达式值为 true。

2.6 控制流程语句

一般来说,Java 程序中的语句是按顺序执行的。但在某些情况下,可能需要重复执行某段语句,也可能需要跳过某些语句去执行下面的语句,这就需要用到控制流程语句来控制程序中语句的执行顺序。流程控制方式有三种基本结构,即顺序结构、分支结构和循环结构,如图 2-4 所示。

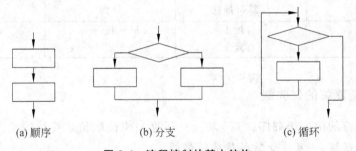

(a) 顺序　　　　　　　(b) 分支　　　　　　　(c) 循环

图 2-4 流程控制的基本结构

Java 提供的控制流程语句有以下 7 种。

(1) if 语句和 if-else 语句,称为条件语句,用来实现分支。

(2) switch 语句,称为选择语句,用来实现多分支。

(3) for 语句,称为循环语句。

(4) while 语句,称为循环语句。

(5) do-while 语句,称为循环语句。
(6) break 语句,称为跳转语句,用来改变循环体中语句正常执行的顺序。
(7) continue 语句,称为跳转语句,用来改变循环体中语句正常执行的顺序。

2.6.1 条件语句

条件语句根据判定条件的真假来决定执行什么操作。Java 条件语句的语法格式有如下几种。

```
if (条件表达式) { 语句 }          // 分支 1
```

表示如果条件表达式(逻辑表达式)为真,则执行语句。

```
if (条件表达式) { 语句 1 }        // 分支 1
else { 语句 2 }                  // 分支 2
```

表示如果条件表达式为真,则执行语句 1;否则,执行语句 2。

注意:

(1) 语句可以是单个的一条语句(如 c=a+b;),也可以是多个语句组成的语句块;如果只有一条语句,大括号{}就没有必要。

(2) 每个单一的语句后都必须有分号,但{}外面不加分号。

(3) else 子句不能单独作为语句使用,它必须与 if 配对使用,else 总是与离它最近的 if 配对,可以通过使用大括号{}来改变配对关系。if-else 语句的一种特殊形式(嵌套)为

```
if (条件表达式 1) {
    语句 1
}
else if (条件表达式 2) {
    语句 2
}
   ⋮
}else if (条件表达式 M) {
    语句 M
}
else {
    语句 N
}
```

if 语句的使用举例如下。

例 2-1 编写一个比较两个数的大小的程序。

解 代码如下:

```
// CompareTwo.java
public class CompareTwo {
    public static void main (String[] args) {
```

```
        double d1 = 23.4;
        double d2 = 35.1;
        if (d2 >= d1)
            System.out.println (d2 + " >= " + d1);
        else
            System.out.println (d1 + " >= " + d2);
    }
}
```

程序运行结果显示如下：

35.1 >= 23.4

例 2-2 判断某一年是否为闰年。符合下面二者之一的就是闰年：
① 能被 4 整除，但不能被 100 整除；
② 能被 4 整除，又能被 100 整除。

解 代码如下：

```
// LeapYear.java
public class LeapYear {
    public static void main (String[] args) {
        /* 实现方法 1 */
        int year = 1989;
        if ((year%4 == 0 && year%100 != 0)||(year%400 == 0))
            System.out.println (year + "is a leapyear.");
        else
            System.out.println (year + "is not a leapyear.");

        /* 实现方法 2 */
        year = 2000;
        boolean leap;
        if (year%4 != 0)
            leap = false;
        else if (year%100 != 0)
            leap = true;
        else if (year%400 != 0)
            leap = false;
        else
            leap = true;
        if (leap == true)
            System.out.println (year + "is a leapyear.");
        else
            System.out.println (year + "is not a leapyear.");
```

```
    /*实现方法 3 */
    year = 2050;
    if (year%4 == 0) {
        if (year%100 == 0) {
            if (year%400 == 0)
                leap = true;
            else
                leap = false;
        } else
            leap = true;
    } else
        leap = false;
    if (leap == true)
        System.out.println (year + " is a leap year.");
    else
        System.out.println (year + " is not a leap year.");
    }
}
```

程序运行结果显示如下：

```
1989 is not a leap year.
2000 is a leap year.
2050 is not a leap year.
```

在例 2-2 中，方法 1 用一个逻辑表达式包含了所有的闰年条件，方法 2 使用了 if-else 语句的嵌套形式，方法 3 则通过使用花括号{}对 if-else 语句进行匹配来实现闰年的判断。读者可以比较这三种判断闰年的实现方法，体会其中的联系和区别，在不同的场合选用适当的方法。

2.6.2 选择语句

Java 的选择语句是 switch 语句，通常用于多种情况中要选择一个操作的时候。它可代替多个嵌套的 if 语句，而且更简明些。switch 语句的语法格式如下：

```
switch (表达式) {
    case 表达式的常量 1: 语句 1;break;        // 分支 1
    case 表达式的常量 2: 语句 2;break;        // 分支 2
        ⋮
    case 表达式的常量 n: 语句 n;break;        // 分支 n
    [default: 语句 n + 1]
}
```

switch 语句的语义如下：

(1) 计算"表达式"的值，这个值必须是常量（整型或字符型），同时应与各 case 分支的判断值的类型一致。

（2）判断该值与表达式的常量值是否相等，称为 case 匹配。一旦 case 匹配，就会顺序执行后面的语句；case 子句中的值 value 必须是常量，而且所有 case 子句中的值都是不同的。case 分支中包括多个执行语句时，可以不用花括号{}括起。

（3）break 语句是无条件转向 switch 的出口，break 语句用来终止它后面的语句执行，使程序从 switch 语句后的第一个语句开始执行。

（4）default 子句是任选的。当表达式的值与任一 case 子句中的常量都不匹配时，程序执行 default 后面的语句。如果表达式的值与任一 case 子句中的值都不匹配且没有 default 子句，则程序不作任何操作，而是直接跳出 switch 语句。

（5）switch 语句的表达式的数据类型可以是 int、byte、char 或 short，但不能接受其他类型。

switch 语句的功能可以用 if-else 来实现，但在某些情况下，使用 switch 语句更简练，可读性强，而且程序的执行效率也高。switch 语句的使用举例如下。

例 2-3 已知一周内的第几天，要求输出显示对应的是星期几。

解 代码如下：

```java
// SwitchDemo.java
class SwitchDemo {
    public static void main(String[] args) {
        int weekDay = 2;
        switch(weekDay) {
            case 1: System.out.println("Mon"); break;
            case 2: System.out.println("Tue"); break;
            case 3: System.out.println("Wed"); break;
            case 4: System.out.println("Thu"); break;
            case 5: System.out.println("Fri"); break;
            case 6: System.out.println("Sat"); break;
            case 7: System.out.println("Sun"); break;
            default: System.out.println("invalid number!");
        }
    }
}
```

程序运行结果显示如下：

```
Thu
```

2.6.3 循环语句

当要完成某个重复功能时就要用到循环语句，例如要求打印 50 份试卷等。

程序中的循环是指重复执行一个或多个语句直到满足终止条件为止。循环有两种：

一种是循环次数已知,另一种是循环次数未知。Java 提供 3 种循环语句以满足不同的需求。

1. 已知循环次数时,使用 for 语句

for 语句的语法格式如下:

for (初始化表达式;条件表达式;更新表达式) { 语句块 (循环体) }

若只有一条语句需要重复,大括号{}就没有必要。

for 循环的执行过程如下。第一步:先执行其初始化部分。通常,这是设置循环控制变量值的一个表达式,作为控制循环的计数器。注意初始化表达式仅被执行一次。第二步:计算条件表达式的值。条件必须是逻辑表达式。它通常将循环控制变量与目标值相比,如果这个表达式为真,则执行循环体;如果这个表达式为假,则循环终止。第三步执行更新表达式。这部分通常是增加或减少循环控制变量的一个表达式。接下来重复循环,首先计算条件表达式的值,然后执行循环体,接着执行更新表达式。这个过程不断重复直到条件表达式变为假。for 语句执行流程如图 2-5 所示。

注意:在 for 语句中声明的变量,其作用域只扩展到 for 循环主体结束,循环之外这个变量无效。

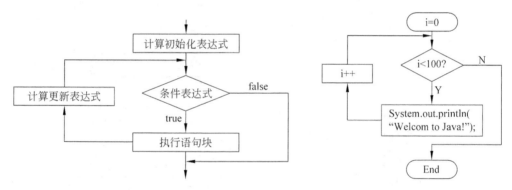

图 2-5　for 语句执行流程　　　　图 2-6　for 语句例子执行流程

for 语句的使用举例如下,其执行过程如图 2-6 所示。

```
// ForDemo.java
public class ForDemo {
    public static void main(String[] args) {
        int i;
        for(i = 0; i < 100; i ++)
            System.out.println("Welcome to Java!");
        System.out.println("i = " + i);
    }
}
```

执行该程序将在屏幕上输出显示 100 行字符串"Welcome to Java!"。

2. 未知循环次数时，使用 while 语句或 do-while 语句

（1）while 语句语法格式如下：

while(条件表达式) { 语句块 }

其中，条件表达式只能是 boolean 类型，它的值将首先被计算出来；若值为 true，则执行其后面的语句块；一旦语句块执行完毕，条件表达式的值将会被重新计算；如果值还是为 true，语句将会再次执行语句块，这样一直重复下去，直至条件表达式的值为 false 为止。while 语句执行的流程图如图 2-7 所示。

while 语句的使用举例如下，其执行过程如图 2-8 所示。

```
// WhileDemo.java
class WhileDemo {
    public static void main(String[] args) {
        int i = 0;j = 100;
        while(i < j) {
            System.out.println("Welcome to Java!");
            i++;
        }
    }
}
```

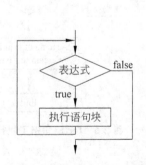

图 2-7　while 语句执行流程

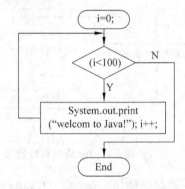

图 2-8　while 语句例子执行流程

执行该程序也将在屏幕上输出显示 100 行字符串"Welcome to Java!"。

（2）do-while 也是 Java 语言中处理循环的一种控制语句。while 循环体可能会执行零次或多次。有时候第一次计算出来的表达式值可能就是 false，但还是希望循环体能执行一次，在这种情况下就使用 do-while 循环语句。

do-while 语句的语法格式如下：

do { 语句块 } while (条件表达式);

一般 do-while 语句是先执行一次循环体的操作，然后再判断条件是否满足。do-while 语句的执行过程如图 2-9 所示。

do-while 语句的使用举例如下,其执行过程如图 2-10 所示。

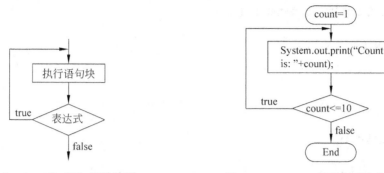

图 2-9 do-while 语句执行流程　　　　图 2-10 do-while 语句例子执行流程

例 2-4　输出显示计数变量 count 的值 1,2,…,10。
解　代码如下:

```
// DoWhileDemo.java
class DoWhileDemo {
    public static void main(String[] args) {
        int count = 1;
        do {
            System.out.print("Count is: " + count +",");
            count ++;
        } while(count <= 10);
    }
}
```

while 和 do-while 主要有以下两个不同点。

(1) 语法不同。while 循环结构是先判断后执行;do-while 循环结构是先执行后判断。当初始情况不满足循环条件时,while 循环体一次都不会执行,而 do-while 循环不管任何情况都至少执行一次循环体。

(2) do-while 循环结构后面有分号,while 循环结构后面没有分号,编程时一定要注意。

2.6.4　跳转控制语句

Java 的跳转控制语句为 break 语句和 continue 语句。下面分别介绍这两种语句。

1. break 语句

在 2.6.2 节 switch 语句中已经接触到了 break 语句,那是 break 的一种用法,另一种用法就是用来退出一个循环。

当 break 语句用于 for、while、do-while 循环语句中时,可使程序终止循环而执行循环语句后面的语句。通常 break 语句总是与 if 语句连在一起,即满足条件时跳出循环。其一般形式有以下 3 种。

(1) 退出 for 循环。

```
for(表达式1,表达式2,表达式3) {
    ⋮
    if(表达式4) break;
    ⋮
}
```

(2) 退出 while 循环。

```
while(表达式1) {
    ⋮
    if(表达式4) break;
    ⋮
}
```

(3) 退出 do-while 循环。

```
do {
    ⋮
    if(表达式4) break;
    ⋮
} while(表达式1);
```

以上 3 种终止循环的过程如图 2-11 所示。

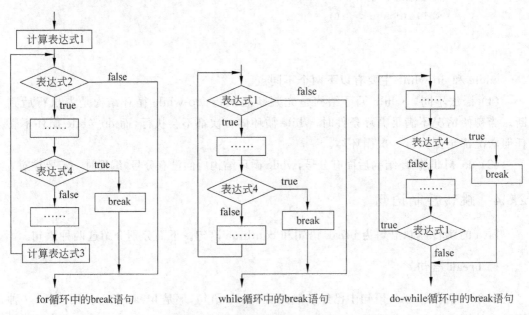

图 2-11　循环语句中的 break 语句

例 2-5　使用 break 语句退出 for 循环。

解　代码如下：

```
// BreakForTest.java
public class BreakForTest {
    public static void main(String[] args) {
        for(int i = 1; i < 10; i ++) {
            if(i == 2) break;
            System.out.println("i = " + i);
        }
    }
}
```

程序运行结果显示如下：

i = 1

例 2-6 使用 break 退出 while 循环编程。

解 代码如下：

```
// BreakWhileTest.java
public class BreakWhileTest {
    public static void main(String[] args) {
        int i = 1;
        while(i < 10) {
            if(i == 2) break;
            System.out.println("i = " + i);
            i++;
        }
    }
}
```

程序运行结果显示如下：

i = 1

2．continue 语句

有时需要强迫循环提前反复，也就是说，可能想要继续运行循环，但是要忽略本次循环剩余的循环体的语句，那么 Java 的 continue 语句可以达到这一目的，它可以使控制直接转移给控制循环的表达式，又从循环体的第一个语句开始执行。continue 的一般用法形式与 break 类似。

（1）在 for 循环中提前反复。

```
for(表达式 1,表达式 2,表达式 3) {
    ⋮
    if(表达式 4) continue;
    ⋮
}
```

(2) 在 while 循环中提前反复。

```
while(表达式 1) {
    ⋮
    if(表达式 4) continue;
    ⋮
}
```

(3) 在 do-while 循环中提前反复。

```
do {
    ⋮
    if(表达式 4) continue;
    ⋮
} while(表达式 1);
```

以上 3 种提前反复循环的过程如图 2-12 所示。

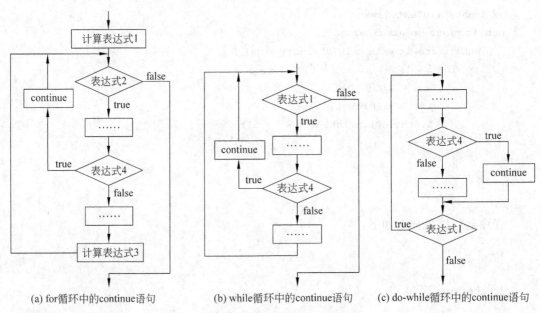

(a) for 循环中的 continue 语句　　(b) while 循环中的 continue 语句　　(c) do-while 循环中的 continue 语句

图 2-12　循环语句中的 continue 语句

下面编程举例说明 continue 的用法。

例 2-7　编写一个打印出 10(包括 10)以下的偶数的程序。

解　代码如下：

```java
// WhileStatement.java
public class WhileStatement {
    public static void main(String[] args) {
        int i;
        for(i = 1;i <= 10;i ++) {
            if(i%2 != 0) continue;
```

```
            System.out.print(i + ",");
        }
    }
}
```
程序运行结果显示如下：

2,4,6,8,10,

2.7 数　　组

数组(array)是相同类型变量的集合,可以使用共同的名字引用它。数组可被定义为任何类型,可以是一维或多维。数组中的每个元素是通过数组的下标来访问。数组是Java编程中经常使用的一个类,用来存储同一类型的数据值。

在 Java 中,对数组定义(声明)时并不为数组元素分配内存,只有初始化后,才为数组中的每一个元素分配空间。已定义的数组必须经过初始化后,才可以引用。

数组的特点如下：

(1) 数组中各元素的数据类型必须相同,数组含有元素的个数(数组的长度)可以是正数或零。

(2) 数组创建后占用内存地址是连续的一块区域。

(3) 数组一旦定义,其长度不能修改。

数组分为一维数组和多维数组。数组的维数由数组下标的个数决定。图 2-13 为一维数组 A 的示意图。该数组 A 的长度为 5(0~4);a[i]是数组元素名,i 是数组索引或下标;从第 0 个下标到第 4 个下标数组的元素分别为 1,2,3,4,5。

数组的下标可以为整型常数或表达式,下标从 0 开始。每个数组都有一个属性 length 指明它的长度,图 2-13 中数组的长度是 50。

图 2-14 所示的为二维数组(4 行 3 列)下标排列的示意图。

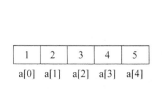

图 2-13　内存中一维数组的示意图

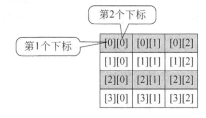

图 2-14　内存中二维数组下标排列的示意图

2.7.1　一维数组

要使用数组首先要声明或创建它。数组中的元素通过数组名和数组下标来确定。一维数组的特点是数组元素只有一个下标,元素下标最大值为 length－1,如果超过最大值,将会产生数组越界异常。

1. 一维数组的声明

一维数组声明的语法格式如下：

类型[] 数组名;

其中，类型指出数组中各元素的数据类型，可以是基本类型，也可以是引用类型。数组名为一个标识符。[]指明该变量是一个数组类型变量。例如，数组的声明为

```
int[] intArray;
```

intArray 是一个一维整型数组，其初始值为 null。

注意：声明数组时不能指定数组的长度（数组元素的个数），即不允许出现这样的语句：

```
int intArray[10];
```

2. 一维数组的初始化

数组的初始化就是为数组元素指定初始值。数组的初始化有两种方式。

方式一：声明并初始化一个数组。一般形式如下

类型[] 数组名 = {值1,值2,…,值n};

例如，声明并初始化一个长度为 5 的整型数组：

```
int[] intArray = {1,3,5,7,9};
```

方式二：先声明并创建一个数组，然后为每个元素赋值。一般形式如下

类型[] 数组名 = new 类型[数组长度];

其中，new 为 Java 的关键字，为数组分配内存空间。

例如，声明并创建一个长度为 3 的整型数组 myArray，其数组元素依次为 1、2、3：

```
int[] myArray = new int[3];
```

给这个数组赋值如下：

```
myArray[0] = 1;
myArray[1] = 2;
myArray[2] = 3;
```

注意：如果用 new 定义数组时，必须指定其维度，这样定义是错误的：

```
int[] d = new int[];
```

如果无法确定其元素个数，可以这样定义：

```
int[] d = {};
```

然后再分别给数组 d 的元素赋值。

创建数组时,如果没有指定元素的初始值,数组便被赋予默认的初始值:
- 基本类型数值数据,默认的初始值为 0。
- boolean 类型数据,默认的初始值为 false。
- 引用类型元素的默认的初始值为 null。

3. 一维数组的使用

数组元素的引用方式如下:

arrayName[index]

下面举例说明一个一维数组的声明及初始化,如何从该数组中读出数据,如何修改数组的某个数据。程序代码如下:

```java
// IntArray.java
public class IntArray {
    public static void main(String[] args) {

        /* 声明数组并初始化 */
        int[] anArray = {1,2,3};

        /* 输出显示数组元素,anArray.length 是数组的长度
        for(int i = 0;i < anArray.length;i ++)
          System.out.print(anArray[i] +",");

        /* 修改数组的第 2 个元素的值 */
        anArray[1] = 8;

        /* 再次输出显示数组元素 */
        for(int i = 0;i <anArray.length;i ++)
          System.out.print(anArray[i] +",");
    }
}
```

程序运行结果显示如下:

1,2,3,
1,8,3,

2.7.2 多维数组

Java 的多维数组是这样构成的:如果一个数组的每一个元素都是一个一维数组,那么这个数组就是二维数组;如果一个数组的每一个元素都是一个二维数组,那么这个数组就是三维数组,依此类推,即多维数组被看做是数组的数组。下面重点介绍二维数组。

1. 二维数组的声明与创建

二维数组的声明和初始化与一维数组的类似,不同的是初始化应按照从高维到低维的顺序进行。声明二维数组的一般格式如下:

类型[][] 数组名;

例如:

```
int[][] myArray;
```

以上语句表明,myArray 是一个二维整型数组,其初始值为 null。

又如:

```
int[][] myArray = {{2,9},{1,3},{3,7}};
```

从以上语句等号右边可以看出数组 myArray 有三个元素{2,9}、{1,3}和{3,7},用逗号分开,每一个元素又是一个一维数组,因此该语句声明并初始化了一个 3 行 2 列的一个二维整型数组,同时为数组每一个元素赋值:

```
myArray[0][0] = 2    myArray[0][1] = 9
myArray[1][0] = 1    myArray[1][1] = 3
myArray[2][0] = 3    myArray[2][1] = 7
```

再如:

```
int[][] myArray = new int[3][5];
```

以上语句创建了一个 3 行 5 列的整型数组,这个数组所有元素的初始值为零。

注意:定义二维数组必须指定其行数,列数可以指定,也可以不指定。

2. 二维数组的使用

对二维数组中的每个元素,引用方式为

arrayName[index1][index2]

例如:

```
num[1][0];
```

例 2-8 计算学生测验成绩的平均值。假设学生有 4 名,共有 2 次测验成绩。计算每个学生的平均成绩。已知测验成绩如表 2-8 所示。

表 2-8 测试成绩表

姓名	测试 1	测试 2	姓名	测试 1	测试 2
Student 1	75	80	Student 3	70	60
Student 2	80	90	Student 4	85	95

解 对于较复杂的算法,通常可先画出其活动图描述该算法的流程,以方便编写程序代码。解决该问题的算法活动图如图 2-15 所示。

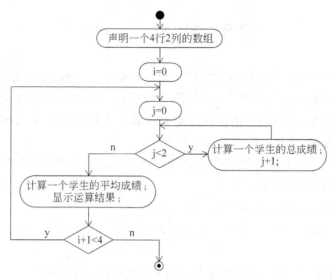

图 2-15 计算平均成绩的算法活动图

根据图 2-15 描述的算法,编写程序代码如下:

```
// TwoDimArrayDemo.java
public class TwoDimArrayDemo {
    public static void main(String[] args) {
        /* 声明一个 4 行 2 列的整型数组 */
        int[][] testScoreTable = { {75,80},{80,90},{70,60},{85,95} };
        /* 使用嵌套 for 循环求平均成绩 */
        double average;            // 声明变量
        for(int i = 0; i < 4; i ++) {
            average = 0;
            /* 内循环计算两次测试的总成绩 */
            for(int j = 0; j < 2; j ++) {
                average += testScoreTable[i][j];
            }
            /* 计算一个学生的平均成绩 */
            average = average / 2;
            System.out.println("Student" + (i + 1) + " average is " + average);
        } // end of outer loop
    }
}
```

程序运行结果显示如下:

```
Student1 average is 77.5
Student2 average is 85.0
```

Student3 average is 65.0
Student4 average is 90.0

2.8 本章小结

通过学习本章,应该了解 Java 的发展历史及特点,Java 的运行环境和程序结构,Java 语言的基础知识和基本语句格式等,这些都是程序设计必备的基础知识。另外,养成良好的程序设计习惯也非常重要,因为良好的程序设计习惯反映一个人的程序设计水平。在上机输入源程序时,应尽可能做到以下几点。

(1) 程序书写采用锯齿形的缩进式排列。对于 if、for、do while 等语句中的语句,要有层次感,同一个层次的语句左对齐。

(2) 方法与方法之间最好加空行,便于阅读。

(3) 对数据的输入,运行时最好要出现输入提示,对于数据输出,也要有一定的提示和格式。

(4) 对一些较难理解的、重要的语句及方法,加上适当的注释。

(5) 变量名、自定义方法名、对象名等标识符尽量能采用"见名知意"的原则,例如,在程序中常常使用 total 或 sum 来表示总数或求和的变量。

练 习 题

1. 简述 Java 语言的主要特点,Java 虚拟机的概念和作用。
2. 简述 Java 程序的开发过程。
3. 什么是变量?什么是常量?
4. 数据类型分基本类型和引用类型两大类,它们的主要区别是什么?
5. 在下述标识符中合法的 Java 标识符有_____。

    A. variable123

    B. 123variable

    C. private

    D. selg_asd

6. 什么是表达式,Java 语言中共有几种表达式?
7. 请给出下面代码的运行结果。

```
public static void main(String[] args) {
    int nNum1 = 6;
    int nNum2 = 8;
    System.out.println();
    System.out.println(((nNum1 < nNum2) && (-- nNum1) > nNum2));
    System.out.println("nNum1 is " + nNum1);
```

```
        System.out.println(((nNum1 < nNum2) && (-- nNum1) > nNum2));
        System.out.println("nNum1 is " + nNum1);
}
```

8. while 与 do-while 语句的区别是什么？

9. 下面程序的输出结果是什么？

```
public class MyFirst{
    public static void main(String[] args){
        int x = 1,y,total = 0;
        while(x <= 20){
            y = x * x;
            System.out.println("y = " + y);
            total = total + y;
            ++x;
        }
        System.out.println("Total is" + total);
    }
}
```

10. 在 Java 编程中，_____ 语句可以实现跳转。

    A. break

    B. while

    C. do-while

    D. for

11. 阅读下列代码。判断：如果要求选择其中一个语句执行，该语句块是否有问题。

```
swith(n) {
    case 1 : System.out.println("First");
    case 2 : System.out.println("Second");
    case 3 : System.out.println("Third");
}
```

12. 在自己的计算机上用 MyEClipse 开发工具运行环境完成第一个 Java 程序的编辑、编译、运行过程。

13. 创建一个一维整型数组，并将数字 1 至 10 按序分别赋值给这个数组的元素。

14. 判断下面的说法是否正确。如果错误，请说明原因。

(1) 一个数组中可以存放多个不同类型的值；

(2) 数组下标通常是 float 型；

(3) 二维数组其实质是一维数组的一维数组。

15. 试利用 for 循环，计算 1+2+3+4+5+…+100 的总和。

16. 利用 do-while 循环，计算 1!+2!+3!+…+100! 的总和。

17. 水仙花数是指其个位、十位、百位三个数的立方和等于这个数本身，求出所有水仙花数。

18. 找出并改正下面各程序段中的错误。
(1) ```
int[] b = new int[10];
for(int i = 0; i <= b.length; i ++){
        b[i] = 1;
}
```
(2) ```
int[][] a = {{1,2}{3,4}};
a[1,1] = 5;
```
(3) `int a[10] = new int[10];`

第 3 章

Java 的类及使用

第 2 章介绍了面向对象程序设计语言 Java 的基础知识,本章将进一步介绍 Java 提供的类及如何使用这些类来实现特定功能。了解 Java 提供的类及充分利用它们,将使程序设计更加简洁。

在面向对象的程序中,类主要有两个来源:一个来源是 Java 类库中提供的大量标准类,这些类大部分是由专业人士设计、开发的,具有很强的通用性,要提高编程效率和质量,应尽可能使用 Java 系统提供的类;另一个来源是用户自定义的类,用户可以根据特定的需求,自定义一个全新的类,或通过继承已有的类,定义一个更加符合自己需求的类。本章主要介绍部分 Java 类库提供的类,重点是如何使用它们。用户自定义类将在第 4 章介绍。

本章要点
- Java 的包和包的作用;
- 几个常用的 Java 的类的说明;
- 如何使用 Java 类提供的方法。

3.1 Java 的程序包

在编写复杂的程序时,开发人员会创建成百上千个类,如何组织管理这些类呢?Java 提供了包机制。"包(package)"是类的命名集合。Java 的包总称为 Java 类库,或 Java 应用程序编程接口。根据功能的不同,Java 类库被划分成若干不同的包,每个包中都有不少具有特定功能且有某些关系的类和接口。

3.1.1 包的概念

包是 Java 提供的一种区别类的名字空间的机制,是类的组织方式,是一组相关类和接口的集合,它提供了访问权限和命名的管理机制。Java 提供包的机制,主要有以下 5 种用途。

(1) 将功能相近的类放在同一个包中,可以方便查找与使用。

(2) 由于在不同包中可以存在同名类,所以使用包在一定程度上可以避免命名冲突。

(3) 在 Java 中,某次访问权限是以包为单位的。在一个包中的所有类能彼此访问。

(4) 程序员也可以利用包这种机制来创建自己的类库,从而实现代码的复用。

(5) 包中的类能被压缩在文件 jar 中,以方便快速下载。

Java 常用的包如表 3-1 所示。

表 3-1 常用的包及包内的类

包名	选择的类	包名	选择的类
java.lang	String Wrapper classes Math	java.swing	JButton JLabel JTextField
java.util	Calendar Data ArrayList	java.io	InputStream OutputStream
java.text	DateFormat	java.sql	Connection Statement ResultSet
java.awt	Graphics Button Label TextField	java.net	Socket ServerSoket

表 3-1 说明如下。

(1) java.lang 包:Java 的核心类库,包含了运行 Java 程序必不可少的系统类,如基本数据类型类 Wrapper classes,基本数学函数类(如 Math 等),字符串处理类 String,线程、异常处理类等。每个 Java 程序运行时,系统都会自动引入 java.lang 包,所以这个包的加载是默认的。

(2) java.util 包:Java 实用类库,有的称为工具类包。java.util 包包含处理日期的类 Calendar 和处理时间的 Date 类,处理数组的 ArrayList 类,以及 HashTable 类。Scanner 类是 JDK 1.5 版本中新增的实用类,用来获取用户从 DOS 界面输入的数据。在 JDK 1.4 以前使用字符流来实现获取用户从 DOS 界面输入的数据。

(3) java.text 包:提供数字和日期格式化的类,如 DataFormat 类及子类 SimpleDateFormat。

(4) java.awt 包:构建图形用户界面(GUI)的类库,它包括了许多界面元素和资源,主要提供以下 3 个方面的支持。

- 低级绘图操作,如 Graphics 类等;
- 图形界面组件和布局管理,如 Button 类、Label 类和 TextField 接口等;
- 界面用户交互控制和事件响应,如 Event 类。

(5) java.swing 包:扩展(继承)java.awt 的包,提供构建更美观的图形用户界面的类库,如 JButton、JLabel、JTextField 等。它改进 java.awt 旧的组件,并增加许多新的组件,如内部框架、树、表格和文字编辑器等。

(6) java.io 包:Java 语言的标准输入/输出类库,包含了实现 Java 程序与操作系统、用户界面及其他Java程序做数据交换所使用的类,如基本输入/输出流、文件输入/输出流、过滤输入/输出流、管道输入/输出流、随机输入/输出流等类。

(7) java.sql包：实现JDBC(java database connection)的类库,提供访问数据库的类,如Connection、Statement、ResultSet等。利用java.sql包可使Java程序具有访问不同种类数据库的能力,如Oracle、SQL Server等。

(8) java.net包：用来实现网络功能的类库,主要包括以下几种。

- 底层的网络通信,如Socket类、ServerSocket类。
- 编写用户自己的Telnet、FTP、邮件服务等实现网上服务的类。
- 用于访问Internet资源和进行CGI网关调用的类,如URL等。

图3-1 包的层次结构

包的层次结构影响到文件系统的目录结构,如图3-1所示。

3.1.2 创建和编译一个包

1. 创建一个包

程序员也可以利用package这种机制来创建自己的包,从而实现代码的复用。创建包就是在当前目录下创建一个子目录,以便存放这个包中包含的所有类的.class文件。创建包可以通过在类或接口的源程序文件中增加package语句实现,package语句的语法格式如下：

package 包名；

其中,包名为必选,用于指定包的名称,包的名称必须是合法的Java标识符,一般由小写的英文单词组成。

当包中还有包时,可以使用"包1.包2.….包n"进行指定,其中,包1为最外层的包,而包n则为最内层的包。例如：

```
package subclass；
package myclass.subclass；
```

上面的第二个语句中的"."代表了目录分隔符,subclass是myclass的子目录。

package语句通常位于类或接口源程序文件的第一行(如果一个类的代码中没有package语句,则代码是缺省包的一部分)。例如,将一个类Circle(圆形)放入mypackage.graphics包中的代码如下。

```
// Circle.java
package mypackage.graphics；            // 定义包
public class Circle {
    final float PI = 3.14159f；          // 定义一个用于表示圆周率的常量PI
    // 定义一个绘图的方法
```

```
    public void draw() {
        System.out.println("画一个圆形!");
    }
}
```

说明：Java 中的包，相当于 Windows 系统中的文件夹。例如，上面给出的源程序如果保存到 C 盘根目录下，那么它的实际路径应该为 C:\mypackage\graphics\Circle.java。

2. 编译一个包

编译一个包的命令格式如下：

javac - d 目录名 文件名

其中-d 用来指定存放文件的地方。例如，javac -d mypackage/graphics Circle.java。这样就会在 C:\目录下看到完整的目录结构及编译后的字节代码文件 Circle.class 文件。

在 MyEclipse 开发平台上，创建一个类的时候，可选择或设置该类所在的包名，无须专门编译这个包。

3.1.3 包的使用

使用包实际上是使用包中的类。一个类可以访问其所在包中的所有类，还可以访问其他包中的所有 public 类。访问其他包中的 public 类可以有以下两种方法。

（1）使用长名引用包中的类。

使用长名(包名.类名)引用其包中的类，需要在每个类名前面加上完整的包名。例如，创建 Circle 类(在 mypackage.graphics 包中)的对象(或实例)的代码如下：

```
mypackage.graphics.Circle myCircle = new mypackage.graphics.Circle();
```

（2）使用 import 语句引入包中的类。

由于使用长名引用包中的类的方法比较烦琐，所以 Java 提供了 import 语句来引入包中的类到自己的程序中。import 语句的基本语法格式如下：

import 包名 1[.包名 2.⋯].类名；

或

import 包名 1[.包名 2.⋯].*；

当存在多个包名时，各包名之间使用"."分隔，同时包名与类名之间也用"."分隔。"*"代表包中所有的类。

例如，引入 mypackage.graphics 包中的 Circle 类的语句如下：

```
import mypackage.graphics.Circle;
```

在程序的首部加入以上语句后，程序中创建 Circle 类的对象可简写为：

```
Circle myCircle = new Circle();
```

要使用 mypackage.graphics 包中的其他类,可以使用以下语句引入该包中全部的类。

```
import mypackage.graphics.*;
```

例如,引入 Java 的 I/O(输入/输出)包中所有的类的语句为:

```
import java.io.*;
```

作为 Java 应用开发程序员,必须掌握 Java 类库中的两个包:java.lang 和 java.util。java.lang 包提供的是 Java 编程要用到的基本类包,如常用的类有字符串类 String、字符缓冲类 StringBuffer 等。java.util 包中常用的类有动态数组 ArrayList、日期类 Date、日历类 Calendar 等。使用类的主要目的是调用类中的方法来实现开发者所要的功能。

3.2 字符串类 String

字符串类 java.lang.String 是编程中最常用的类,写 Java 程序很少不用 String 类的。

String 类是 java.lang 包的成员,java.lang 包中的类将自动地被 Java 编译器引入,不需要用 import 语句引入。String 类中提供多个方法来实现对字符串的操作。

要使用 String 类的方法,首先需要创建 String 类的一个实例。

实例化一个 String 对象的方法有以下两种。

(1)类似基本类型的变量的初始化。例如:

```
String myString = "Hello World";
```

其中 myString 是 String 的一个对象名。

(2)使用关键字 new。例如:

```
String myString = new String("Hello World");
```

3.2.1 String 类的常用方法及使用

1. 字符串类的常用方法成员

字符串类提供的方法支持计算字符串的长度,检查字符串序列的单个字符;比较字符串,判断两个字符串是否相等;搜索字符串;提取子字符串;创建字符串副本,在该副本中,所有的字符都被转换为大写或小写形式。字符串类常用的方法如表 3-2 所示。

表 3-2 字符串类常用的方法

返回数据类型	方 法 名	说　　明
int	length()	取得字符串的长度
boolean	equals(String str)	判断原字符串中的字符是否等于指定字符串 str 中的字符
String	toLowerCase()	转换字符串中的英文字符为小写

续表

返回数据类型	方 法 名	说　　明
String	toUpperCase()	转换字符串中的英文字符为大写
int	indexOf(String str)	返回字符串中第一次出现字符串 str 的位置
String	substring(int x,int y)	返回该字符串从位置(索引)x 开始到 y-1 的子字符串
static String	valueOf(X)	将基本类型的数据 X 转换成字符串

2. 方法的使用

方法的使用也称调用方法。

(1) 调用普通方法(instance method)的语法格式如下：

实例变量.方法名([实际参数列表]);

其中,方括号里的内容可选。由调用方法的语法格式可以看到,要调用某个类的方法,必须先创建这个类的实例。例如,求字符串 s1 的子字符串：

```
String s1 = "abcdefg";
String c = s1.substring(2,4);
```

说明：第一个语句将字符串 abcdefg 赋值给字符串变量 s1,创建了一个字符串的实例 s1；第二个语句将 s1 的子字符串 cd 赋值给字符串变量 c。

(2) 调用静态(static)方法的语法格式如下：

类名.方法名([实际参数列表]);

由于静态方法是类的所有对象所共享的,所以可直接用类名调用该类的方法,不需要先创建这个类的对象。关于静态(static)方法在第 4 章有详细讲解。

例如,将双精度类型的数据转换成字符串类型：

```
double double1 = 21.5;
String str1 = String.valueOf(double1);
```

说明：因方法 valueOf 是静态方法,调用时用其类名 String 即可。

下面示范说明 String 类的方法的调用。

例 3-1　编写一个调用 String 类的方法成员的程序 StringDemo.java。

解　实现例 3-1 的代码如下：

```
// StringDemo.java
public class StringDemo {
    public static void main(String[] args) {
        // 创建字符串对象,对象名为 text
        String text = "Hello";
        System.out.println("字符串的内容: " + text);
        System.out.println("字符串的长度: " + text.length());
        System.out.println("字符串等于 hello? " + text.equals("hello"));
```

```
        System.out.println("字符串转为大写: " + text.toUpperCase());
        System.out.println("字符串转为小写: " + text.toLowerCase());
        System.out.println("字符串 llo 第一次出现的位置: " + text.indexOf("llo"));
        System.out.println("字符串从索引 3 开始到结尾的子字符串: " + text.substring(3));
        System.out.println("两个字符串相加: " + text + ",how are you?");
    }
}
```

程序运行结果显示如下:

字符串的内容: Hello
字符串的长度: 5
字符串等于 hello? false
字符串转为大写: HELLO
字符串转为小写: hello
字符串 llo 第一次出现的位置: 2
字符串从索引 3 开始到结尾的子字符串: lo
两个字符串相加: Hello,how are you?

注意: "=="是比较两个变量的值是否相等,equals 是比较两个对象变量(实例变量)所代表的对象的内容是否相等。用 aString.equals(Object anObject)比较字符串 aString 与指定的字符中对象 anObject,当且仅当该参数 anObject 不为 null,并且此对象与字符串 aString 完全相同时,结果才为 true。

3.2.2 字符串与其他数据类型的转换

实际应用程序中经常会遇到需要将一个字符串转换成其他数据类型的数据,或将其他数据类型的数据转换成字符串。

1. 基本数据类型转换成字符串

可以利用字符串类提供的静态方法 valueOf(),将逻辑变量、字符、字符数组、双精度数、浮点数、整数等转换为字符串类型。例如:

```
int nInt = 10;
float fFloat = 3.14f;
// 分别调用 valueOf 静态方法
String str1 = String.valueOf(nInt);
String str2 = String.valueOf(fFloat);
    ⋮
```

2. 字符串转换成基本数据类型

字符串转换成基本数据类型的方法是,分别调用相应类中的静态方法将一个字符串转换成基本数据类型。例如:

(1) 将字符串 String strInteger = new String("10");转换为整型数。

int nInt = Integer.parseInt(strInteger);

(2) 将字符串 String strFloat = new String("3.14");转换为浮点型数。

float fFloat = Float.parseFloat(strFloat);

⋮

3.2.3 创建 String 数组

字符串数组是指该数组中每一个元素都是字符串实例(或对象)。创建字符串数组的方法类似 2.7 节介绍的方法。首先要声明一个字符串数组,然后对该数组每个元素实例化。声明或者说创建一个字符串数组 stringArray 的实例如下:

```
String[] stringArray = new String[3];
```

注意:声明一个字符串数组必须用[]指明维数。上例表明数组 stringArray 有 3 个字符串对象。数组中每个元素实例化之前,每一个元素都是 null(空),因此在使用该数组之前必须实例化每个元素。对字符串数组中各个元素实例化如下:

```
stringArray[0] = new String("Welcome");
stringArray[1] = new String("to");
stringArray[2] = new String("Java");
```

数组中每个元素存放的是字符串的实例变量,这些实例变量分别指向字符串实例,"welcome"、"to"、"Java"如图 3-2 所示。

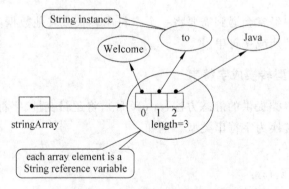

图 3-2 字符串数组示意图

3.3 动态数组类 ArrayList

数组的长度是固定的,数组一旦建立就不能在使用过程中改变其长度。但在实际应用中经常需要改变数组的长度,希望数组的长度能动态增长或减少。特别是在无法预测需要多长的数组时,若设置的数组长度太长则浪费空间,若长度定义得不够则运行时会出错,Java 的 ArrayList 类能很好地解决这个问题。

ArrayList 类相当于可变长数组,实现类似动态数组的功能,即随着更多元素加入其中,数组会增大;在删除一些元素之后,数组会变小。

注意:ArrayList 类中元素的数据类型只能是引用类型而不能是基本类型的数据。如果放入的数据是基本类型的数据,则须使用相应的包装类转换成引用类型(见 3.5 节)。

3.3.1 ArrayList 类的常用方法

ArrayList 类的常用方法如表 3-3 所示。

表 3-3 ArrayList 类中常用的方法

返回数据类型	方　　法	说　　明
boolean	add(E element)	加给定元素到数组的末尾
void	add(int index, E element)	在 index 指定的位置插入一个给定元素
E	get(int index)	返回 index 指定位置的元素
E	remove(int index)	删除 index 指定位置的元素
void	set(int index, E element)	将给定元素放到 index 指定的位置,或取代 index 指定的位置的元素
Object[]	toArray()	返回一个数组,其中包含这个数组的所有元素
int	size()	返回这个数组中元素的个数

表中 E 代表返回的数据类型是动态数组元素的类型。

3.3.2 ArrayList 类的使用

要使用某个类提供的方法,首先须创建这个类的实例。创建一个 ArrayList 类的实例一般格式如下:

  ArrayList < E > 变量 = new ArrayList < E > ();

或

  ArrayList < E > 变量 = new ArrayList < E > (int num); // num 表示 ArrayList 的初始长度

其中<E>代表动态数组中元素的类型。增加<E>可增强程序的类型安全性,如果类型有错在编译时就可发现。

创建一个 ArrayList 的对象后,可以在其中随意地插入不同的类的对象,既不需要顾及类型也不需要预先选定数组的容量,并可方便地进行查找。对于预先不知或不愿预先定义数组大小,并且须频繁进行查找、插入和删除数组元素等情况,可以考虑使用 ArrayList 类。

ArrayList 类在 java.util 包中,编程时需要用 import 引入 java.util 包。

例 3-2　ArrayList 类的简单使用。编写一个使用 ArrayList 类的方法的程序 ArrayListDemo.java。

解 实现例 3-2 的代码如下：

```java
import java.util.ArrayList;
public class ArrayListDemo {
    public static void main(String[] args) {
        // 创建一个 ArrayList 实例
        ArrayList < String > myArr = new ArrayList < String > ();
        /* 加 3 个字符串到动态数组 myArr 中 */
        myArr.add("张三");
        myArr.add("李四");
        myArr.add("王五");
        System.out.println("测试动态数组");

        int i;
        int length = myArr.size();
        /* 插入一个字符串到索引为 0 的位置,原来的元素往后移 */
        myArr.add(0,"李红");
        for(i = 0;i <= length; i ++ ){
            if(i == 1)
                /* 将字符串"晓宇"插入到索引为 1 的位置 */
                myArr.set(i,"晓宇");
            System.out.print( myArr.get(i) + ",");
        }
    }
}
```

运行 DemoArrayList 程序结果显示如下：

测试动态数组
李红,晓宇,李四,王五

3.4 日期类 Date、Calendar 与 DateFormat

  Java 提供的日期 Date 类、日历 Calendar 类和日期格式化 DateFormat 类是 Java 类库中非常重要的类。日期是商业逻辑计算的一个关键部分,所有的开发者几乎都需要计算未来的日期,定制日期的显示格式,将文本数据解析成日期形式。

  Date 类和 Calendar 类在 java.util 包中,DateFormat 类在 java.text 包中。编程时需要用 import 引入。

  Date 类用于表示时期和时间。若要对 Date 对象进行格式化输出或解析某种格式的日期字符串为日期对象,或者将字符串转换成 Date 类型,使用 DateFormat 类及其子类 SimpleDateFormat。若要对已有的日期对象进行更改、计算,使用 Calendar 类及其子类 GregorianCalendar。其中,DateFormat 类和 Calendar 类都不能被实例化,因为二者均只有 protected 的构造函数(constructor,详见第 4 章),但可以通过相应的静态方法,如

getDateTimeInstance()、getInstance()等,来获得实例。

3.4.1 创建日期对象和日期的格式化

1. 创建日期对象

创建一个日期对象的一般格式如下:

Date 变量 = new Date();

获取系统当前时间的代码如下:

```
Date date = new Date();              // 创建一个日期对象
date.getTime();                      // 返回当前时间(长整型数)
```

说明:执行第一个语句创建一个日期对象,执行第二个语句将返回一个当前时间(长整型数)。这个时间通常被称为 Java 虚拟机主机环境的系统时间。

例 3-3 获取系统当前时间。

解 实现例 3-3 的代码如下:

```
// DateDemo.java
import java.util.Date;
public class DateDemo {
    public static void main(String[] args) {
        // 获得系统的日期和时间
        Date theDdate = new Date();
        System.out.println(theDate.getTime());
    }
}
```

程序运行结果显示如下:

```
1264304761250
```

以上显示结果是当前的时间的 long 型的时间的毫秒值,这个值实际上是当前时间值与 GMT 时间 1970 年 1 月 1 号零时零分零秒相差的毫秒数。这个数并不是平时我们所熟悉的日期形式,因此无法读懂这一串数字代表什么日期,我们需要用到日期数据的定制格式类将这个数转换成我们熟悉的格式。

2. 时间的格式化

常用的日期数据的定制格式类是 DateFormat 类及子类 SimpleDateFormat。在 SimpleDateFormat 子类中,提供的常用的日期数据的定制格式如下:

```
EEEE - MMMM - dd - yyyy              // 星期几 - 某月 - 某天 - 某年
yyyy/MM/dd                           // 年/月/日
yyyy 年 MM 月 dd 日 HH 时 mm 分
```

其中,y 代表年,M 代表月,d 代表日,H 代表时(24 小时计时),m 代表分,E 代表星期几。这些字符的个数和排列顺序决定了日期的格式。

下面举例说明创建日期对象和日期的格式化。

例 3-4 利用日期格式化 SimpleDateFormat 子类对计算机系统时间格式化。

解 实现例 3-4 的代码如下:

```
// DateExample.java
import java.text.SimpleDateFormat;
import java.util.Date;
public class DateExample {
    public static void main(String[] args) {
        // 获得系统时间
        Date date = new Date();

        // 设置日期格式 1
        SimpleDateFormat dFormat = new
                    SimpleDateFormat("EEEE/MMMM/dd/yyyy");
        // 输出显示格式化后的日期时间
        System.out.println(dFormat.format(date));

        // 设置日期格式 2
        SimpleDateFormat dFormat1 = new SimpleDateFormat("yyyy - MM - dd");
        System.out.println(dFormat1.format(date));

        // 设置日期格式 3
        SimpleDateFormat dFormat2 = new
                    SimpleDateFormat("yyyy年 MM月 dd 日 HH时 mm分");
        System.out.println(dFormat2.format(date));
    }
}
```

程序运行结果显示如下:

星期五/六月/15/2012
2012 - 06 - 15
2012年 06月 15 日 14时 56分

3.4.2 Calendar 类的应用

利用 Date 类和 SimpleDateFormat 子类,能够创建一个简单的日期对象并格式化。但是,在有些应用系统中还需要设置和获取日期数据的特定部分,如日、小时或分钟,有时还需要计算未来或过去的时间,这种情况需要使用另一个类 Calendar 类。

下面通过例子说明如何使用 Calendar 类。

例 3-5 计算出距离当前日期时间 100 天后的日期时间,并用"yyyy/mm/dd 时:分"

格式输出。

解 实现例 3-5 的代码如下：

```java
// TestCalendar.java
import java.util.*;
public class TestCalendar {
    public static void main(String[] args) {

        /* 获得一个 Calendar 实例对象 */
        Calendar cl = Calendar.getInstance();

        /* 下面是获取当前时间 */
        // 获得当前年
        int year1 = cl.get(Calendar.YEAR);
        // 获得当前月;用数字 0~11 代表 1~12 个月份;0 代表 1 月。
        int month1 = cl.get(Calendar.MONTH);
        // 获得当日
        int day1 = cl.get(Calendar.DAY_OF_MONTH);
        // 获得当时
        int hour1 = cl.get(Calendar.HOUR);
        // 获得分钟
        int minute1 = cl.get(Calendar.MINUTE);

        System.out.println(year1 + "/" + (month1 + 1) + "/"+ day1 + " "
                          + hour1 + ":" + minute1);

        /* 在当前的天数上增加 100 天 */
        cl.add(Calendar.DAY_OF_YEAR,100);

        /* 下面是获得 100 天后的日期时间 */
        int year2 = cl.get(Calendar.YEAR);
        int month2 = cl.get(Calendar.MONTH);
        int day2 = cl.get(Calendar.DAY_OF_MONTH);
        int hour2 = cl.get(Calendar.HOUR);
        int minute2 = cl.get(Calendar.MINUTE);

        System.out.println(year2 + "/" + (month2 + 1)+ "/"+ day2 + " " + hour2 + ":"
        + minute2);
    }
}
```

程序运行结果显示如下：

2012/8/17 4:24
2012/11/25 4:24

Java 的 Calendar 类提供了很多处理日期、时间的方法，更多可参见 Java 网站。

3.5 其他几个常用的类

在开发应用系统时,常常还会用到 Java 提供的其他几个类,例如包装类 Wrapper、数值计算类 Math 和输入扫描类 Scanner。

3.5.1 包装类 Wrapper

有时候需要把非对象包装成对象来使用,例如,ArrayList 类中元素的类型必须是引用类型(或称对象类型),如果基本类型的数据要放入向量中,则必须转换成引用类型。为此,Java 为每一种基本类型都提供了一个对应的类,共有 8 个类,统称为包装类。

包装类均位于 Java.lang 包,包装类与基本数据类型的对应关系如表 3-4 所示。

表 3-4 包装类与基本数据类型的对应关系

Primitive Type	Wrapper Classes	float	Float
byte	Byte	double	Double
short	Short	char	Character
int	Integer	boolean	Boolean
long	Long		

包装类的用途主要有以下两种。

(1) 便于将基本类型转换成引用类型,方便涉及对象的操作。

(2) 增加每种基本数据类型的相关属性,如最大值、最小值等,以及相应的操作方法。

从 JDK 1.5(5.0)版本开始引入了自动拆装的语法,也就是在进行基本类型和对应的包装类转换时,系统将自动进行。这大大方便了程序员的代码书写。请看如下代码:

(1) int 类型自动转换为 Integer 类型。

```
int m = 12;
Integer in = m;
```

(2) Integer 类型会自动转换为 int 类型。

```
int n = in;
```

其他类似。

3.5.2 数值计算类 Math

Math 类包含基本的数值操作,如指数、对数、平方根和三角函数的计算等。在 Java 新的版本中又增加了新的方法,可实现更多的数学运算。Math 类在 java.lang 包中,编程时不需要用 import 引入。

Math 类方法的使用代码举例如下:

```
value = Math.cos(angle);            // 返回角度 angle 的余弦
```

```
root = Math.sqrt(num);            // 返回数 num 的平方根
dist = Math.abs(val);             // 返回数 val 的绝对值
small = Math.min(var1,var2);      // 返回较小的值
```

注意：Math 类中的方法都是静态的，可直接用 Math 类调用该类的方法（如上例）。

3.5.3 扫描器类 Scanner

Scanner 类是 JDK 1.5 新增的一个类，专门用来处理输入的数据，scanner 放在 java.util 包中。Scanner 类可以用来实现获取用户在 Dos 命令提示窗口界面上从键盘输入的数据，并把接收的数据解析成 Java 的各种基本数据类型。此类不仅可以完成读取输入数据操作，还可以方便地对输入数据进行验证。其常用方法如表 3-5 所示。

表 3-5 Scanner 类的常用方法

返回数据类型	方　　法	类型	说　　明
无	Scanner(InputStream source)	构造方法	从指定的字节输入流中接收内容
boolean	hasNextInt()	普通方法	判断输入的数据是否是整数
boolean	hasNextFloat()	普通方法	判断输入的数据是否是小数
String	next()	普通方法	接收一个字符串
int	nextInt()	普通方法	接收一个数字
float	nextFloat()	普通方法	接收一个小数
String	nextLine()	普通方法	接收一行字符串

例如，读取用户输入的数据为整型数据。首先创建 Scanner 类的一个实例 sc，然后调用其方法 nextInt()。代码如下：

```
Scanner sc = new Scanner(System.in);
int i = sc.nextInt();
```

其中 System.in 是标准输入流。

例 3-6 读取用户输入的一行数据和一个字符串。用户在提示符下输入数据，然后用回车键确认。

解 实现例 3-6 的代码如下：

```
// ScannerDemo1.java
import java.util.Scanner;
public class ScannerDemo1 {
    public static void main(String[] args) {
        // 创建一个 Scanner 实例，并指定从键盘接收数据
        Scanner scan = new Scanner(System.in);
        System.out.print("请输入数据 1,用回车符确认：");       // 用户输入数据
        String str1 = scan.nextLine();
        System.out.println("输入的数据为：" + str1);
        System.out.print("请输入数据 2,用回车符确认：");
        String str2 = scan.next();
```

```
            System.out.println("读取的单词为: " + str2);
        }
    }
```

程序运行结果显示如下：

请输入数据 1,用回车符确认: How are you?
输入的数据为: How are you?
请输入数据 2,用回车符确认: How are you?
读取的单词为: How

例 3-7 统计输入数的个数,并计算总和。

解 实现例 3-7 的代码如下：

```
// ScannerDemo.java
import java.util.Scanner;
public class ScannerDemo {
    public static void main(String[] args) {
        System.out.println("请输入若干个数,每输入一个数用回车确认");
        System.out.println("最后输入一个非数字结束输入操作");

        // 创建一个 Scanner 实例 scan
        Scanner scan = new Scanner(System.in);
        double sum = 0;
        int m = 0;
        while(scan.hasNextDouble()) {

            // 从键盘读取数据,返回给变量 x
            double x = scan.nextDouble();
            m = m + 1;
            sum = sum + x;
        }
        System.out.println("输入的个数为: " + m);
        System.out.println("输入数的总和为: " + sum);
    }
}
```

其中,scan.hasNextDouble()为条件表达式,用来判断输入的数据是否为双精度类型的数。

程序运行结果显示如下：

请输入若干个数,每输入一个数用回车确认
最后输入一个非数字结束输入操作
5
6
7

w
输入的个数为:3
输入数的总和为:18.0

3.6 什么是良好的编程习惯

良好的习惯对于一个人的成长是非常重要的,良好的编程习惯对于编程能力的提高也是非常重要的。编程时要有良好的风格,源代码的逻辑简明清晰、易读易懂是好程序的重要标准。良好的编程习惯如下。

(1) 加适当的注解。注解是程序员与程序读者通信的重要手段,正确的注解非常有助于对程序的理解。通常在程序的最前面加一段关于这个程序基本信息的注解。例如,程序所完成的功能是什么,程序的作者是谁,编写或修改这个程序的时间等;在程序中,也要适当加注释,比如在一个方法前面说明这个方法的作用,返回值是什么等;在语句块结束的地方,也可加注释等,以便以后阅读程序用。

(2) 适当使用空行和空格以增加程序的可读性。

(3) 遵循命名约定,Java 是区分字母大小写的,使用恰当的大小写字母。

(4) 在编写程序时,括号要成对写,避免漏掉右括号。

(5) 合理利用缩进符 Tab,以区分层次。例如,在 if 结构中将其中的语句缩进一些可使结构中的内容突出,提高程序的可读性。

(6) 在程序中,一行最好只写一条语句。如果一条语句很长可以分成几行。若一条语句必须分成几行,最好选择一些有意义的分隔点。例如,在以括号分隔的列表中的逗号之后,或在一长表达式的运算符之后。若一条语句被分成两行或多行,则将所有后继行都以缩进格式书写。

还有一些关于编程的良好习惯,在此就不一一罗列了。

3.7 本章小结

Java 根据不同的作用和用途,建立了不同类型的类,提供给程序员。作为 Java 的初学者,应该充分了解这些类,根据实际需要,直接使用或调用 Java 类中的方法或属性,使程序设计变得简洁,容易。虽然 Java 提供了大量的类库,但这些类只能实现一些最基本、最普遍的功能。要实现用户需要的应用系统,还需要开发者自己定义类来完成特定的功能。第 4 章将介绍如何自定义类。

练 习 题

1. Java 中,引入包的优点是什么?

2. package 语句有哪些用途？

3. 如何将需要的外部类引入程序中？如何引用包中的某个类？如何引用整个包？

4. 判断下面的描述是否有错误，若有请说明理由。

(1) 在使用(==)运算符比较 String 对象时，如果 String 对象包含相同的值，则比较结果为真。

(2) 在创建 String 对象后可以对其进行修改。

5. 编写一个 Java Application。要求：创建一个字符串数组，并初始化。求该数组的长度和数组中每个字符串的长度。

6. 请分别为以下每一句描述编写一条语句，以执行所指定的任务。

(1) 比较 s1 中的字符串与 s2 中的字符串是否具有相同的内容。

(2) 使用＋＝运算符将字符串 s2 添加到字符串 s1 的后面。

(3) 确定 s1 中字符串的长度。

7. Java 的什么类提供了类似于数组数据结构的功能，可以动态调整自身大小？

8. ArrayList 类中存放元素的类型必须是什么类型？如果不满足怎么办？

9. 判断下面代码的输出是什么？

```
ArrayList < String > myArr = new ArrayList < String > (2);
for(int i = 0; i < myArr.size(); i ++ ){
    myArr.add("element " + i);
    System.out.println(myArr.get(i));
}
```

10. 什么情况下使用一般数组？什么情况下使用动态数组？

11. 编写一个 Java Application。要求输出显示当天的日期显示格式为××××年××月××日。

12. 编写一个 Java Application。使用 Scanner 类，实现从 DOS 界面输入几个数字，存放到数组中，然后输出显示数组数据。

13. 编写一个 Java Application，求出上题所建数组中的最大值和最小值，并给出它们的索引(数组下标)。

14. 解释说明：在程序中使用(或调用)方法来完成某种功能比直接嵌入完成这个功能的语句好。

第4章

自定义类(问题域类)

类是面向对象程序设计的核心。由于类定义了一组对象的行为和属性,实现了封装概念。因此整个面向对象程序设计语言都建立在这个封装好的逻辑结构之上。同样,类也构成了面向对象程序设计的基础。因此,任何希望在程序中实现的想法都必须封装在类中。在面向对象的程序设计中,类有两种:一种是面向对象程序设计语言系统提供的类,如Java的类库;另一种是开发人员利用Java语言自定义的类。开发人员可以根据用户特定的需求,自定义全新的类以实现特定的功能。本章主要介绍如何自己定义类,以及如何测试和使用这些类。

本章要点

- 如何设计和实现面向对象基本概念:类、封装;
- 定义一个类包括定义类的属性和类的方法成员;
- 怎样使用自定义类的方法;
- 如何编写类的测试程序;
- 关于方法的重载 overloading;
- 如何增强程序的健壮性——异常及异常的处理的方法。

4.1 类的详细设计

自定义类一般用来实现应用系统中的问题域类的编码,问题域类及类图直接描述了应用系统业务范围中的对象及它们之间的关系,问题域类图是对要开发的应用系统进行需求分析和设计后的制品(文档)之一。

本节以计算常用几何图形周长及其面积为例,说明如何用面向对象的方法进行问题域类(PD class)的设计。要解决计算常用几何图形的周长和面积这个问题,其问题域类应包括各种几何图形的类,如圆形类、矩形类等。现在以圆为例设计 Circle 类。一个圆的属性有圆心坐标(x,y)和半径r等,其中,属性圆心坐标(x,y)在画圆时需要用到。如果我们只需计算圆的周长和面积,则该属性可以省略。Circle 类的方法(行为)应有计算圆周和计算圆的面积等。Circle 类图用UML 表示如图4-1所示。注意类名、属性名和方法名要遵循

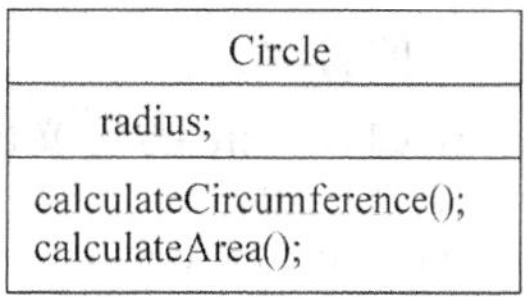

Circle
radius;
calculateCircumference(); calculateArea();

图 4-1 Circle 类图

Java 命名规范。

Circle 类图的简要说明如表 4-1 所示。

表 4-1 Circle 类图的简要说明

类名	属性和方法成员	说明
Circle	radius	圆的半径，数据类型：int
	calculateCircumference()	计算圆的周长的方法，返回数据类型：double
	calculateArea()	计算圆的面积的方法，返回数据类型：double

从上表可以看出，类将属性和方法成员封装在一个单元。在 Circle 类中，除了表 4-1 中列出的方法之外，还应有对类中各属性变量赋值的方法和获取各属性值的方法。由于每个类中都应该包含这些给属性赋值的方法和获取数据的方法，为简洁起见，这些方法一般不出现在类图中，但在类的定义（编写的代码）中必须定义它们。

4.2 类 的 定 义

一个稍微复杂的系统，其问题域类图都由多个类组成。通常用编程语言对每个问题域类编写类定义，然后再编写主动类程序，在主动类中调用相应的问题域类的方法，以实现应用系统的各种功能。

定义一个类就是用面向对象的编程语言来描述类图中每个类的属性和方法成员。有些简单的类可能只有属性没有方法。一般情况下，一个类既有属性又有方法。在写完类的定义（define a class）之后，就可用它来创建许多你所需要的对象或实例。

4.2.1 类定义的结构

类定义由类的首部、属性定义和方法代码组成。类定义的一般语法格式如下：

```
[类的修饰符] class 类名{
    属性
    方法
}
```

其中，类的修饰符可以是关键字 public 等，也可以什么也不写。public 表示该类具有公共的可访问性，即任何包中的类都可使用它；如果在关键字 class 之前无类的修饰符，则表示该类只能被所在包中的类访问，这是 Java 默认的情形。关键字 class 所在行是类定义的首部。

例如，Circle 类定义的首部为：

```
public class Circle
```

注意：类的名字应是合法的标识符，第一个字母必须大写。类的名字最好与实际意义相吻合。

类的属性和方法的定义见 4.2.2 节和 4.2.3 节。

4.2.2 声明类的属性变量

声明属性变量是类定义的一部分。定义属性可以通过声明属性变量来实现。属性变量的声明格式如下：

[修饰符] 类型 变量名;

其中，修饰符为该变量的访问权限。此处的访问是指读取变量的值，或修改变量的值，或给变量赋值。修饰符可以是 public、private 或 protected。public 表示该变量是公有变量，可被同一个包中所有的类访问；private 表示该变量是私有变量，只能被所在的类访问；protected 表示该变量是受保护变量，可被所在的类和子类访问，在第 5 章中将进一步介绍 protected。

为了实现类的封装性，提高数据（属性的值）的安全性，通常将类的属性定义为私有的 private，以拒绝外部类对这些属性的直接访问，从而达到信息隐藏的目的。

例如，由 Circle 类图可知 Circle 类有 1 个属性：半径 radius。它的数据类型是整型 int；其可访问性应该是私有的。属性定义为：

`private int radius;`

在定义变量时，如果没有给变量赋值，则 Java 在运行时会自动给变量赋值，赋值的原则是：

- 整数类型 int、byte、short、long 的变量自动赋值为 0。
- 小数类型 float、double 的变量自动赋值为 0.0。
- 引用类型的变量自动赋值为 null。

4.2.3 编写类的方法成员

类由一组具有相同属性和共同行为的对象抽象而来。对象执行的操作通过编写类的方法来实现。显而易见，类的方法是一个功能模块，作用是"做一件事情"。

在面向对象的软件系统中，系统主要功能分解在各问题域类的方法中，通过对象之间的交互活动来完成特定的功能。交互活动是指对象之间的消息传送或称方法调用，以及响应消息。例如，一个对象 A，发送一个消息到另一个对象 B，可能做两件事情：①对象 A 调用对象 B 的方法，请求对象 B 完成有关任务；②同时对象 A 可能将有关的数据以参数的形式传送给对象 B。当对象 B 接收到这个消息后，也可能做两件事情：①执行对象 A 请求的任务，即执行本对象中相应的方法；②执行的结果可能返回给对象 A。其消息传送（调用方法）的过程如图 4-2 所示。

方法就像一个"黑匣子"，完成某个功能，并且可能在执行完后返回一个结果。由此可见，方法在类定义中是非常重要的一部分。

类的方法成员可分为三种：第一种是标准方法；第二种是自定义方法；第三种为构造

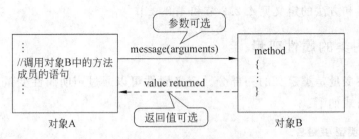

图 4-2 对象之间的交互——消息发送

方法。任何一种方法必须包括以下 3 个部分。
- 方法的名称；
- 方法返回值的类型；
- 方法的主体。

定义方法的语法格式如下：

修饰符 返回值数据类型 方法名 ([形式参数列表]) {
    [局部变量列表]
    语句块
}

说明如下。

(1) 修饰符：一般为该方法的访问权限，与属性变量定义一样，有 public、private 和 protected 等三种。

(2) 返回值数据类型：是指返回给调用方数据的数据类型：基本类型或引用类型。如果一个方法不需要返回值，则要用关键字 void 声明；若有返回值，则必须声明返回值的数据类型，而且在该方法语句块的最后一条语句必须是 return 语句。

(3) 方法名：通常由一个或多个英文单词或英文缩写组成，方法名由方法的功能确定。方法名的第一个字母一定是小写，如果是由多个英文单词组成，则后续的单词首字母要大写，例如，calculateArea()。

(4) 形式参数列表(简称形参列表)：给出方法被调用时应向该方法传递的数据(又称实际参数)。形式参数包括变量和变量的数据类型。当一个方法有多个参数时，参数之间用逗号隔开。例如，(int a,double b,String c)。

(5) 局部变量：一个方法内部所声明的变量，仅在方法内被使用。局部变量仅存在于该方法被执行时。

(6) 由一对大括号括起来的语句是方法体，它包含一段程序代码，被执行时完成一定的工作。其中语句块由实现该方法功能的语句组成。

通常，在编写方法时，我们分两步完成。

第一步：定义方法名和返回值。

第二步：在{}中编写方法的主体部分。

下面分别介绍标准方法、自定义方法和构造方法的编写特点。

1. 标准方法

我们知道,封装是将类的属性成员私有化,提供公有的方法成员访问私有属性,这些公共的方法又称对外的接口。做法就是:修改属性的可访问性来限制对属性的访问,并为每个属性创建一对取值(getter)方法和赋值(setter)方法,用于对这些属性的访问。取值 getter 方法和赋值(setter)方法通常称为标准方法。

标准方法名有前缀 get 或 set。get 方法返回的类型必须是该属性变量的类型;set 方法返回的类型一般为 void,即不需返回任何值,但传入数据的类型应是该属性变量对应的类型。

下面以 Circle 类为例,介绍标准方法的编写。已知 Circle 类的属性变量有 1 个,其声明为:

```
private int radius;
```

那么,Circle 类的标准方法应该有 2 个,getter 方法 1 个,用以获取半径这个属性的值;setter 方法 1 个,用以对半径这个属性变量赋值。编写 Circle 类的标准方法如下。

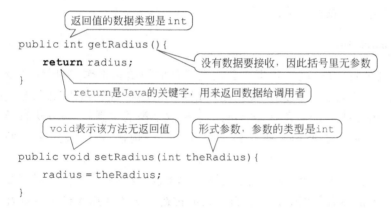

如果一个类中有 n 个属性变量,则该类的标准方法 getter 方法就有 n 个,setter 方法也有 n 个。

在有些程序开发工具中可自动生成标准方法。例如,在 MyEclipse 中定义好属性变量后,选择 Source/Generate Getters and Setters 将自动生成标准方法。

标准方法相当于本类给其他类提供的接口,其他类可通过调用 getters 和 setters 方法来访问本类的数据,保证类的数据被安全访问。有时还可在赋值和取值方法中,加入对属性的存、取限制的语句。

2. 自定义方法

通常,自定义方法是用来实现类的行为。还是以 Circle 类为例来介绍编写自定义方法。

由 Circle 类图得知 Circle 类有两个方法:一个是计算圆的周长 calculateCircumference();另一个是计算圆的面积 calculateArea()。先编写计算圆的周长的方法。

```
public double calculateCircumference() {
    return 2 * 3.14159 * radius;
}
```

在 calculateCircumference() 方法的首部有一个返回值的数据类型 double，它表示返回圆的周长的数据类型是双精度的。在方法体中用了一个 return 返回语句，计算周长的表达式可以直接放在 return 后面，直接将计算结果返回给调用方。3.14159 是 π 的近似值。也可以将 π 声明为一个变量，然后在表达式中使用这个变量。例如，在计算圆的面积的方法中采用下面这种形式。

```
public double calculateArea(){
    double theArea;                      // 声明一个局部变量,存放面积值
    double pi = 3.14159;
    theArea = pi * radius * radius;
    return theArea;
}
```

在 calculateArea() 方法中，变量 pi 和 theArea 属于局部变量。pi 用于存放常量 3.14159，theArea 用于存放圆的面积值。

3. 构造方法(constructor)

构造方法是类中比较特殊的方法，负责对象属性成员的初始化工作，为属性变量赋予合适的初始值。它之所以特殊是因为有以下三个原因：一是该方法的名字必须与类的名字相同；二是该方法用关键字 new 调用，或者说当创建这个类的实例时，该方法自动被调用执行；三是构造方法不含返回值。所有的类至少有一个构造方法，被用来类的实例化。

构造方法有两种形式：一种是由 Java 创建的默认的构造方法；另一种是由程序员自定义的构造方法，又称为带参数的构造方法。自定义的构造方法主要用来给类的属性变量设置初始状态，或者说，构造方法中的代码是完成对类的初始化工作的代码。

如果在一个类中没有自定义构造方法，Java 编译器会自动创建一个不带参数的默认的构造方法。默认的构造方法的一般语法格式如下：

public 构造方法名(){}

其中，构造方法名与类名相同。默认的构造方法只有方法的首部，方法体是空的，无任何代码。

例如，Circle 类的默认的构造方法为：public Circle(){ }。

自定义构造方法的一般语法格式如下：

public 构造方法名(形式参数列表){
    语句块
}

其中，在形式参数列表中如果参数的个数多于一个，则参数之间用逗号隔开。

例如，Circle 类的自定义构造方法定义如下：

```
public Circle(int theRadius) {
    setRadius(theRadius);
}
```

在 Circle 类的自定义构造方法首部形式参数列表中，给出了 1 个形式参数：圆的半径 theRadius，当使用这个方法时，这个形式参数将被实际参数所代替；方法体内调用了该类的 setter 方法，该方法带有实际参数，用来实现给圆的属性变量半径赋初值，为计算这个圆的周长和面积做准备。

Circle 类的自定义构造方法也可以这样编写：

```
public Circle(int theRadius){
    radius = theRadius;
}
```

在 Circle 类的自定义构造方法体内，直接使用了赋值语句将实际参数赋值给相应的属性变量。

到此，Circle 类的定义编写介绍完毕，完整的 Circle 类定义如下：

```
// Circle.java
public class Circle{
    /* 定义属性变量 */
    private int radius;

    /* 自定义构造方法 */
    public Circle(int theRadius){
        setRadius(theRadius);
    }

    /* 自定义方法 */
    public double calculateCircumference() {
        return 2 * 3.14159 * radius;
    }
    public double calculateArea(){
        double theArea;                          // 声明一个局部变量,存放面积值
        double pi = 3.14159;
        theArea = pi * radius * radius;
        return theArea;
    }

    /* Getters */
    public int getRadius(){
        return radius;
    }
```

```
    /* Setters */
    public void setRadius(int theRadius){
        radius = theRadius;
    }
}
```

自定义构造方法为不同的 Circle 实例提供初始值。

一个类中可以定义多个构造方法,这些方法名相同,但形式参数列表不同,即或形式参数的个数不同,或参数的数据类型不同,或两者兼之。

类的方法定义了类的某种行为(功能),而且由于被封装在类中,实施细节获得隐藏。

4.3 类 的 使 用

定义问题域类是为了在其他类或本类其他方法中使用它,以完成特定的任务。在面向对象的程序设计中,一个程序的执行过程,实际上就是一个个方法的调用过程。这些方法可能在不同的类中。类的使用包括创建类的实例,调用该实例的方法或属性值。

4.3.1 创建类的实例

使用自定义的类、调用其方法,与使用 Java 的类一样,首先需创建这个类的一个实例。其一般语法格式如下:

类名 实例变量名 = new 类名([实际参数列表]);

或

类名 实例变量名 = new 构造方法名([实际参数列表]);

其中,类名是实例变量的数据类型,称为引用类型(reference);new 是 Java 的关键字,用来创建实例;实际参数列表是可选项,由类的构造方法中形式参数个数来决定实际参数列表中参数的个数,参数之间用逗号隔开。创建 Ciecle 类的一个实例如下:

`Circle firstCircle = new Circle(5);`

当以上语句被执行时,将创建一个 Circle 类的实例(半径为 5 的圆),该实例变量为 firstCircle。该实例有 1 个 getters 方法、1 个 setters 方法、两个自定义方法以及 1 个属性半径,其值为 5。

如果需要创建多个实例,其方法类似。例如,创建另外两个圆的实例如下:

`Circle secendCircle = new Circle(6);`
`Circle thirdCircle = new Circle(7);`

如果在类中没有自定义的构造方法,则创建类的一个实例的语句如下:

类名 实例变量名 = new 类名();

执行该语句时,实际上是执行 Java 默认的构造方法。由以上例子可见,创建一个类的实例是通过使用关键字 new 加构造方法。

创建一个类的实例也可以分解为以下两步来定义。例如:

(1) Circle firstCircle;定义了一个 Circle 类的引用,或声明了一个类 Circle 的实例变量名 firstCircle。

(2) firstCircle=new firstCircle(5);这个语句才是真正地建立了对象 firstCircle,也就是 firstCircle 的内容指向了内存中一块连续的区域的首地址。该区域存放这个对象的所有属性和方法成员。

第一步定义了一个 Circle 类的实例变量 firstCircle,只是指出了这个类的外观,并没有在内存中生成数据存储空间,此时 firstCircle=null;第二步用关键字 new 创建这个类的一个对象,只有执行了 new 以后,才会正式生成这个对象的数据存储空间,并将这个存储空间的首地址放入变量 firstCircle 中,此后就可用 firstCircle 调用这个对象的方法了。

4.3.2 调用类的方法成员

类中定义的方法是供使用的或提供服务的。如何使用类的方法？简单地说就是调用它们,方法只有被调用才能被执行。在程序中使用方法的名称来调用方法,在调用方法时,程序的执行流程会进入方法的内部,当执行到方法内部的 return 语句或执行完方法内部的代码以后,则返回到调用该方法的位置继续向下执行。

调用对象(实例)的方法(invoke method)也称为向对象发送消息。方法调用的语法分为以下两种:

(1) 不同类之间的方法调用,是指调用以及被调用的方法位于不同的类。其调用方法的一般语法格式如下:

实例变量名.方法名([实际参数列表]);

(2) 同一类中方法的调用,指调用以及被调用的方法都在同一个类。其调用方法很简单,直接使用方法名,即:

方法名([实际参数列表])

下面分别介绍这两种形式的调用。

1. 不同类之间的方法调用

Java 中可直接执行的类称为主动类,其特点是在类中有一个名为 main(String[] args)的方法。下面编写一个 Java 应用程序 Tester1 来说明不同类的方法调用,同时通过调用 Circle 的方法来测试类 Circle 的方法编写得是否正确,即能否实现所要求的功能。

```
// Tester1.java
public class Tester1 {
    public static void main(String[] args) {
```

```
        // 创建一个圆的实例 firstCircle
        Circle firstCircle = new Circle(50);
        // 定义变量用来存放属性半径的值
        int theRadius;
        // 调用 getter,获取属性半径的值
        theRadius = firstCircle.getRadius();
        // 输出显示这个圆的半径
        System.out.println("圆的半径是:" + theRadius);
    }
}
```

运行 Tester1 程序结果显示如下:

圆的半径是: 50

程序说明如下。

(1) 语句"Circle firstCircle＝new Circle(50);"用来创建 Circle 类的实例 firstCircle,即一个半径为 50 的圆,其中参数(50)是 Circle 类的自定义构造方法的实际参数。执行这个语句将完成两件工作:一是为创建的实例分配存储空间,二是调用执行 Circle 类的构造方法。此处调用的是自定义的构造方法。该语句中,实际参数(50)是自定义构造方法所需要的参数。该构造方法将执行本类的 setRadius 方法,将数值 50 赋给圆的半径 radius。执行这个语句后,实例变量 firstCircle 的值是一个内存地址,此内存空间存储这个实例的首地址,或者说实例变量 firstCircle 的值指向 Circle 的一个实例。创建一个 Circle 实例如图 4-3 所示。

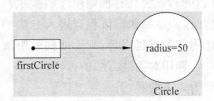

图 4-3　Circle 的实例

在创建多个实例时,每一个实例都有自己的标识符,用自己的存储空间存储自己的属性值和方法。

(2) 语句"theRadius ＝ firstCircle.getRedius();"的解释说明如图 4-4 所示。

图 4-4　方法调用的例子

(3) 语句"System.out.println("圆的半径是:"＋ theRadius);"显示输出结果。一般用来检查结果是否正确,测试程序中经常用到这个语句来显示想要观察的数据。

测试程序 Tester1 中各个方法的调用过程可用序列图描述,如图 4-5 所示。

下面是 Tester1 的序列图说明。

Tester1 首先创建 Circle 的一个对象 firstCircle,对象 firstCircle 调用自己的方法 setRadius(),给自己的属性赋值,进行初始化工作。因此,图中调用的箭头方向指向对象

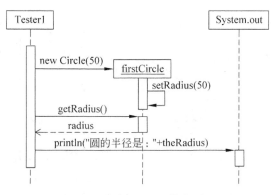

图 4-5　程序 Tester1 的序列图

firstCircle 自己。然后 Tester1 调用对象 firstCircle 的方法 getRadius,对象 firstCircle 返回半径值 radius 给 Tester1。随后 Tester1 调用 Java System.out 类的 println 方法,将圆 firstCircle 的半径输出显示。

如果不用 Circle 的自定义构造方法创建 Circle 的实例,而是用 Circle 默认的构造方法来创建 Circle 的实例,那么程序应该这样编写:

```
// Tester11.java
public class Tester11 {
    public static void main(String[] args) {
        /* 创建一个圆的实例 firstCircle */
        Circle firstCircle = new Circle();

        /* 调用对象 firstCircle 的方法给属性赋值 */
        firstCircle.setRadius(50);

        /* 定义变量用来存放属性半径的值 */
        int theRadius;

        /* 调用 getter,获取属性半径的值 */
        theRadius = firstCircle.getRadius();
        /* 输出显示这个圆的半径 */
        System.out.println("圆的半径是:" + theRadius);
    }
}
```

比较程序 Tester1 和 Tester11,可以看出用自定义构造方法创建实例比用默认的构造方法创建实例简洁。

程序 Tester11 对应的序列图如图 4-6 所示。

编写一个功能的代码很容易,但是要把这个功能写得非常完善那就难了,因为需要考虑各种各样的情况,包括正常的和非正常的。所以,在编写完自定义类后,都应该编写一个测试程序来测试该类代码的编写是否正确。

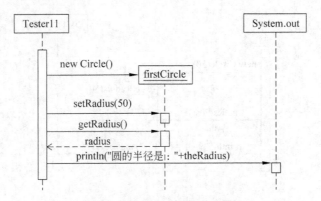

图 4-6　程序 Tester11 的序列图

测试程序的一般写法为：先创建被测试类的实例，由这个实例变量调用该类的各个方法，验证这些方法是否能正确完成预定的功能。通常用 System.out.println 语句来显示测试的结果信息。例如，完整地测试 Circle 类的测试程序 Tester2 代码编写如下：

```
// Tester2.java
public class Tester2 {
    public static void main(String[] args) {
        // 创建一个圆的实例 firstCircle
        Circle firstCircle = new Circle(5);

        /* 定义变量用来存放属性值和计算结果的返回值 */
        double theCircumference,theArea;
        int r;

        /* 测试 getters 方法 */
        // 调用 getRadius(),获取属性值
        r = firstCircle.getRadius();

        /* 测试自定义方法 */
        /* 调用自定义方法,获取圆的周长和面积 */
        theCircumference = firstCircle.calculateCircumference();
        theArea = firstCircle.calculateArea();

        /* 输出显示圆的半径、周长和面积 */
        System.out.println("圆的半径是: " + r);
        System.out.println("圆的周长是: " + deCircumference());
        System.out.println("圆的面积是: " + theArea());
    }
}
```

运行 Tester2 程序结果显示如下：

圆的半径是：5
圆的周长是：31.4159
圆的面积是：78.53975

从程序运行结果来看，定义的类是正确的。

自定义方法通常用来实现类的行为，但有时也需要在类定义中编写少量的其他非类的行为的自定义方法。例如，当一个自定义类中属性较多，而且其属性将来有可能增加时，要想获得这个类的属性值至少需要：

① 修改这个自定义类，如声明新的属性变量。

② 修改使用这个类的程序（如 tester 程序）。为了减少程序维护（修改）量，可以在自定义类中增加这种实现非对象行为的自定义方法。例如，可以增加一个 getDetails()方法。在该方法中将所有的属性值都放在一个字符串变量中，然后返回这个字符串。例如，Circle 类可能增加新的属性成员：圆心坐标 coordinateX 和 coordinateY，那么在 Circle 类中需增加 4 个标准方法 getCoordinateX()、getCoordinateY()、setCoordinateX()和 setCoordinateY()。编写 Circle 类的 getDetails()方法如下：

```java
public String getDetails(){
    String info;
    info = "圆的坐标 X = " + getCoordinateX()
         + ",\n 圆的坐标 Y = " + getCoordinateY()
         + ",\n 圆的半径 Radius = " + getRadius();
    return info;
}
```

其中，语句 return info;将 Circle 类的所有属性值返回给调用 getDetails()方法的程序。由于 Circle 类中有了 getDetails()方法，测试程序 Tester2 可以简化，修改如下：

```java
// Tester22.java
public class Tester22 {
    public static void main(String[] args) {
        // 创建一个圆的实例 aCircle
        Circle aCircle = new Circle(3,4,5);

        // 定义变量用来存放属性值
        String theInfo;

        /* 定义变量存放计算结果的返回值 */
        double theCircumference,theArea;

        /* 调用自定义方法，获取圆的属性、周长和面积 */
        theInfo = aCircle.getDetails();
        theCircumference = aCircle.calculateCircumference();
        theArea = aCircle.calculateArea();

        /* 输出显示圆的属性、周长和面积 */
```

```
            System.out.println("圆的属性是：\n" + theInfo);
            System.out.println("圆的周长是：" + theCircumference);
            System.out.println("圆的面积是：" + theArea);
        }
    }
```

运行 Tester22 程序结果显示如下：

圆的属性是：
圆的坐标 X = 3.0
圆的坐标 Y = 4.0
圆的半径 Radius = 5
圆的周长是：31.4159
圆的面积是：78.53975

程序说明：由于 Tester22 程序中圆的实例 aCircle 调用了自己的 getDetails()方法，而不是直接调用 getters 方法，因此当 Circle 类的属性增加或减少时，只需修改 Circle 类中增加或减少声明属性变量的语句，修改 getDetails()方法即可，不需要修改其他使用 Circle 类的程序。

根据 Tester22 的程序流程可以画出其序列图，如图 4-7 所示。

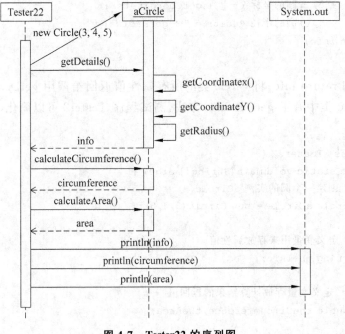

图 4-7　Tester22 的序列图

Tester22 的序列图说明：Tester22 首先创建 Circle 的一个对象 aCircle，然后调用对象 aCircle 的 getDetails()方法。要完成该方法，对象 aCircle 需调用自己的 getCoordinateX()、getCoordinateY()和 getRadius()三个方法，因此图中调用的箭头方向指向对象 aCircle 自己。当获得对象 aCircle 的三个属性值后，aCircle 返回这些信息给

Tester22。随后 Tester2 又分别调用 aCircle 的 calculateCircumference()方法和 calculateArea()方法,获得圆 aCircle 的周长和面积。最后 Tester22 调用 Java System.out 类的 println 方法,将圆 aCircle 的属性、周长和面积输出显示。

2. 类中不同方法成员之间的调用

Java 中类是应用程序的基本单元。每个对象完成应用程序的某个或某些特定的功能。当需要某一对象执行一项特定操作时,通过调用该对象的方法来实现。在类中,类的不同方法成员之间也可以进行相互调用。举例说明如下。

例 4-1 计算班里每个同学 3 门课(English、OOP、DB)的平均成绩和总成绩,编写一个成绩类来实现这些功能。

解 据题意可知,计算成绩类完成的功能有:计算平均成绩、显示平均成绩、计算总成绩、显示总成绩。成绩类图如图 4-8 所示。

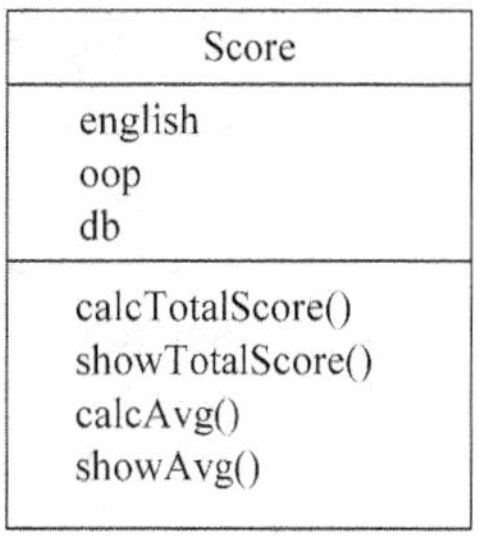

Score
english
oop
db
calcTotalScore()
showTotalScore()
calcAvg()
showAvg()

图 4-8 计算成绩类图

(1) 实现计算成绩类图的代码如下:

```java
// Score.java
public class Score {
    int english;              // 存放 English 成绩
    int oop;                  // 存放 OOP 成绩
    int db;                   // 存放 DB 成绩

    /* 计算总成绩 */
    public int calcTotalScore() {
        int total = english + oop + db;
        return total;
    }

    /* 显示总成绩 */
    public void showTotalScore() {
        System.out.println("总成绩是:" + calcTotalScore());    // 直接调用本类方法
    }

    /* 计算平均成绩 */
    public int calcAvg() {
        int avg = (english + oop + db)/3;
        return avg;
    }

    /* 显示平均成绩 */
    public void showAvg() {
        System.out.println("平均成绩是:" + calcAvg());         // 直接调用本类方法
    }
}
```

(2) 编写测试类:

```java
import java.util.*;
public class TestScore {
    public static void main(String[] args) {
        Score sc = new Score();
        /* 从界面接收输入的成绩 */
        Scanner input = new Scanner(System.in);
        System.out.print("请输入 English 成绩:");
        sc.english = input.nextInt();
        System.out.print("请输入 OOP 成绩:");
        sc.oop = input.nextInt();
        System.out.print("请输入 DB 成绩:");
        sc.db = input.nextInt();

        /* 计算并输出成绩 */
        sc.showTotalScore();
        sc.showAvg();
    }
}
```

运行 TestScore 程序结果显示如下:

请输入 English 成绩:85
请输入 OOP 成绩:90
请输入 DB 成绩:80
总成绩是:255
平均成绩是:85

分析:方法之间相互调用,不需要知道方法的具体实现,大大提高了效率和信息隐藏。两种方法的调用归纳如表 4-2 所示。

表 4-2 方法的调用

调用情况	举例

不同类之间方法调用。例如,
类 Class1 的方法 a()调用类 Class2 的方法 b(),
先创建类 Class2 的对象,然后使用"."调用
	`public void a() {`
	`    Class2 myClass=new Class2();`
	`    myClass.b();  // 调用 Class2 类的 b()`
	`}`

同类不同方法之间的调用。例如,
类 Class1 的方法成员 a()调用 Class1 类的方法成员 b(),直接调用
	`public void a() {`
	`    b();         // 调用 b()`
	`}`

4.3.3 体会面向对象程序设计方法

实现例 4-1 的方法是面向对象的程序设计方法,如果用非面向对象的程序设计实现

例 4-1 要求的功能,其代码如下:

```java
/* OldScore.java */
import java.util.Scanner;
public class OldScore {
    /* 计算平均分和总成绩 */
    public static void main(String[] args) {
        /* 接收输入的成绩 */
        Scanner input = new Scanner(System.in);
        System.out.print("请输入 English 成绩: ");
        int english = input.nextInt();
        System.out.print("请输入 OOP 成绩: ");
        int oop = input.nextInt();
        System.out.print("请输入 DB 成绩: ");
        int db = input.nextInt();

        /* 计算并显示输出 */
        int total = english + oop + db;
        double avg = total/3.0;
        System.out.print("总成绩: " + total);
        System.out.print("\n平均分: " + avg);
    }
}
```

分析:从代码行数来看,以上程序似乎比例 4-1 还简单一些。但是,如果有 50 个类中都需要实现这个功能,上例中的代码由于不能重用,要完成这个工作将需编写大量重复代码。如果使用例 4-1 中面向对象的方法,将独立的功能模块用方法成员来实现,50 个类都来调用就可以了,不用重复写代码。面向对象方法的示意图如图 4-9 所示。

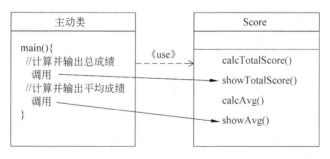

图 4-9 面向对象方法程序设计示意图

4.3.4 优化自定义的类

程序编写得好,可增加程序的简洁性、可靠性和可读性,因此在定义类的时候需注意以下几点。

(1) 定义类属性变量时不要用 public —— 信息隐藏。

(2) 总是将类的初始化语句放在自定义的构造方法中 —— 优化程序,提高效率。
(3) 使用适当的类名、方法名和变量名 —— 利于理解程序。
(4) 适当地对源程序进行格式化,如增加注释、空行等,使之易读。

4.4 静态变量和静态方法

一个类可以创建很多个实例。每一个实例都有自己的存储空间,存放自己的数据和方法。在实际应用中,有时需要在类中有一种变量或方法能被所有类的实例共享。例如,记录某个类创建了多少个实例,这时类中需要有一个计数变量,每当创建一个实例时,该计数变量加 1。这个变量属于类的变量,供所有实例共享。对于这样的变量或方法,在 Java 中称为静态变量或静态方法,在 Java 语言中用关键字 static 标识,加在变量名或方法名前面。

4.4.1 定义静态变量和静态方法

定义静态变量的一般语法格式如下:

private static 数据类型 变量名;

定义静态方法的一般语法格式如下:

public static 返回值数据类型 方法名([形式参数列表]);

静态变量和静态方法属于类所有,关键字 static 声明一个属性或方法是与类相关的,而不是与类的某个特定的实例相关,因此,这种变量或方法也称为"类变量"或"类方法"。一个类的静态变量或静态方法,在内存中只有一份,为所有该类的实例共享。所以,当静态方法被调用时可直接用类名调用,而不需要用实例变量名调用。

调用静态方法的一般语法格式如下:

类名.静态方法名([实际参数列表]);

4.4.2 静态变量和静态方法的应用

下面举例说明静态变量和静态方法的定义和使用。

例 4-2 跟踪计算 Circle 类被创建了多少个实例。

解 解决的方案如下:

(1) 声明一个静态变量 count 用来计数 Circle 类被创建了多少个实例,并对该变量进行初始化,例如:

private static int count = 0;

(2) 增加一个递增语句到 Circle 类的构造方法中,例如:

count ++ ;

在每次创建一个实例时,构造方法就会自动被调用一次,这个语句就会被执行一次,因此可实现每创建一个圆的实例,计数变量 count 加 1。

(3) 编写一个静态方法 getCount,以获取该计数值,例如:

```
public static int getCount(){
    return count;
}
```

将以上解决方案应用到 Circle 类中,修改后的 Circle 类代码如下:

```
// ModifiedCircle.java
public class ModifiedCircle {
    private int radius;

    /* 定义静态变量 */
    private static int count = 0;

    /* 自定义构造方法 */
    public ModifiedCircle(int theRadius) {
        setRadius(theRadius);
        // 计数加 1
        count ++ ;
    }
    public double calculateCircumference() {
        return 2 * 3.14159 * radius;
    }
    public double calculateArea() {
        double theArea;          // 声明一个局部变量,存放面积值
        double pi = 3.14159;
        theArea = pi * radius * radius;
        return theArea;
    }

    /* 定义静态方法 */
    public static int getCount() {
        return count;
    }

    /* getter method */
    public int getRadius() {
        return radius;
    }

    /* setter method */
    public void setRadius(int theRadius) {
```

```
        radius = theRadius;
    }
}
```

为了验证静态变量和静态方法是属于这个类的所有对象,而不仅属于某一个对象,或者说静态变量和静态方法可被类的所有实例所共享,编写 Tester3 程序代码如下:

```
// Tester3.java
public class Tester3 {
    public static void main(String[] args) {
        // 创建一个数组,其类型是引用类型,用来存放 3 个 Circle 类的实例首地址
        ModifiedCircle circles[] = new ModifiedCircle[3];

        /* 分别创建 3 个圆的实例并显示已创建圆的个数 */
        circles[0] = new ModifiedCircle(1);          // 参数 1 代表半径值
        System.out.println("Number of circles is " + ModifiedCircle.getCount());

        circles[1] = new ModifiedCircle(2);
        System.out.println("Number of circles is " + ModifiedCircle.getCount());

        circles[2] = new ModifiedCircle(3);
        System.out.println("Number of circles is " + ModifiedCircle.getCount());
    }
}
```

运行 Tester3.java 显示如下:

```
Number of circles is 1
Number of circles is 2
Number of circles is 3
```

Tester3 程序说明如下:

① 定义了一个数组,其类型是引用类型,用来存放 Circle 类的多个实例变量。

② 创建了 3 个 Circle 类的实例(即 3 个不同的圆),用 new 调用 Circle 类的构造方法来实现。

③ 由于 getCount() 方法是静态方法,调用 getCount() 方法直接用类名 ModifiedCircle,不需要用实例变量名 circle[i] 来调用 getCount()。也就是说在调用某个类的静态变量或静态方法时,不需要先创建这个类的实例。

④ 语句 System.out.println() 输出显示计数变量 count 的值。

从程序运行结果可以看出,尽管创建了 3 个 Circle 实例,但它们的变量 count 都指向同一个 ModifiedCircle.count 存储空间。每当创建一个实例时,count 值加 1,表明这 3 个对象都共享同一个 count 变量,共享一个 getCount() 方法。

4.5 方法的重载

方法的重载(overloading method)是让类以统一的方式(或者同一方法名)来处理相似任务的一种手段。

4.5.1 什么是方法的重载

方法的重载,就是在一个类中可以定义多个方法,这些方法具有相同的名字,但具有不同的参数和不同的方法体。调用时通过传递给它们的不同个数和不同类型的参数来决定具体使用哪个方法。

例如,对于同一种功能可能有多种实现方法,到底采用何种实现方法取决于调用方给定的参数。给定的参数不同,调用的方法也不同,比如训练动物,对于不同的动物应有不同的训练方法,到底采用何种训练方法取决于调用者。编写训练动物类 TrainAnimal 的代码如下:

```java
//TrainAnimal.java
public class TrainAnimal {
    ⋮
    /* 传入的参数是狗,执行训练狗的命令 */
    public void train(Dog dog) {
        //训练小狗站立、排队、做算术
        ⋮
    }

    /* 传入的参数是猴子,执行训练猴子的命令 */
    public void train(Monkey monkey) {
        //训练小猴敬礼、翻筋斗、骑自行车
        ⋮
    }
}
```

如果调用者在调用 TrainAnimal 类的 train 方法时,传递的参数是 dog,则调用 TrainAnimal 类的第 1 个方法;如果传递的参数是 monkey,则调用 TrainAnimal 类的第 2 个方法。

方法重载是 Java 实现"一个接口,多个方法"范型的一种方式。在不支持方法重载的语言中,每个方法必须有一个唯一的名字。但是实际开发中,我们经常会遇到实现数据类型不同但本质上相同的方法。例如求绝对值函数的例子。在不支持重载的语言中,通常会含有这个函数的 3 个以上的版本,每个版本都有一个差别甚微的名字。例如,在 C 语言中,函数 abs()返回 int 整数的绝对值,labs()返回 long 型整数的绝对值,而 fabs()返回浮点型的绝对值。尽管这 3 个函数的功能实质上是一样的,但是因为 C 语言不支持重载，每个函数都要有它自己的名字。这样就使得情况复杂许多。尽管每一个函数潜在的概念是相同的，我们仍然不得不记住这 3 个名字。在 Java 中就不会发生这种情况，因为所有的绝对值函数可以使用相同的名字 abs()。方法 abs()在类 java.lang.Math 中。这个方法被 Math 类重载，用于求不同数据类型的数据的绝对值。该方法的不同版本如下：

(1) public static int abs(int a);
(2) public static long abs(long a);
(3) public static float abs(float a);
(4) public static double abs(double a);

此处这些方法只给出了方法的首部。第 1 个方法是计算整型数 a 的绝对值，并返回该值给调用方；第 2 个方法是计算长整型数 a 的绝对值，并返回该值给调用方；第 3 个方法是计算浮点数 a 的绝对值，并返回该值给调用方；最后一个方法是计算双精度数 a 的绝对值，并返回该值给调用方。

重载的价值在于它允许相关的方法可以使用同一个名字来访问。程序运行时 Java 将根据调用方法中的参数类型决定调用不同的 abs()的版本。

除了重载一般的方法外，构造方法也经常被重载。其例子在 5.3.2 节中。

4.5.2 重载方法的条件和使用

重载的方法必须满足以下条件：
- 方法名相同。
- 方法的参数类型、个数、顺序至少有一项不相同。
- 方法的返回类型可以不同。
- 方法的修饰符可以不同。

注意：重载方法只适用于完成相似任务。

重载方法的使用将使类更加易读、明了。

下面用程序 Tester4 来说明重载方法的使用。在该程序中将多次调用 Math 类的 abs 方法，运行时，Java 虚拟机先判断给定参数的类型，然后决定到底执行哪个 abs 方法。另外，因 abs()是静态方法，调用该方法时可直接用它所在的类名调用。Tester4 程序代码如下：

```java
// Tester4.java
public class Tester4 {
    public static void main(String[] args) {
        int absI = -2;
        /* 参数为 int 类型,调用 abs(int a)方法 */
        int value = Math.abs(absI);
        System.out.println(absI + "的绝对值是：" + value);

        /* 参数为 float 类型,调用 abs(float a)方法 */
        float absF = -2.1F;
        System.out.println(absF + "的绝对值是：" + Math.abs(absF));
```

```
    /* 参数为 double 类型调用 abs(double a)方法 */
    double absD = 2.2;
    System.out.println(absD + "的绝对值是: " + Math.abs(absD));

    }
}
```

运行 Tester4 程序结果显示如下。

-2 的绝对值是: 2
-2.1 的绝对值是: 2.1
2.2 的绝对值是: 2.2

注意: 方法的名称、参数的顺序及其类型构成了方法的签名(signature)。在类中每个方法的签名都必须唯一,编译器就是根据方法的签名来判断在何时具体调用哪个方法,返回数据类型对方法的签名没有影响。

在后面章节中还有方法重载的例子。

4.6 异常及异常处理

异常(Exception)处理是程序设计中一个非常重要的内容。通常编写的程序在编译或运行时都有可能出现异常情况,也就是不希望出现的情况,如要打开的文件不存在、内存不够、数组访问越界等。在编程过程中,首先应当尽可能地去避免错误和异常发生,对于不可避免、不可预测的情况,则应考虑异常发生时该如何处理。为达到此目的,需要在程序中增加抛出异常、捕捉异常和处理异常的语句,以增加程序的健壮性,使得程序不因异常而终止,或者程序流程出现意外的改变。同时,通过获取异常信息,也为程序的开发维护提供了方便,一般通过异常信息可以很快地找到出现异常的问题(代码)所在。

4.6.1 异常的分类

异常就是在程序的运行过程中所发生的不正常的事件,它会中断正在运行的程序。异常情况通常有以下 3 类。

(1) 检查性异常:程序正确,但因为外在的环境条件不满足而引发。例如,用户输入错误或 I/O 问题:程序试图打开在硬盘上的一个文件。有可能硬盘上没有这个文件,或文件名字错误(用户拼写错误)。这不是程序本身的逻辑错误。对于商用软件系统,程序开发者必须考虑并处理这样的问题。Java 编译器强制要求处理这类异常,如果不捕获这类异常,程序将不能被编译。

(2) 运行时异常:这意味着程序存在 bug(出错),如数组越界、0 被除、实际参数个数或类型不满足形式参数的要求等。这类异常需要修改程序来避免,Java 编译器也强制要求处理这类异常。

(3) 运行时错误:一般很少见,也很难通过程序解决。它可能源于程序的 bug,但更可能源于环境问题,如内存耗尽。这类异常在程序中无须处理,而由运行环境处理。

4.6.2 异常的捕获与处理

从捕获与处理异常的角度来讲,异常是这样一类对象:它封装一些系统问题、故障或未按规定执行的动作的相关信息。异常可能是 Java Exception 类的对象,也可能是自定义的异常类的对象(详见第 5 章)。异常处理就是预先编好的处理意外情况的方法。异常处理机制就是在程序执行代码的时候,万一发生了异常,程序会按照预定的处理办法对异常进行处理,异常处理完毕之后,程序继续运行。

Java 语言提供的异常处理机制由捕获异常和处理异常两部分组成。在应用程序的执行过程中,如果出现了异常事件,就会生成一个异常对象。生成的异常对象将被传递给相关的系统程序,这一异常的产生和提交过程称为抛出异常。系统程序在得到一个异常对象后,就会寻找处理这一异常的方法。找到处理这类异常的方法后,系统程序把当前异常对象交给这个方法进行处理,这一过程称为捕获异常。如果系统程序找不到可以捕获这个异常的方法,则应用程序将被终止。

1. 异常处理的设计

对于检查性异常和运行时异常,Java 提供了捕捉和处理的机制。Java 异常处理是通过 5 个关键字 try、catch、finally、throw、throws 进行管理的。异常处理的程序设计如下:

(1) 如果某段代码在运行时可能产生异常,或某段代码需要被监测,这段代码应放到 try 语句块中。如果 try 语句块中有异常发生,就抛出该异常。

(2) 用 catch 来捕获这个异常,并且在 catch 语句块中适当地加以处理。

(3) 无论是否产生异常,finally 所指定的代码都要被执行。通常在 finally 语句块中可以进行资源的清除工作,如关闭打开的文件等。

(4) 系统产生的异常会由系统程序自动抛出。如果要主动抛出异常,则在方法中使用关键字 throw 来实现。

(5) 有时被调用的方法不处理该方法可能出现的异常,而是把该异常抛回到调用方,这时需要在方法首部通过用 throws 子句来标记。

具体实现如图 4-10 所示。

```
调用方                          被调用方

try{                           Method header throws Exception{
    调用其他方法的语句               if(检测到问题){
}                                  Exception e = new Excepton("info");
catch(Exception e){                throw e;
    处理异常的语句                 }
}                              else
finally{                           继续执行语句
    语句块                      }
}
```

图 4-10 处理异常的一般方法

2. 处理机制

下面介绍 Java 捕捉和处理异常的机制。

(1) 在调用方(类)的方法中使用 try-catch、finally。

① try 语句块包含要监视的语句,如果在 try 语句块内出现异常,JVM 将从异常发生点中断程序并向外抛出异常信息。

② 在 catch 语句块中可以捕获(接收)到这个异常并处理;catch 语句必须带有参数,它是 Java Exception 类的实例。如果 try 块中所有语句正常执行完毕,那么 catch 块中的所有语句都将会被忽略。如果抛出的异常没有被 catch 捕捉到,JVM 将终止程序运行。

③ 一段代码可能会引发多种类型的异常,这时,我们可以在一个 try 语句块后面跟多个 catch 语句块,分别处理不同的异常。但排列顺序必须是从特殊到一般,最后一个一般都是 Exception 类。一般格式如下:

```
try{
    语句块
}
catch(异常类型 1 异常的变量名 1){
    处理异常类型 1 的语句
}
catch(异常类型 2 异常的变量名 2){
    处理异常类型 2 的语句
}
  ⋮
```

定义多个 catch 可精确地定位异常类型。运行时,系统从上到下分别对每个 catch 语句块处理的异常类型进行检测,并执行第一个与异常类型匹配的 catch 语句。执行其中的一条 catch 语句之后,其后的 catch 语句将被忽略。匹配是指 catch 所处理的异常类型与所生成的异常类型完全一致或是它的超类。如果程序所产生的异常和所有的 catch 处理的异常都不匹配,则这个异常将由 JVM 捕获并处理,此时与不使用异常处理是一样的。

④ finally{}是可选的,如果把 finally 语句块放置在 try-catch 语句后,则无论异常是否被捕捉到,finally 中的语句块一般都会被执行。基于此,通常在 finally 中的语句是释放系统资源的语句,例如,关闭数据库的连接等。以下情形 finally 块将不会被执行:

- finally 块中发生了异常。
- 程序所在线程死亡。
- 在前面的代码中用了 System.exit()。
- 关闭 CPU。

(2) 在被调用方(类)的方法中使用 throw 和 throws。

在定义一个方法时,我们往往遇到这样的情形:在当前环境下有些问题是无法解决的,比如用户传入的参数错误、I/O 设备出现问题等,此时,就要从当前环境中跳出,把问题提交给上一级别的环境,也就是让调用者去解决这类问题。这往往就是我们要抛出异常的地方。抛出异常用 throws 关键字,使用 throws 关键字来声明该方法可能会向外部抛出一个异常,以便让该方法的调用者知晓并能够及时处理这类异常。实现的方式是将关键字 throws 放在方法的首部,声明该方法要抛出异常,然后在方法内部通过关键字 throw 抛出一个异常对象,把异常交给这个方法的调用者处理。

下面介绍 throws 与 throw 关键字的区别。

① throws:总是出现在方法的声明中,用来标明该方法可能抛出的异常。语法格式如下:

throws 异常类型 1,异常类型 2,…,异常类型 n

② throw:总是出现在方法体中,用来抛出一个异常。语法格式如下:

throw 异常对象

一般来说,越早处理异常消耗的资源和时间越小,产生影响的范围也越小。因此,不要把自己能处理的异常也抛给调用者。

下面举例说明如何使用 Java 提供的异常处理机制,以提高应用程序的健壮性。

例 4-3 定义一个 Circle 类,假设在计算圆的周长和面积时,要求圆的半径应大于 0。如果圆的半径小于或等于 0,应给出提示信息。

解 解决这个数据验证问题可以通过修改 Circle 类的 calculateCircumference()方法和 calculateArea()方法来实现。在 calculateCircumference()方法和 calculateArea()方法中增加判断数据(半径)是否大于 0 的语句,如果不是则抛出异常消息给调用者。修改后的 calculateCircumference()方法如下:

```
public double calculateCircumference() throws Exception{
    if(radius == 0 || radius < 0){
        Exception e = new Exception("半径 <= 0,不正确!");
        throw e;
    }
    else
        return 2 * 3.14159 * radius;
}
```

该方法中语句"Exception e = new Exception("半径<=0,不正确!");"创建了一个 Java 的 Exception 类的实例 e,Exception 类的构造方法 Exception(String s) 的参数是一个字符串,所以实际参数为字符串"半径<=0,不正确!",字符串的内容由程序员根据具体情况编写,该字符串的内容将被传递给调用者。

同理,修改计算面积的 calculateArea()方法如下:

```
public double calculateArea() throws Exception {
    if(radius == 0 || radius < 0) {
        Exception e = new Exception("半径 <= 0,不正确!");
```

```
            throw e;
        }
        else
            return 3.14159 * radius * radius;
}
```

修改后的 Circle 类的代码如下。

```
// ModifiedCircleE.java
public class ModifiedCircleE {
    private int radius;

    /* 自定义构造方法 */
    public ModifiedCircleE(int theRadius) {
        setRadius(theRadius);
    }

    /* 自定义方法 */
    public double calculateCircumference() throws Exception {
        if(radius == 0||radius <0) {
            Exception e = new Exception("半径 <= 0,不正确!");
            throw e;
        }
        else
            return 2 * 3.14159 * radius;
    }

    public double calculateArea() throws Exception{
        if(radius == 0||radius <0){
            Exception e = new Exception("半径 <= 0,不正确!");
            throw e;
        }
        else
            return 3.14159 * radius * radius;
    }

    public int getRadius() {
        return radius;
    }
    public void setRadius(int theRadius) {
        radius = theRadius;
    }
}
```

在测试程序 Tester5 中对 ModifiedCircleE 类进行测试,同时说明如何编写测试可能发生异常情况的代码。Tester5 程序代码如下:

```java
// Tester5.java
public class Tester5{
    public static void main(String[] args){
        ModifiedCircleE aCircle = null;

        /* 有意将圆的半径设置为-5,以测试异常处理是否正确 */
        try {
            aCircle = new ModifiedCircleE(-5);
            System.out.println("圆的半径:\n" + aCircle.getRadius());
            double circumference = aCircle.calculateCircumference();
            System.out.println( "圆的周长: " + circumference);
        }
        catch(Exception e) {
            // 如果异常被捕获,显示异常信息
            System.out.println("错误信息 1: " + e);
        }
        finally{
            System.out.println("第一个 finally");
        }

        /* 设置圆的半径为有效数据 4 */
        try{
            aCircle = new ModifiedCircleE(4);
            System.out.println("圆的半径: " + aCircle.getRadius());
            double area = aCircle.calculateArea();
            System.out.println("圆的面积: " + area);
        }
        catch(Exception e) {
            System.out.println("错误信息 2: " + e);
        }
        finally{
            System.out.println("第二个 finally");
        }
    }
}
```

运行 Tester5 程序结果显示如下:

圆的半径:-5
错误信息 1: java.lang.Exception: 半径 <= 0,不正确!
第一个 finally
圆的半径: 4

圆的面积是：50.26544
第二个 finally

程序说明：由于在 ModifiedCircle 类中 calculateCircumference()方法和 calculateArea()方法的首部都增加了"throws Exception"，那么凡是在调用这两个方法的地方都需要使用 try、catch 语句捕捉可能抛出的异常。

在第一个 try 语句块中故意将圆的半径实际参数设为错误数据－5，以检查计算圆的周长时，这个异常能否被 catch 语句捕捉。程序运行结果显示"错误信息 1：java.lang.Exception：半径＜＝0，不正确！"，说明该异常被捕捉。

在第二个 try 语句块中将圆的半径实际参数设为正确数据 4，没有异常信息显示。

从程序运行结果可见，不管是否有异常情况出现，finally 语句块总是被执行。

4.6.3 异常处理的一般原则

对于检查性异常，应按照异常处理的方法来处理，要么用 try…catch 捕获并解决；要么用 throws 抛出，并用 try-catch 捕获、解决。

对于运行时的异常，不要用 try…catch 来捕获并处理，而应在程序开发调试阶段，尽量避免这种异常出现。一旦发现该异常，正确的做法就是改进程序设计的代码和实现方式，修改程序中的错误，从而避免异常。Java 语言虽然提供了 try/catch 来方便用户捕捉异常，进行异常的处理。但是如果使用不当，也会给 Java 程序的性能带来影响。因此，须注意合理地使用。

1. 异常处理的语法规则

（1）try 语句不能单独存在，catch 语句可以有一个或多个，finally 语句最多一个，try、catch、finally 这 3 个关键字均不能单独使用。

（2）有多个 catch 块时，Java 虚拟机会匹配其中一个异常类或其子类，并执行这个 catch 块，而不会再执行别的 catch 块。

（3）throw 语句后不允许紧跟其他语句，因为这些语句没有机会被执行。

2. 异常处理的原则

（1）避免过大的 try 语句块，不要把不会出现异常的代码放到 try 语句块里面，尽量保持一个 try 块对应一个或多个异常。

（2）细化异常的类型，不要不管什么类型的异常都写成 Exception。

（3）不要把自己能处理的异常抛给别人，如果多写两行代码可以减少一种异常的可能性就多写两行，因为抛出异常的过程是非常浪费系统资源的，多做些判断花费的计算时间远远小于抛出异常所需的时间。

（4）不要用 try-catch 参与控制程序流程，异常控制的根本目的是处理程序的非正常情况。少用 try-catch，用到 try-catch 时要和 finally 一起使用。

（5）在必须要进行异常处理时，要尽可能地重用已经存在的异常对象。因为在异常的处理中,生成一个异常对象要消耗大量的时间。

异常分为可预知和不可预知异常。异常捕获,就像捕鱼一样把网撒在河水里。撒网是有技巧的,你可以只撒一张很密的网,这样的话就什么鱼都可以捕了,如同只写一个 catch(Exception e);但是如果你想将鱼更好地分类就可以撒多张网,在上游撒最疏的网,下游撒密点的网。这样鱼就被分类地捕获,可以直接拿到集市上去卖了。就像你在代码的最上边写个小异常,最后边写个最大的异常,如 Exception。这样你的异常处理就很恰当了,对服务器的压力也就更加小了。

4.6.4 常见的 Java 异常类

通常使用的 Java 异常处理类有 ArithmeticException、NullPointerException、ArrayIndexOutOfBoundsException 等。这些类都是继承 RuntimeException 这个超类,而这个超类又继承 Exception 这个超类。Java 所有异常类的基类是 Throwable,Java 的部分异常类的继承关系如图 4-11 所示。

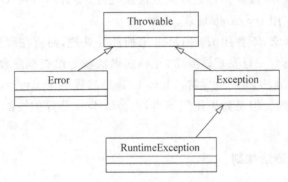

图 4-11 Java 的部分异常类的继承关系

1. 异常处理相关方法

Throwable 类中定义了与异常处理相关的一些方法,常用的方法如下:
- getMessage():获得详细的异常信息。
- toString():获得异常的简短描述。
- printStackTrace():打印异常发生处堆栈跟踪信息,包括类名、方法名及所在程序行数。

2. 异常类及其作用

Throwable 类派生两个子类:Exception 类和 Error 类。

Error 类:描述内部错误,由 Java 虚拟机生成并抛出,程序不能抛出这种类型的对象。Error 类的对象不可捕获、不可恢复,出错时系统会通知用户并终止程序,如内存溢出错、动态链接错等。

Exception 类:由 Java 程序抛出和处理的对象,它的各种不同的子类分别对应不同类型的异常。

表 4-3 列出几个 Exception 类的子类,这些都是在调试程序时经常会遇到的。

表 4-3 常见的异常类

异 常 类	说 明
ArithmeticException	算术错误情形,如以零作除数时产生该类的对象
ArrayIndexOutOfBoundsException	数组小于或大于实际的数组时产生该类的对象
NullPointerException	尝试访问 null 对象成员时产生该类的对象
ArrayStoreException	当程序试图存储数组中错误的类型数据时产生该类的对象
FileNotFoundException	试图访问的文件不存在时产生该类的对象
IOException	由于一般 I/O(输入/输出)故障而引起的,如读文件故障时产生该类的对象
NumberFormatException	当把字符串转换为数值型数据失败时产生该类的对象
OutOfMemoryException	内存不足时产生该类的对象
StringIndexOutOfBoundsException	当程序试图访问串中不存在的字符位置时产生该类的对象
StackOverflowException	当系统的堆栈空间用完时产生该类的对象

异常处理机制是保证程序正常运行、具有较高安全性的重要手段,对于开发良好的程序是非常重要的。

4.7 本章小结

本章重点描述了面向对象的封装在程序中的实现方法。其中包括如何定义类,如何创建类的对象和如何使用定义的类;类的三种方法——标准方法、自定义方法和构造方法,以及如何编写这些方法;类的静态(Static)变量和静态方法的作用;程序的异常及其捕捉和处理等。介绍了提高程序的安全性、可读性、易懂性及健壮性的基本思路。

练 习 题

1. 一个类由几部分组成?
2. 自定义的类包括哪些基本信息?
3. 什么是类的方法?方法的作用是什么?
4. 构造方法在类中的作用是什么?
5. 在程序中调用方法的目的是什么?举例说明方法的调用。
6. 在 Java 中,根据你的理解,下列方法_____可能是类 Apple 的构造方法。
   A. apple(){…}
   B. Apple(){…}
   C. Public void Apple(){…}

D. Public Apple(){…}

7. 考虑一个配料 Ingredient 类,它的属性包括各种配料的名字和重量(克)。

(1) 画出 Ingredient 类图。

(2) 定义这个类,其中包括一个 constructor(构造方法),它接收属性值,以完成创建 Ingredient 对象的初始化工作,并且定义相关的 getters 和 setters 方法;

(3) 编写一个 Ingredient 类程序验证之。

(4) 画出测试程序的序列图。

8. 什么是方法的重载(overloading)? 重载的意义是什么?

9. 在某个类 A 中存在一个方法:void getSort(int x),以下能作为这个方法的重载的声明的是_____。

　　A. Void GetSort(float x)

　　B. int getSort(int y)

　　C. double getSort(int x,int y)

　　D. void get(int x,int y)

10. 现有一个类 Book 定义如下:

```
Class Book{
    private String author;
    private String ISBN;
    private double price;
    // getters and setters
    public String getAuthor(){ return this.author;}
    public void setAuthor(String author){ this.author = author;}
    public String getISBN(){ return this.ISBN;}
    public void setISBN(String ISBN){ this.ISBN = ISBN;}
    public double getPrice(){ return this.price;}
    public void setPrice(){ this.price = price;}
}
```

要求:

(1) 画出 Book 的类图。

(2) 修改 Book,增加一个自定义的构造方法。

11. 简述类变量与实例变量的区别,类方法与实例方法的区别。

12. 什么是异常? 举出程序中常见的异常的种类。

13. try-catch-finally 语句的执行顺序是怎样的? Java 中异常处理有什么优点?

14. 在 Java 中,throw 与 throws 有什么区别? 它们各自用在什么地方?

15. 在应用程序中为什么要处理异常?

16. 编写一个 Java Application,程序中要进行数组操作和除法操作,要求对所设计的程序可能出现的异常进行处理。

第 5 章 继承与多态

封装、继承和多态是面向对象程序设计的主要特征,也是类的特性。继承是指可以使用现有类的所有功能,并在无须重新编写原来的类的情况下对这些功能进行扩展。继承是软件重用的一种形式。在继承层次中的多态是面向对象思想的核心,理解起来有一定的难度。本章将对类的特性即继承、抽象、多态以及接口如何实现进行较详细的说明。

本章要点

- 理解类的继承关系;
- 如何实现继承关系以及继承的应用;
- 理解抽象类和抽象方法;
- 多态概念的实现——方法重写;
- 多态的作用是什么;
- 什么是接口? 接口与抽象类的应用场合。

5.1 类 的 继 承

继承是在已有类(基类、父类或超类)的基础上派生出新的类(子类),新的类能够继承已有类的属性和方法,并扩展新的属性和方法。也就是说,超类的属性和方法是所有其子类共有的属性和方法,而各个子类又各有其不同的属性和方法。继承的过程,就是从一般到特殊的过程。继承的例子如表 5-1 所示。

表 5-1 继承的例子

超类	子 类	超类	子 类
交通工具	汽车、轮船、飞机	用户	系统管理员、操作员
课程	选修课、必修课	员工	正式员工、非全职员工
学生	本科生、研究生		

观察表 5-1 可以看到,在继承关系中,超类具有更一般的特征和行为,而子类除了具有父类的特征和行为,还具有一些自己特殊的特征和行为。其次,继承关系描述的是一种"is a kind of"(是一种(或类))的关系。例如,交通工具与汽车、轮船、飞机的关系是继

承关系。因为汽车是一种交通工具,轮船是一种交通工具,飞机也是一种交通工具;再例如,用户与系统管理员、操作员的关系也是继承的关系。因为系统管理员是一类(is a kind of)用户,操作员是一类(is a kind of)用户。用 UML 对此继承关系建模,如图 5-1 所示。图中,用户类是超类,操作员类和管理员类是子类。

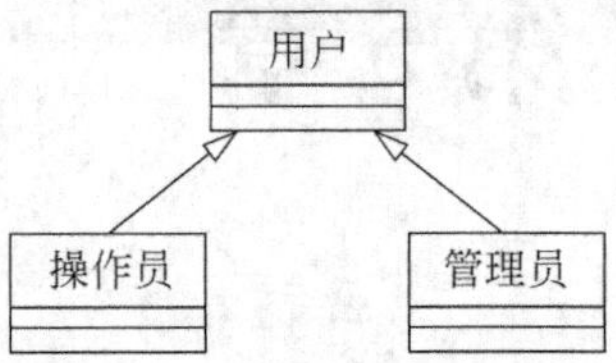

设计一个类继承的过程如下:
(1) 考察所有相关类的属性和方法。
(2) 将这些类中的共同性质提取出来,构造一个超类。

图 5-1 继承关系的例子

(3) 将子类与超类共同的性质从子类中去除。

继承给编程带来的好处就是对原有类的重用(复用)。程序员在创建子类时,可以继承已有类的属性和方法,不需要再定义超类的所有的属性和方法。可见类的重用可以提高程序的开发效率。

继承关系在 UML 类图中又称泛化(generalization)关系。

5.1.1 继承的案例

在某公司人事管理系统的问题域中有 Employee(员工)类、FulltimeEmp(全职员工)类和 ParttimeEmp(非全职员工)类,它们的关系用 UML 类图描述,如图 5-2 所示。

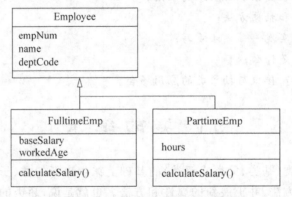

图 5-2 某公司人事管理系统部分类图

在设计类时,超类中的属性和方法应该是其所有子类共有的部分,而子类中的属性或方法应是各个子类所特有的。Employee 类是超类,它的属性应包括每一种雇员的基本信息,如姓名(name)、人事编号(empNum)和所在部门编码(deptCode)等。

FulltimeEmp 类是 Employee 类的子类,它除了继承超类 Employee 的属性之外,还有两个属性,一个是基本工资(baseSalary),另一个是工龄(workedAge)。另外,这个子类有一个计算每月实际工资的方法 calculateSalary()。

ParttimeEmp 类也是 Employee 类的子类,它除了继承超类 Employee 的属性之外,还有一个属性是工作小时数(hours);这个子类也有一个计算工资的方法——calculateSalary(),非全职员工的工资将根据工作的小时数计算。

图 5-2 所示的各个类的简要说明如表 5-2 所示。

表 5-2 某公司员工对应的各个类的简要说明

类 名	属性和方法成员	说 明
Employee	empNum	员工人事编号,数据类型:int
	name	员工姓名,数据类型:String
	deptCode	员工所在部门编码,数据类型:String
FulltimeEmp	baseSalary	每月基本工资,数据类型:double
	workedAge	工龄,数据类型:int
	calculateSalary()	计算每月工资的方法,返回数据类型:double
ParttimeEmp	hours	每月工作小时数,数据类型:int
	calculateSalary()	计算每月工资的方法,返回数据类型:double

5.1.2 继承的实现

先定义超类,再定义子类。超类用第 4 章介绍的自定义类的方法来定义。定义子类的一般语法格式如下:

```
[类的修饰符] class 子类名 extends 超类名{
    类体
}
```

其中,类的修饰符是可选的,包含子类的可访问性等。子类名是新定义的子类名称;超类名是已有的某个类的名称。extends 是 Java 的关键字,表示子类继承超类的属性、方法及关联关系。

实际上,在类的定义中如果没有使用关键字 extends,Java 默认该类继承 java.lang.Object 类。Object 类是 Java 所有类的超类,或者说 Object 类是所有类最根本的超类。

下面举例说明如何用 Java 语言实现图 5-2 所示的继承关系。

1. 定义超类 Employee

Employee 类有属性 empNum、name 和 deptCode,若将这 3 个属性变量的访问修饰符声明为 private,则它的子类不可以直接使用它们,需要通过 getters 或 setters 方法来访问它们;若希望子类可直接使用超类的属性变量,则超类的属性变量应声明为 protected。此处这 3 个属性变量声明为 private。Employee 类的方法应该包括自定义带参数的构造方法、标准方法 getters 和 setters 等共 6 个,以及输出员工基本信息的方法 getBaseDetails()。

实现超类 Employee 的代码如下:

```java
// Employee.java
public class Employee{
    /* 声明属性变量 */
```

```java
        private int empNum;
        private String name;
        private String deptCode;

        /* 自定义构造方法 (constructor)接收 3 个属性的值 */
        public Employee(int theEmpNum,String theName,String theDeptCode){
            // 给属性变量赋值
            setEmpNum(theEmpNum);
            setName(theName);
            setDeptCode(theDeptCode);
        }

        /* getters 方法获取属性的值 */
        public int getEmpNum(){
            return empNum;
        }
        public String getDeptCode(){
            return deptCode;
        }
        public String getName(){
            return name;
        }

        /* setters 方法给属性赋值 */
        public void setEmpNum(int theEmpNum){
            empNum = theEmpNum;
        }
        public void setName(String theName){
            name = theName;
        }
        public void setDeptCode(String theDeptCode){
            deptCode = theDeptCode;
        }

        /* 输出员工的基本信息 */
        public String getBaseDetails(){
            String info;
            info = "\n 人事编号:" + getEmpNum()
                    + ";\n 姓名:" + getName()
                    + ",\n 部门编码:" + getDeptCode();
            return info;
        }
    }
```

用 Tester6 程序来测试超类 Employee 的正确性。

```java
// Tester6.java
public class Tester6{
    public static void main(String[] args){
        // 创建一个员工的实例 theEmp
        Employee theEmp = new Employee(2008021,"张飞","SW" );

        // 声明一个变量,用来存放属性值
        String theInfo;

        // 调用自定义方法,获取员工的基本信息
        theInfo = theEmp.getBaseDetails();

        // 输出员工的基本信息
        System.out.println("员工的基本信息如下:" + theInfo );
    }
}
```

程序运行结果显示如下:

员工的基本信息如下:
人事编号:2008021
姓名:张飞
部门编码:SW

结果正确,说明定义的 Employee 类正确。

2. 定义子类 FulltimeEmp

根据图 5-2 和表 5-2,定义子类 FulltimeEmp。在定义子类时,不必定义在超类中已经定义的属性和方法,只需定义这个子类自己特有的属性和方法。该子类特有的属性是基本工资 baseSalary 和工龄 workedAge,可访问修饰符为 private,数据类型分别为 double 和 int;该子类应包括带参数的构造方法、标准方法 getters 和 setters 等共 4 个、输出全职员工信息的方法 getDetails(),以及计算每月实际工资的方法 calculateSalary。

子类 FulltimeEmp 定义如下:

```java
// FulltimeEmp.java
public class FulltimeEmp extends Employee{
    private double baseSalary;
    private int workedAge;

    /* 自定义构造方法(Constructors ) */
    public FulltimeEmp(int theEmpNum,String theName,String theDeptCode,
        double theBaseSalary,int theWorkedAge){
```

```java
        // 调用超类的构造方法,给超类的属性变量赋值
        super(theEmpNum,theName,theDeptCode);
        // 给子类属性变量赋值
        setBaseSalary(theBaseSalary);
        setWorkedAge(theWorkedAge);

    }

    /* getters,setters */
    public double getBaseSalary(){
        return baseSalary;
    }
    public int getWorkedAge(){
        return workedAge;
    }
    public void setBaseSalary(double theBaseSalary){
        baseSalary = theBaseSalary;
    }
    public void setWorkedAge(int theWorkedAge){
        workedAge = theWorkedAge;
    }

    /* 计算每月实际工资的方法 */
    public double calculateSalary(){
        double salary;
        salary = baseSalary + 500 * (workedAge - 1);
        return salary;
    }

    /* 输出全职员工的信息 */
    public String getDetails(){
        String info;
        info = "\n 人事编号: " + getEmpNum()      // 直接使用超类 Employee 的方法,
                                                 // 就像使用本类的方法一样
            + ";\n 姓名: " + getName()            // 直接使用超类 Employee 的方法
            + ",\n 部门编码: " + getDeptCode()    // 直接使用超类 Employee 的方法
            + ",\n 基本工资: " + getBaseSalary()
            + ",\n 工龄: " + getWorkedAge();
        return info;
    }
}
```

子类 FulltimeEmp 的定义说明如下：

（1）FulltimeEmp 子类的构造方法共接收 5 个参数，其中前 3 个是针对超类 Employee 中定义的 3 个属性，后 2 个是针对在 FulltimeEmp 子类中定义的附加属性。FulltimeEmp 构造方法使用了关键字 super 来调用 Employee 超类的构造方法，将 Employee 期望的 3 个参数 empNum、name、deptCode 传给它。需要注意的是，如果子类不显示调用超类的构造方法，Java 将自动调用超类默认的构造方法。

（2）在子类构造方法中调用超类的构造方法，其语句如下：

```
super(theEmpNum,theName,theDeptCode);
```

该语句必须是子类构造方法语句块的第一个语句。原因是因为创建对象时，要先创建父类对象，再创建子类对象。

（3）当自定义构造方法 FulltimeEmp 被执行时，将创建一个 FulltimeEmp 的实例。由于 FulltimeEmp 类继承 Employee 类，所以该实例实际拥有 5 个属性值、5 个 getters 方法和 5 个 setters 方法；一个计算每月实际工资的方法 calculateSalary 和获取全职员工全部信息的方法 getDetails。

（4）在 FulltimeEmp 子类中，不能直接使用超类 Employee 的属性变量。因为它们的可访问性是 private，若直接使用，在编译时将通不过，所以在 getDetails 方法中用 Employee 类的 getters 方法来获得员工的基本信息。如果在 FulltimeEmp 子类中方法 getDetails()语句为

```
public String getDetails(){
    String info;
    info = "\n 人事编号：" + empNum          // 直接使用 Employee 的属性变量
         + ";\n 姓名：" + name               // 直接使用 Employee 的属性变量
         + ",\n 部门编码：" + deptCode       // 直接使用 Employee 的属性变量
         + ",\n 基本工资：" + getBaseSalary()
         + ",\n 工龄：" + getWorkedAge();
    return info;
}
```

则编译时会出现错误信息：

\FulltimeEmp.java: 43: empNum has private access in Employee

如果子类想直接使用超类的属性变量，需声明超类的属性访问修饰符为 protected。若将超类 Employee 的属性变量声明为 protected，则 FulltimeEmp 子类就可直接使用它们了。

用 Tester7 程序来测试 FulltimeEmp 子类是否能继承它的超类 Employee 的属性和方法。假设姓名为张飞的全职员工，人事编号为 2008021，部门代码为 SW，每月基本工资为 4000 元，工龄 10 年。在 Tester7 中创建这个实例，并计算出他每月的实际工资。Tester7 的程序代码如下：

```java
// Tester7.java
public class Tester7{
    public static void main(String[] args){

        /* 创建一个全职员工的实例 theEmp */
        FulltimeEmp theEmp = new FulltimeEmp(2008021,"张飞","SW",4000,10);
                            // (人事编号,姓名,部门代码,月基本工资,工龄)

        /* 定义变量存放基本信息和实际工资 */
        String theInfo;
        double salary;

        /* 调用自定义方法,获取员工的基本信息 */
        theInfo = theEmp.getDetails();

        /* 计算实际工资 */
        salary = theEmp.calculateSalary();

        /* 输出全职员工的基本信息和实际工资 */
        System.out.println("员工的基本信息如下:" + theInfo );
        System.out.println("每月实际工资:" + salary );
    }
}
```

Tester7 程序运行结果显示如下:

员工的基本信息如下:
人事编号:2008021
姓名:张飞
部门编码:SW
基本工资:4000.0
工龄:10
每月实际工资:8500.0

从程序运行结果可以看出,FulltimeEmp 子类实现了继承超类 Employee 类的属性和方法。程序 Tester7 的序列图如图 5-3 所示。

3. 定义子类 ParttimeEmp

由图 5-2 和表 5-2 可知,子类 ParttimeEmp 有一个属性,即工作小时数,其变量为 hours,可访问修饰符为 private,其数据类型为 int;该子类的方法成员有 1 个构造方法、1 个 getter 和 1 个 setter、输出非全职员工信息的方法 getDetails(),以及计算每月工资的方法 calculateSalary()。

用类似定义 FulltimeEmp 子类的方法,定义子类 ParttimeEmp 如下:

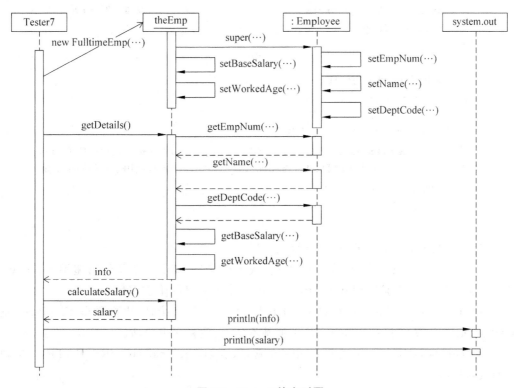

图 5-3 Tester7 的序列图

```
// ParttimeEmp.java
public class ParttimeEmp extends Employee{
    //声明属性变量
    private int hours;

    /* 自定义构造方法 */
    public ParttimeEmp (int theEmpNum, String theName, String theDeptCode, int theHours){
        super(theEmpNum,theName,theDeptCode);
        setHours(theHours);
    }

    public int getHours(){
        return hours;
    }
    public void setHours(int theHours){
        hours = theHours;
    }

    /* 计算每月实际工资的方法 */
    public double calculateSalary(){
        double salary;
```

```
            salary = 50 * (hours);              // 假设每小时 50 元
            return salary;
        }

        /* 输出非全职员工的信息 */
        public String getDetails(){
            String info;
            info = "\n 非全职员工基本信息："
                + getBaseDetails()              // 直接使用超类的方法
                + ",\n 工作小时数：" + hours();    // 直接用子类的属性变量
            return info;
        }
    }
```

以下是 ParttimeEmp 子类定义说明。

(1) ParttimeEmp 子类的构造方法共接收 4 个参数，其中 3 个是针对超类 Employee 类中定义的属性，1 个是针对在 ParttimeEmp 子类中定义的附加属性。

(2) 在 ParttimeEmp 子类的 getDetails() 方法中直接使用了超类 Employee 的 getBaseDtails() 方法来获得非全职员工的基本信息，使程序更简洁。

(3) 程序中每小时 50 元可设计成一个常量，例如，int final HOURS_RATE=50；以方便以后修改。

同样，可以用测试程序来测试 ParttimeEmp 子类是否实现继承关系。

4. 继承的应用

Employee 的两个子类均已定义，需要时可以使用这两个子类。例如，在 Tester8 程序中创建一个全职员工和一个非全职员工的实例，并计算这两个员工的每月实际工资。程序如下：

```
// Tester8.java
public class Tester8{
    public static void main(String[] args){
        /* 创建一个全职员工的实例 fullEmp */
        // 构造方法的参数为(人事编号,姓名,部门编码,月基本工资,工龄)
        FulltimeEmp fullEmp = new FulltimeEmp(2008021,"张飞","SW",4000,10 );

        /* 创建一个非全职员工的实例 partEmp */
        // 构造方法的参数为(人事编号,姓名,部门编码,月工作小时数)
        ParttimeEmp partEmp = new ParttimeEmp(2009020,"李红","CS",100 );

        /* 定义变量用来存放基本信息 */
        String fullInfo,partInfo;

        /* 调用方法成员,获取员工的基本信息 */
```

```
        fullInfo = fullEmp.getDetails();
        partInfo = partEmp.getDetails();

        /* 输出员工的基本信息和实际工资 */
        System.out.println("全职员工的基本信息如下:" + fullInfo );
        System.out.println("每月实际工资:" + fullEmp.calculateSalary());
        System.out.println("非全职员工的基本信息如下:" + partInfo );
        System.out.println("每月实际工资:" + partEmp.calculateSalary());
    }
}
```

程序中黑体语句表示调用方法可以直接出现在 System.out.println 语句中。

运行 Tester8 程序,结果显示如下:

全职员工的基本信息如下:
人事编号:2008021
姓名:张飞
部门编码:SW
基本工资:4000.0
工龄:10
每月实际工资:8500.0
非全职员工的基本信息如下:
人事编号:2009020
姓名:李红
部门编码:CS
工作小时数:100
每月实际工资:1500.0

从程序运行结果可以看出,子类实现了继承超类的属性和方法。

Tester8 的序列图如图 5-4 所示。

分析:通过继承,编程者可以使用自上而下的模式设计程序,使程序的设计清晰、直观。继承的引入使得类可以被重复使用,因为超类可以被多个子类使用,所以可以很容易地通过增加子类来扩展功能。

使用继承重用原有的类,是一种增量式的开发模式,这种方式带来的好处是不需要修改原有的代码,因此不会给原有代码带来新的 bug,也不会因为对原有代码的修改而重新测试新开发的程序,这对开发显然是有益的。因此,如果在维护或改造一个原有的系统或模块,尤其是对它们的了解不是很透彻的时候,就可以选择增量开发的模式,这不仅可以大大提高开发效率,还可以避免由于对原有代码的修改而带来的风险。

"继承"很有用,但应防止乱用。在设计类时,应遵循以下使用"继承"的规则。

(1) 如果 A 类与 B 类毫不相关,不可以为了使 B 类的功能更多而让 B 类继承 A 类的功能。

(2) 如果 B 类有必要使用 A 类的功能,则要分以下两种情况考虑。

若在逻辑上 B 类是 A 类的"一种或一类"(is a kind of),则允许 B 类继承 A 类的功

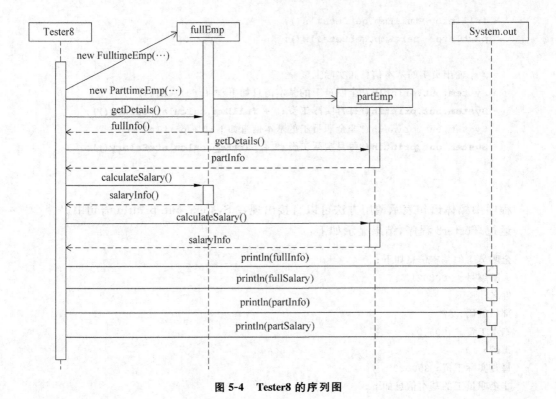

图 5-4　Tester8 的序列图

能。例如,男人(Man)是人(Human)的一种,男孩(Boy)是男人的一种。那么 Man 类可以从 Human 类派生,Boy 类可以从 Man 类派生。

若在逻辑上 B 类是 A 类的"一部分"(is a part of),则不允许 B 类继承 A 类的功能,而是用 B 类和其他类组合出 A 类。例如,学校(School)由多个系(Department)组成。School 与 Department 的关系就不应是继承关系,而是聚合关系。

5.1.3　可访问修饰符

可访问修饰符用来指定类之外的元素对本类的属性和方法的访问权限。可访问修饰符 public 表示对所有的类是公有的;private 表示私有,私有的意思就是除了本类之外,任何类都不可以直接使用。protected 对于子类、孙类来说,是 public 的,可以自由使用,没有任何限制。但对于其他外部类,protected 就变成 private。可访问修饰符的作用域如表 5-3 所示。

表 5-3　可访问修饰符的作用域

修饰符	当前类	同一 package 的类	子类、孙类	其他 package 的类
public	√	√	√	√
protected	√	√	√	×
缺省	√	√	×	×
private	√	×	×	×

在可访问修饰符中,public 访问权限最高,不论类是不是在同一个包或是否是子类都可以访问;protected 其次,除不同包且不是子类的无法访问外,其他均可;默认级别次之,只能是同一个包中的类才能访问;private 只能是同一个类才能访问,访问权限最低。

在子类中继承超类的 private 数据是隐式的,只能通过超类的 public 或 protected 方法来访问它们。这可能会使性能有所下降,但保持了超类的封装性。

5.1.4 继承的应用举例——自定义异常类

在实际开发中,开发人员往往需要自定义一些异常类用于描述自身程序中的异常信息。自定义异常类的主要作用是确定异常发生的位置,当用户遇到异常时,根据异常信息就可以知道哪里有异常,然后根据异常提示的信息进行修改。作为一个合格的程序开发人员,要善于在应用程序中使用异常,这可以提高应用程序的交互性。同时,这也是保证应用程序正常运行的前提。

设计自定义异常要完成如下工作。

创建一个自定义异常类,它是 Throwable 类或其子类的一个子类。

在可能发生异常的地方,判断是否发生异常,如果发生异常,则用 throw 抛出异常。

用 try-catch-finally 结构来捕获异常,进行处理。

1. 自定义异常类模式

创建一个 Exception 类或 RuntimeException 类的子类即可得到一个自定义的异常类。例如:

```
public class AnException extends Exception{

    // 构造方法 1,用来创建无参数的 AnException 类的实例
    public AnException(){ }

    // 构造方法 2,用来创建有参数的 AnException 类的实例
    public AnException(String smg){
        super(smg);                          // 调用超类构造方法
    }
}
```

2. 使用自定义的异常类

在有可能出现异常的方法首部,用 throws 声明,并用 throw 语句在适当的地方抛出这个自定义的异常。例如:

```
public void myMethod1() throws AnException{
    ⋮
    if(...){
```

```
        throw new AnException();
        // 或
        throw new AnException("×××");
    }
}
```

其中,语句 throw new AnException();创建一个无参数自定义异常 AnException 类的实例,并抛出这个异常。throw new AnException("×××");语句创建一个有参数的自定义异常 AnException 类的实例,括号中×××代表异常提示信息。

3. 自定义异常类的实际应用举例

假设某应用系统中要求用户输入的年龄数据必须是正整数,可以按照以下模式编写这个自定义异常类。

```
// MyException.java
public class MyException extends Exception {
    public MyException() {}
    public MyException(String message) {
        super(message);
    }
}
```

下面是使用这个自定义异常类 MyException 的简单例子。

```
// AgeExceptionTest.java
import javax.swing.*;              // 引入 JOptionPane 类所在的 package
public class AgeExceptionTest{
    public static void main(String[] args){
        try{
            // 弹出一个小的对话框,让用户输入年龄数据
            String ageString = JOptionPane.showInputDialog("Enter your age:");
            if (Integer.parseInt(ageString) < 0){
                throw new MyException("Please enter a positive age!");
            }
            else{
                JOptionPane.showMessageDialog(null,ageString,"Age",1);
                System.out.println("you entered age: " + ageString);
            }
        }
        catch(MyException e){
            System.out.println(e);
        }
    }
}
```

程序说明如下:

(1) 语句 import javax.swing.*;引入 Java 的 JOptionPane 类所在的包。

(2) JOptionPane 类是应用系统中很有用的一个类,它提供的方法用来弹出一个标准的带有提示信息的对话框或信息框,用来提示用户输入某些数据等。例如,方法 JOptionPane.showInputDialog("Enter your age:");弹出如图 5-5 所示的对话小窗口。

方法 JOptionPane.showMessageDialog(null,ageString,"Age",1);弹出如图 5-6 所示的信息提示小窗口。

图 5-5　对话小窗口　　　　　　　　图 5-6　信息提示小窗口

(3) 语句 throw new MyException("Please enter a positive age!");创建一个带有字符串参数的 MyException 实例,并抛出这个异常。

(4) 当输入值大于 0,如 35 时,程序运行结果显示输入的年龄:35;当输入的值小于 0,如 −1 时,程序运行结果显示:

Please enter a positive age!

注意:在程序 MyExceptionTest 中,也可以创建一个无参数的对象。

例如:

throw new MyException();

然后在 catch 中输出显示具体信息,例如:

catch (MyException e) {
　　System.out.println("Please enter a positive age");
}

其效果一样。

虽然异常处理机制可以保证应用程序不会被错误地运行,但是在实际开发中,还是要尽可能多地预见可能出现的错误,在编程时尽量避免异常的发生。

5.2　抽象类与抽象方法

在面向对象的概念中,所有的对象都是通过类来描述的。但是反过来却不是这样,并不是所有的类都是用来描绘对象的,如果一个类中没有包含足够的信息来描绘一个具体的对象,这样的类就是抽象类。通常把可以被实例化的类称为具体类,如 FulltimeEmp 类和 ParttimeEmp 类;把不能被实例化的类称为抽象类(abstract class)。抽象类通常只作为继承层次中的超类使用。在有些问题域中,需要把超类定义为抽象类。定义抽象类的基本目的是提供合适的超类,使其他类可以继承它,以实现共享。

5.2.1 什么是抽象类和抽象方法

抽象类往往用来表征在对问题域进行分析、设计中得出的抽象概念,是对一系列看上去不同,但本质上相同的具体概念的抽象。例如,要开发一个图形编辑器,在分析、设计时会发现该问题域存在圆、三角形等这样一些具体概念,虽然它们不尽相同,但是都属于形状这样一个概念,形状这个概念在问题域中是不存在的,它是一个抽象概念。

正是因为抽象的概念在问题域中没有对应的具体实例,所以用以表征抽象概念的抽象类是不能够被实例化的。比如,helicoptor(直升机)、jet(喷气式飞机)和 fighter(战斗机)及它们的超类 plane(飞机),它们都有 start、takeOff、speedUp、changeDirection 等方法,这些方法是所有飞机都具有的操作。但是现实中没有一个具体的 plane,它是抽象出来的。所以实例化一个 plane 是没有意义的。

定义抽象方法的理念同抽象类,即抽象出各子类中共同的操作作为抽象方法放在抽象类中,以便扩展用。抽象方法只给出方法的首部,无方法体。抽象方法的具体实现由各子类完成。

在 Java 中,定义抽象类的一般格式是:

[public] abstract class 类名{
    类体
}

在类的首部,类名前加关键字 abstract。

抽象方法与具体方法(前面介绍的方法都是具体方法)的首部相似,只是要增加一个关键字 abstract,并且以分号结束。抽象方法不包括任何语句。定义抽象方法的一般格式如下:

public abstract 返回值的数据类型 方法名([形式参数列表]);

从抽象方法的定义也可以看出,抽象类之所以不能被实例比,是因为它不完整。

5.2.2 抽象类的应用

在银行系统的问题域中,银行账户可分为储蓄存款账户(Savings Account)和支票账户(Checking Accounts)等多种账户,这些账户具有一些共同的性质,又有各自不同的性质。因此,可定义一个银行账户 BankAccount 为抽象类,将各种账户组织起来,例如将储蓄账户 SavingAccount 类和支票账号 CheckingAccount 类定为其子类,用 UML 类图描述如图 5-7 所示。

在图 5-7 中,斜体字 *BankAccount* 表示抽象类,斜体字 *widthdraw* 表示抽象方法。在 BankAccount 中之所以定义 withdraw 为抽象

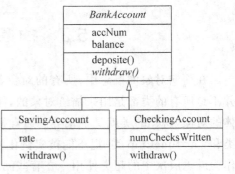

图 5-7 银行账户类图

方法,是因为各子类账户都有取款(withdraw)的操作,但各子类具体处理取款的方法不同。具体如何处理取款由各子类取款方法 withdraw 来决定,所以各子类需定义与抽象方法同名的方法 withdraw,以实现具体的不同的取款操作。这样设计的好处是比较规范,只看超类 BankAccount 就知道银行账户的基本操作有哪些,并且约束子类必须实现什么操作。图 5-7 中各类的简要说明如表 5-4 所示。

表 5-4 银行账号类的简单说明

类 名	属性和方法成员	说 明
BankAccount(抽象类)	accNum	账号,数据类型:long
	balance	账户中的余款,数据类型:double
	deposit()	处理存钱的方法
	withdraw()	处理取款的方法(抽象方法),返回数据类型:String
SavingAccount	rate	年存款利率,数据类型:double
	withdraw()	处理取款的方法,返回数据类型:String
CheckingAccount	numChecksWritten()	账户上所开的支票的数目,数据类型:int
	withdraw()	处理取款的方法,返回数据类型:String

定义抽象类 BankAccount 要在类的首部关键字 class 前加另一个关键字 abstract,以表示该类是一个抽象类,即 abstract class BankAccount。

BankAccount 中的抽象方法 withdraw 的定义如下:

```
public abstract String withdraw(double money);
```

抽象方法在子类中必须被重写。例如,在子类 SavingAccount 中重写处理取款的方法 withdraw(),其具体操作为:如果存款余额加上利息大于要取的款数,则可以取款;否则,不能取,并提示相应信息给用户。SavingAccount 的 withdraw 方法编写如下:

```
public String withdraw(double money){
    double interest;                          // 声明利息变量
    String info;

    interest = balance * rate;                // rate 为利率

    if((balance + interest) < money)
        info = "账号透支!你的账号中余款是:" + balance;
    else{
        info = "取出金额:" + money + " 剩余金额(包括利息):"
            + (balance - money + interest);
    }
    return info;
}
```

其中，变量 money 是要提取的款数，balance 是用户账号中的存款余额。

在支票账户 CheckingAccount 类中处理取款的方法是：如果用户在这个账户上所开的支票的数目（numChecksWritten）大于 10，则要加 1 元费用；如果存款余额加费用大于要支出的款数，则可以支出款；否则，不能支出，并提示相应信息给用户。CheckingAccount 的 withdraw 方法编写如下：

```java
public String withdraw(double money){
    String info;
    numChecksWritten = numChecksWritten + 1;
    if(numChecksWritten > 10 ){
        money = money + 1.00;
    }
    if((balance ) < money)
        info = "支票账号透支!";
    else{
        balance = balance - money;
        info = "支出成功!";
    }
    return info;
}
```

其中，变量 money 是要提取的款数，numChecksWritten 是用户在这个账户上所开的支票的数目，balance 是账户中的存款余额。

根据图 5-7 对银行账户类图的描述，可编写出各个类的定义。

（1）定义抽象超类银行账户 BankAccount。

```java
// BankAccount.java
public abstract class BankAccount {
    /* 声明属性变量 */
    protected long accNum;          // 声明账号变量,protected 可使子类直接使用之
    protected double balance;       // 声明余款变量

    /* 自定义构造方法 */
    public BankAccount(long accNum,double balance) {
        // 关键字 this 代表本实例的引用
        this.accNum = accNum;
        this.balance = balance;
    }

    /* 定义存款方法 */
    public void deposit(double money){
        balance + = money;
        // 虚拟存入数据库
        System.out.println("成功存入:" + money + " 元");
```

```java
        System.out.println("余额为: " + balance);
    }

    /* 定义抽象方法——取款方法,子类需重写它 */
    public abstract String withdraw(double money);

    /* getter,setter */
    public long getAccNum() {
        return accNum;
    }
    public double getBalance() {
        return balance;
    }
    public void setAccNum(long accNum){
        this.accNum = accNum;
    }
    public void setBalance(double balance){
        this.balance = balance;
    }
}
```

BankAccount 类定义的说明:BankAccount 属性变量的可访问修饰符声明为 protected,是为了使它的子类可直接使用它们。关键字 this 代表当前对象本身,或代表 BankAccount 当前的实例变量。关键字 this 最常见的用法是用来解决变量作用域的问题。使用 this 可以增加代码的清晰度减少基于名字相关的错误。this.accNum 表示这个银行账户的账号。BankAccount 类中定义的抽象方法 withdraw 需要在子类重写这个方法。

(2) 定义子类储蓄账号类 SavingAccount。

```java
// SavingAccount.java
public class SavingAccount extends BankAccount {
    // 声明属性变量 rate 并初始化
    private double rate = 0;

    /* 自定义构造方法 */
    public SavingAccount (long accNum,double balance,double rate) {
        // 调用超类构造方法
        super(accNum,balance);
        setRate(rate);
    }

    /* 重写超类取款方法 (overriding) */
    public String withdraw(double money){
        double interest;                              // 声明利息变量
```

```java
        String info;
        interest = balance * rate;                          // 直接使用超类的属性变量
        if((balance + interest) < money)
            info = "账号透支!你的账号中余款是:" + balance;
        else{
            info = "取出金额: " + money + " 剩余金额(包括利息): "
                    + (balance - money + interest);
        }
        return info;
    }

    /* 获得利率(getter) */
    public double getRate() {
        return rate;
    }

    /* 设置利率(setter) */
    public void setRate(double rate){
        this.rate = rate;
    }
}
```

(3) 定义子类支票账号类 CheckingAccount。

```java
// CheckingAccount.java
public class CheckingAccount extends BankAccount{
    // 声明使用的支票张数并初始化
    private int numChecksWritten = 0;

    /* 自定义构造方法 */
    public CheckingAccount(long accNum,double balance,int numChecksWritten){
        // 调用超类构造方法
        super(accNum,balance);
        setNumChecksWritten(numChecksWritten);
    }

    /* 重写超类取款方法(overriding) */
    public String withdraw(double money){
        String info;
        numChecksWritten = numChecksWritten + 1;
        if (numChecksWritten >10 ){
            money = money + 1.00;
        }
        if((balance) < money)
            info = "支票账号透支!";
```

```java
        else{
            balance = balance - money;
            info = "支出成功!";
        }
        return info;
    }


    // getter,setter
    public double getNumChecksWritten () {
        return numChecksWritten;
    }
    public void setNumChecksWritten (int numChecksWritten) {
        this.numChecksWritten = numChecksWritten;
    }
}
```

(4) 编写测试程序 AbstractDemo。

当类图中各个类都定义好之后,应该编写测试程序来测试其正确性。在测试程序中,通过调用被测试的类的所有方法来检测被测试类的正确性。在测试程序 AbstractDemo 编写中,先分别创建两个子类的实例,再调用各实例的方法,传递不同的参数,以验证方法的正确性。

```java
// AbstractDemo.java
public class AbstractDemo{
    public static void main(String[] args) {
        String info;      // 声明一个局部变量

        /* 创建储蓄账户实例和支票账户实例 */
        /* SavingAccount 的构造方法的参数为 (账号,余款,利率) */
        SavingAccount theSA = new SavingAccount(041335327,50000,0.05);

        /* CheckingAccount 的构造方法的参数为 (账号,余款,使用支票数) */
        CheckingAccount theCA = new CheckingAccount(041335327,10000,11);

        /* 储蓄账户 theSA 继承超类的方法,输出账户信息 */
        System.out.println("账号: " + theSA.getAccNum());
        System.out.println("现有存款: " + theSA.getBalance());

        System.out.println("存入现钱 10000");
        /* 储蓄账户 theSA 继承超类的方法 deposit 存钱 */
        theSA.deposit(10000);

        /* 有意超额取现钱 80000,以测试方法中的分支是否正确 */
        System.out.println("\n测试超额取现钱 80000");
```

```java
        /* theSA 调用自己的方法 withdraw 取现钱 */
        info = theSA.withdraw(80000);
        System.out.println(info);

        /* theSA 取现钱 5000,以测试方法中另一个分支是否正确 */
        System.out.println("\n测试取钱 50000");
        System.out.println( theSA.withdraw(50000));

        /* 有意超额取支票钱 80000,以测试方法中的分支是否正确 */
        System.out.println("\n测试支票超额取钱 80000");
        /* theSA 调用自己的方法 withdraw 取钱 */
        System.out.println(theCA.withdraw(80000));

        System.out.println("\n测试支票取钱 5000");
        System.out.println(theCA.withdraw(5000));
    }
}
```

运行程序 AbstractDemo,结果显示如下:

账号: 8764119
现有存款: 50000.0
存入现钱 10000
成功存入: 10000.0 元
余额为: 60000.0

测试超额取现钱 80000
账号透支!你的账号中余款是: 60000.0

测试取钱 50000
取出金额: 50000.0 剩余金额(包括利息): 13000.0

测试支票超额取钱 80000
支票账号透支!

测试支票取钱 5000
支出成功!

分析:从运行结果来看,各子类的对象在使用 withdraw() 方法时,均调用自己类中定义的 withdraw() 方法,完成各自的取款操作。

设计和使用抽象类时需要注意以下几点。

(1) 在设计时,超类不一定都要设计为抽象类。如果超类对应的有具体的实例存在,则不应设计成抽象类;反之,如果超类对应的没有具体的实例,则应设计成抽象类。如自行车和电动自行车,自行车是电动自行车的超类,自行车有对应的实例,因此自行车不应设计成抽象类。

（2）抽象类中可以包含抽象方法也可以不包含；抽象类除了声明抽象方法之外也可以声明具体方法。

（3）抽象类不能被实例化。

（4）抽象类只能作为超类，用来被继承。

5.3 多 态 性

继承概念是多态概念得以实现的基础。本节将通过两个案例，理解多态的概念及多态的好处和用法。这些都是面向对象程序设计中非常重要的思想，在程序设计时，如果能够有效地利用继承和多态，往往会起到事半功倍的效果。

5.3.1 多态的概念

在面向对象的设计中，多态（polymorphism）是指用同一个名字定义不同的方法，这些方法体的语句不同，但实现的功能类似。例如，图 5-8 所示的画几何图形的各类中的画图方法，其方法名均为 draw，其功能相似都是画图，但各方法体的语句不同，在 Circle 子类中，draw()方法是画圆形；在 Square 子类中，draw()方法是画方形；在 Triangle 子类中，draw()方法是画三角形。在面向对象的程序设计中，有时需要利用这样的"重名"现象来提高程序的抽象度和简洁性。

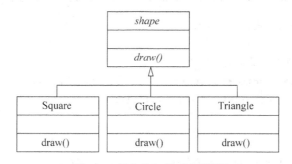

图 5-8 部分几何图形的类图

多态的实现在 Java 中有两种方式：一种是方法的重载；另一种是方法的重写。方法的重载就是在一个类或不同类可以定义多个方法，它们具有相同的名字，但具有不同的参数和不同的内涵。调用方法时，通过传递给它们的不同参数个数和参数类型来决定具体使用哪个方法，这是多态性的一种形式。方法的重载在第 4 章已讨论过，本节主要讨论方法的重写，即继承层次中的多态。

5.3.2 方法的重写及功用

继承层次中的多态主要表现在方法的重写。方法的重写（overriding）在子类继承超类时才会出现。在子类继承超类时，可以直接使用超类中的所有方法，而不需要重新编写相同的方法。但有时超类中的方法不能完全适应需要，子类并不想原封不动地继承超类的方法，而是想做一定的修改或补充，这就需要重写超类的方法，对超类的方法进行适当的改变；有时超类的方法是一个抽象方法，这也需要在子类中对超类的抽象方法进行编写，如 5.2.2 节中 withdraw()方法举例。以上两种情形都称为方法的重写，也称为方法的覆盖。

重写超类的方法需注意以下两点。

（1）若子类中的方法与超类中的某一方法具有相同的方法名、返回类型和参数表，则新方法将覆盖原有的方法。如果需使用超类中原有的方法，可使用 super 关键字调用，该关键字引用当前类的超类。

（2）子类方法的访问权限不能少于超类的访问权限。

下面举两个例子进一步说明方法的重写及功用。第一个例子，介绍子类的方法如何继承并扩充超类的方法；第二个例子，介绍子类的某个方法完全覆盖超类的同名方法。

例 5-1 应用方法重写的技术，重新编写子类 PartimeEmp 获取员工信息的方法。设将方法 getDetails 改名为 getBaseDetails，使其与超类 Employee 的基本信息方法名一样；然后修改子类 PartimeEmp 的方法 getBaseDetails()，要求继承并扩充超类的同名方法的内容。

解 超类和子类有一个共同的方法名 getBaseDetails()，超类的 getBaseDetails()方法提供员工的基本信息，子类的 getBaseDetails()方法继承超类的 getBaseDetails()方法，获取员工的基本信息再加上自己特有的信息，如工龄或工作小时数，以提供完整的员工信息。重写子类 PartimeEmp 的方法 getBaseDetails()的具体代码如下：

```
public String getBaseDetails(){
    String info;
    info = "\n 非全职员工基本信息："
        + super.getBaseDetails()      // 用关键字 super 来调用超类中的同名方法
        + ",\n 工作小时数：" + getHours();
    return info;
}
```

说明：当子类为了扩展超类的方法而重写超类的方法时，必须用关键字 super 来调用超类中的同名方法，否则出现递归错。

下面对关键字 this 和 super 补充说明：

每个类中有两个隐含的对象 this 与 super。this 是代表本类的一个对象，可以通过 this.属性的形式来引用本类的属性。super 是代表超类的一个对象，可以通过 super.属性的形式来引用超类的属性。使用 this 与 super 可以解决超类属性被隐藏的情况。

如果在方法内部也有与类属性同名的变量，可以这样来区分它们（以变量名为 x 为例）：

- x：代表方法的局部变量。
- this.x：代表本类的成员属性值。
- super.x：代表从超类继承下来的但被隐藏的属性值。

例 5-2 定义图 5-8 所示的各类，要求应用方法的重写技术，在子类中重写方法 draw()。

解 图 5-8 所示的类图表示画几何图形的问题域类图，其中 Shape 为超类，圆形 Circle、方形 Square 和三角形 Triangle 为子类。为简单起见图中省略了各类的属性。

（1）超类 Shape 的定义如下：

```
// Shape.java
public abstract class Shape {
    abstract void draw();
}
```

（2）子类 Square 的定义如下：

```
// Square.java
public class Square extends Shape {
    // 重写抽象类的方法 draw()
    public void draw(){
        System.out.println("画方形");
    }
}
```

（3）子类 Circle1 的定义如下：

```
// Circle1.java
public class Circle1 extends Shape{
    // 重写抽象类的方法 draw()
    public void draw() {
        System.out.println( "画圆形");
    }
}
```

（4）子类 Triangle 的定义如下：

```
// Triangle.java
public class Triangle extends Shape {
    // 重写抽象类的方法 draw()
    public void draw() {
        System.out.println("画三角形");
    }
}
```

由以上定义可见，每个子类中的方法 draw()，与其超类的 draw()方法的名字相同，但方法体是不同的，即实现了方法的重写（覆盖），或者说实现了多态的概念。

5.3.3 实现多态的步骤

方法的重写是多态概念实现的基础，下面举例说明实现多态的步骤。

(1) 子类重写超类的方法。

Square、Circlehe 和 Triangle 类都是 Shape 类的子类，它们都重写了 Shape 类的 draw()方法，但各自具有不同的实现语句。

(2) 把超类作为某个方法的形式参数，子类的实例作为实际参数传入。

编写一个 TestP 程序来说明步骤(2)。

```java
public class TestP {
    public void myDraw(Shape s){      //超类作为形式参数
        s.draw();
    }
    public static void main(String[] args) {
        TesterP tp = new TestP();     //子类实例作为实际参数
        tp.myDraw(new Triangle());    //画三角形
        tp.myDraw(new Square());      //画方形
        tp.myDraw(new Circle1());     //画圆形
    }
}
```

运行 TestP 后的结果显示如下：

画三角形
画方形
画圆形

分析：在 TestP 类的 myDraw 方法中，形式参数的类型是 Shape 类，因此，所有的子类类型都可以作为实际参数传入，共享方法 mydraw()。这样，就避免了为每一个子类编写相应的 myDraw 方法，使代码简洁。

(3) 运行时，根据实际创建的对象类型，动态决定使用哪个对象的方法。

这是多态的实现机制，一般称为动态绑定。在运行时，Java 虚拟机会根据实际创建的对象类型决定使用哪个对象的方法。比如：我们创建了一个 Square 对象，把它作为参数传递给了 myDraw 方法，在运行时，Java 虚拟机会判断出实际创建的对象类型，并调用 Square 对象的 draw 方法画出方形，从而实现了同一个接口，使用不同的对象而执行不同的操作。

多态性与继承、方法重写密切相关。我们在方法中把超类作为形式参数的类型，当把子类对象作为实际参数传递给这个方法时，Java 虚拟机会根据实际创建的对象类型，调用相应子类中的方法。这样做的好处是：不仅能减少编码的工作量，也能大大提高程序的可维护性和可扩展性。

5.3.4 使用多态的好处

下面举一个实际例子进一步呈现继承中的多态性，由此说明多态的作用和使用多态的好处。

例 5-3 设已定义了超类 Shape，子类 Square、Circle 和 Triangle 如 5.3.3 节所示。要求编写两个类。一个是 Poly 类，用来模拟随机创建 Shape 的任意一个子类的对象（因为在实际应用系统中，创建哪个对象也是由具体情况决定的），以此说明多态的作用。另一个是主动类（可执行程序）PolyDemo，在此类中使用 Poly 类来说明继承中多态的表现。

解 根据题意，先对 Poly 类进行编码，再对 PolyDemo 类进行编码。

(1) 定义 Poly 类，模拟随机创建 Shape 的任意一个子类的对象。

```
// Poly.java
import java.util.*;              // 引入 Java 随机类 Random(产生随机数)所在的 package
public class Poly{
    // 生成 Java Random 类的一个实例
    Random rand = new Random();

    /* 定义返回类型为 Shape 的方法 createShape,随机创建几个 shape 子类的实例 */
    public Shape createShape(){
        /* 产生一个不大于 3 的随机整数 */
        int c = rand.nextInt(3);
        System.out.println("随机数: " + c);

        // 声明一个 Shape 类的引用变量
        Shape s = null;

        /* 由随机数确定创建哪个子类的实例 */
        switch(c){
            case 0: s = new Square(); break;
            case 1: s = new Circle(); break;
            case 2: s = new Triangle(); break;
        }
        return s;                 // 返回一个对象的引用(reference)
    }
}
```

分析 Poly 类：

① switch 语句是根据随机数 c 的值（0,1 或 2）来创建 Shape 超类某个子类的实例。例如，如果 c＝0，创建子类 Square 的一个实例；如果 c＝1，创建子类 Circle 的一个实例；如果 c＝2，则创建子类 Triangce 的实例。由此 Shape 的实例变量 s 可能指向任何一个子类的实例，其示意图如图 5-9 所示。

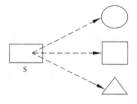

图 5-9 多态示意图 1

② 语句 s＝new Square();,其中 s 是 Shape 的实例变量,当执行该语句时,将创建 Square 的实例。由此看出,子类的对象(实例)可以当做超类的对象来用。当调用方法 createShape()时,将返回 Shape 某个子类对象的引用。

(2) 编写主动类 PolyDemo，以说明继承中多态的表现。

```
// PolyDemo.java
```

```
public class PolyDemo{
    public static void main(String[] args) {
        Poly demo = new Poly();                    // 创建 Poly 类的一个实例

        // 创建一个数组 shapes,数组元素名为 shape[i]为实例变量名,该数组用来存放 4 个
        Shape 子类的实例变量对应子首地址
        Shape[] shapes = new Shape[4];

        /* 利用循环语句将创建的各个子类的实例首地址放入数组 shapes,然后用数组元素
           名(实例变量名)调用该实例的方法 draw() */
        for(int i = 0;i < shapes.length;i++ ){
            shapes[i] = demo.createShape();    // 将返回的实例首地址赋给数组元素
            /* 发送同样的消息 draw()(或调用相同的方法),有不同的响应 */
            shapes[i].draw();
        }
    }
}
```

运行 PolyDemo 程序,结果显示如下:

随机数:2
画三角形
随机数:0
画方形
随机数:0
画方形
随机数:1
画圆形

分析:从程序运行结果来看,Shape 类的实例可能是方形、圆形或三角形中的任何一种(由 demo.createShape()决定),表现了 Shape 的多态性。即当随机数是 2 时,创建的是 Triangle 实例,调用的是 Triangle 的 draw()方法,所以显示画三角形;当随机数是 0 时,创建的是 Square 实例,调用的是 Square 的 draw()方法,所以显示画方形。

在继承层次中,多态体现在允许将子类的对象当做超类的对象使用。某超类的引用变量指向其子类的对象,调用的方法是该子类的方法。这里的引用(reference)和调用方法的代码,编译前就已经决定了;而引用变量所指向的对象可以在运行期间动态绑定。如上例,Shape 超类的方法 draw()是画图形,但到底画什么?如果 Shape 的引用变量指向 Circle 对象,则画圆形;如果 Shape 的引用变量指向 Square 对象,则画方形;如果 Shape 的引用变量指向 triangle 对象,则画三角形。这表明同样是一个方法 draw,可以画出不同的形态,这就是多态性。

如果 Shape 超类定义为抽象类,其方法 draw 定义为抽象方法,则上面的程序执行结果不变。

归纳起来,使用多态的好处主要有以下两点。

(1) 应用程序不必为每一个子类编写方法调用,只需要对超类进行处理即可。这称

为"以不变应万变",可以大大提高程序的可重用性(这是接口设计的重用,而不是代码实现的重用)。

(2) 子类的方法可以被超类指针调用,这称为向后兼容,可以提高程序的可扩充性和可维护性。以前写的程序可以被现在写的程序调用不足为奇,但是现在写的程序(比如,再多增加一个子类)可以被以前写的程序调用那就了不起了,这通常称为动态绑定。

5.4 接　　口

本节将学习面向对象编程中非常重要的一个编程原则:面向接口编程。首先需要了解 Java 接口的概念、使用 Java 接口的好处、Java 接口与多态的关系以及 Java 接口的实现方式。通过案例分析的方式,逐步剖析面向接口编程的实现步骤。

在一个面向对象的应用系统中,系统的各种功能都是由许许多多不同的对象协作完成的。在这种情况下,各个对象(类)内部是如何实现的,对系统设计人员来讲并不重要,而各个对象之间的协作关系则成为系统设计的关键。例如,小到不同类之间的通信,大到各模块之间的交互,在系统设计之初都要着重考虑,这也是系统设计的主要工作内容。为了能很好地协作以实现系统功能,在设计时,接口(interface)是一个很好的机制。接口可用来将定义(规范、约束)与具体实现分离。这种接口机制使面向对象编程变得更加灵活。

5.4.1 接口的定义与实现

1. 接口的定义

接口是常量和抽象方法的集合。接口与抽象类相似,但接口比抽象的概念更进了一步,可以把一个接口看成是一个纯的抽象类。

定义接口和定义类相似,只是要把关键字 class 换为 interface。定义接口的方法,只需要方法名、返回类型和参数列表,不能有方法体(即抽象方法)。可以在接口中定义常量,这些常量都被暗指为 static 和 final,因此应该根据需要先确定这些常量的值。

定义接口的一般语法规则如下:

[public] interface 接口名 **[extends** 超接口名列表**]{**
　　[public static final] 数据类型 常量名 = 值;
　　[public abstract] 返回类型 方法名(**[**形式参数列表**]**);

例如:

```
public interface Message {
    int MAX_SIZE = 4096;        // 定义常量
    String getMessage();        // 抽象方法
}
```

其中,Message 是接口名。在接口中可以定义 0 个或多个变量、多个方法。

Java 接口的方法只能是 abstract 的和 public 默认的,通常 public abstract 被省略;Java 接口不能有构造方法。接口主要用来定制一个规范,所以只提供方法的特征,而不提供方法的实现。从接口的定义也可以看出接口是描述一个类将要提供的服务(方法)的集合。

2. 接口的实现

定义的接口必须要有相应的类去实现之。实现接口的类定义一般语法规则如下：

```
[可访问修饰符] class 类名 [extends 超类名] implements 接口名列表{
    类体
}
```

其中,implements 是 Java 的关键字。实现接口的类必须实现这个接口定义的所有方法,类似方法的重写,方法的参数与返回类型必须与接口中定义的相同;接口名列表表明一个类可以实现多个接口。

下面举例说明接口的定义,以及实现接口的类定义。

例 5-4 在计算各种图形,如长方形、圆形等面积和周长的问题域中,定义一个接口 Shape,声明计算图形的面积和周长的抽象方法,再用相应的类去实现这个接口,然后编写一个测试程序去验证这个类是否实现了这个接口。为简单起见,只实现该问题域中计算矩形的面积和周长。该问题域的接口和实现这个接口的 UML 类图如图 5-10 所示。

在 UML 中,接口是类图中的元素之一。接口的图形符号和类的图形符号相似,只是在表示接口的图中,接口名字的上面加"<<interface>>",表示该图是一个接口。如图 5-10 所示, Rectangle 类与接口 Shape 的关系是实现关系,实现关系用一条带有空心三角箭头并指向接口的有向虚线表示。

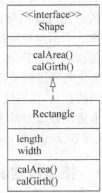

图 5-10 计算面积、周长的类图

图 5-10 所示接口和类的简要说明如表 5-5 所示。

表 5-5 接口和类的简单说明

类名或接口名	属性和方法成员	说明
<<interface>>Shape	calArea()	计算面积的方法(抽象方法),返回数据类型:int
	calGirth()	计算周长的方法(抽象方法),返回数据类型:int
Rectangle	length	矩形的长,数据类型:int
	width	矩形的宽,数据类型:int
	calArea()	计算矩形面积的方法,返回数据类型:int
	calGirth()	计算矩形周长的方法,返回数据类型:int

下面根据表 5-5 定义图 5-7 中接口和类如下。

(1) 定义接口 Shape。

// Shape.java

```java
public interface Shape {
    // 计算面积的抽象方法
    public abstract int calArea();
    // 计算周长的抽象方法
    public abstract int calGirth();
}
```

(2) 定义实现 Shape 接口的 Rectangle 类。

```java
// Rectangle.java
public class Rectangle implements Shape{
    /* 声明属性变量 */
    private int length;
    private int width;

    /* 自定义构造方法 */
    public Rectangle(int length,int width){
        setLength(length);
        setWidth(width);
    }

    /* 实现接口 Shape 中的抽象方法 */
    public int calArea(){
        return length * width;
    }
    public int calGirth(){
        return width * 2 + length * 2;
    }

    /* getters,setters */
    public int getLength(){
        return length;
    }
    public int getWidth(){
        return width;
    }
    public void setLength(int length){
        this.length = length;
    }
    public void setWidth(int width){
        this.width = width;
    }
}
```

(3) 编写测试程序 Tester9

用测试程序 Tester9 来验证 Rectangle 类是否能实现接口定义的规范要求。在 Tester9 中,先创建 Rectangle 类的一个实例,然后用这个实例变量去调用 Retaangle 类中的每个方法,以核查能否实现接口 shape 定义的功能要求。Tester9 的程序代码如下:

```java
// Tester9.java
public class Tester9{
    public static void main(String[] args){
        Rectangle rect = new Rectangle (5,3);// (长,宽)
        System.out.println("矩形的长:" + rect.getLength());
        System.out.println("矩形的宽:" + rect.getWidth());
        System.out.println("矩形的面积:" + rect.calArea());
        System.out.println("矩形的周长: " + rect.calGirth());
    }
}
```

运行程序 Tester9,结果显示如下:

矩形的长:5
矩形的宽:3
矩形的面积:15
矩形的周长:16

从程序运行结果来看,Rectangle 类实现了接口 Shape 所定义的功能。

5.4.2 接口的应用

1. 接口用来构建程序架构

要正确地使用 Java 语言进行面向对象的编程,提高程序的重用性,增加程序的可维护性、可扩展性,就必须遵循面向接口的编程原则。面向接口的编程意味着:开发系统时,主体构架使用接口,接口构成系统的骨架。这样就可以通过更换实现接口的类来更换系统的实现。

在大的开发项目中,项目不是一个人完成的。项目负责人(或架构者)为了让整个项目组彼此在各自的工作岗位上协调工作,会定义大量的接口,再由程序员去实现。所以,接口的含义可以理解为:写接口,是要告知应该做什么,要用到什么,而不是怎么做。较好的系统设计规范应是所有的定义(规范、约束)与具体实现分离,接口恰是实现这种分离的工具。

例如,在设计连接和关闭连接数据库时,如果数据库不同,那么实现连接数据库的语句也不同。如果用户系统有多个数据库(如 MSSQL Server、Oracle、MySQL 等),或者以后要换另一种数据库,在设计时可以先定义一个接口,这个接口只定义两个抽象方法 openDB()和 closeDB(),它们没有任何有实际意义的代码,具体的代码由实现这个接口的类来给出。下面是连接数据库的接口定义。

```
import java.sql.*;          // 引入数据库连接类 Connection 所在的包
public interface DB {
    Connection openDB(String url,String user,String password);
    void closeDB();
}
```

该接口给出了一个实现的规约,具体实现系统时,再定义相应的类。

下面给出一个实际的面向接口编程的例子。

例 5-5 某学院办公室有多种类型打印机,如黑白打印机、彩色打印机等。办公室可能使用其中任意一款打印机,要求打印机管理系统要具备良好的可扩展性与可维护性。

解 采用面向接口编程的方式可以实现系统可扩展性和可维护性。设计并实现打印机管理系统的步骤如下:

(1) 抽象出接口。

由于黑白、彩色打印机都存在一个共同的方法特征:print,而且黑白、彩色打印机对 print 方法有各自不同的实现,因此可以抽象出一个接口 PrinterInterface(代表打印机),在其中定义 print 方法。该接口的 UML 图如图 5-11 所示。

(2) 设计实现接口的类。

在上一步中已经抽象出接口 PrinterInterface,并在其中定义了 print 方法。由于黑白、彩色打印机对 print 方法有各自不同的实现,因此在步骤(2)中,要设计 2 个类:黑白打印机类 BWPrinter、彩色打印机类 ColorPrinter 来实现 PrinterInterface 接口,其类图如图 5-12 所示。

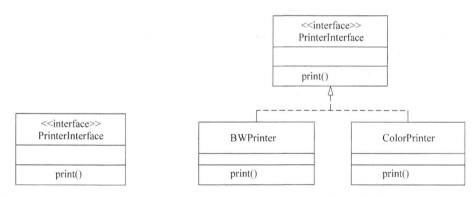

图 5-11　接口 PrinterInterface　　　　　　图 5-12　打印系统的类图

(3) 设计使用接口的类。

实现打印机管理系统的接口及其实现接口的类都已经创建完毕,现在,就要使用面向接口编程的原则,让接口构成系统的骨架,以便达到更换实现接口的类就可以更换系统的实现的目的。设办公室类 Office 负责对外提供打印功能,要求可以随时可以更换打印机类型,完整的打印机管理系统的类图如图 5-13 所示。

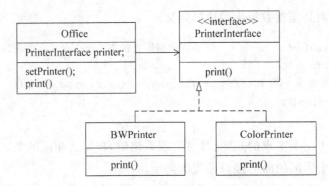

图 5-13　打印系统的类图

从图 5-13 可以看出,如果要更换或增加打印机种类,类 Office 和接口 PrintInterface 不需做任何修改,变动的或增加的只是实现接口的类。

(4) 编写各类代码。

实现图 5-12 类图的代码如下:

① 接口 PrinterInterface 的代码:

```java
// PrinterInterface.java
public interface PrinterInterface {
    // 定义打印方法
    public void print(String content);           // 参数 content 是要打印的内容
}
```

② 黑白打印机类 BWPrinter 的代码:

```java
// BWPrinter.java
public class BWPrinter implements PrinterInterface {
    // 打印方法
    public void print(String content) {
        System.out.println("黑白打印: ");
        System.out.println(content);
    }
}
```

③ 彩色打印机类 ColorPrinter 的代码:

```java
// ColorPrinter.java
public class ColorPrinter implements PrinterInterface {
    // 打印方法
    public void print(String content) {
        System.out.println("彩色打印: ");
        System.out.println(content);
    }
}
```

④ 办公室类 Office 的代码：

```java
//Office.java
public class Office {
    private PrinterInterface printer;           //打印机接口作为类的属性成员的类型
    //设置打印机类型
    public void setPrinter(PrinterInterface p) {    //形式参数
        this.printer = p;
    }
    //输出显示打印机类型的方法
    public void print(String detail) {
        printer.print(detail);
    }
}
```

⑤ 测试类 TestI 提供 main 方法进行单元测试，代码实现如下：

```java
//TestI.java
public class TestI {
    public static void main(String[] args) {
        //创建 Office 实例
        Office theOffice = new Office();

        //为该办公室配备黑白打印机           实际参数
        theOffice.setPrinter(new BWPrinter());   //此时 Office 类的引用变量 printer
                                                 //  是黑白打印机实例变量
        theOffice.print("我是黑白打印机！");

        //为该办公室配备彩色打印机           实际参数
        theOffice.setPrinter(new ColorPrinter()); //此时 Office 类的引用变量 printer
                                                  //  是彩色打印机实例变量
        theOffice.print("我是彩色打印机！");
    }
}
```

程序运行结果显示如下：

黑白打印：
我是黑白打印机！
彩色打印：
我是彩色打印机！

结果分析：

(1) 从以上例子可以看到：当要更换打印机类型或扩展打印机时，只需修改或增加实现接口的类；与接口相关联的其他类（如 Office）不需要做任何改变。这样可使维护成本降低。

(2) 使用接口与使用超类很相似。例如 TestI 的语句 office.setPrinter(new BWPrinter())

中的实际参数"new BWPrinter()"替换 Office 类的方法 setPrinter(PrinterInterface p)中形式参数"PrinterInterface p",允许将实现接口类的对象当做接口的对象使用。

(3) TestI 类即可用在单元测试,也可稍加修改作为系统的主程序。

2. 用接口实现多继承

前面讲的继承的例子都是单继承,即一个类只有一个超类。但现实问题中,新事物通常都具有两个或两个以上类的属性和行为。例如,水陆两用汽车,它既有汽车的属性和行为,又有船的特性。为解决类似的问题,在设计时引入了多继承的概念。多继承的意思就是一个类有多于一个以上的超类。

在 Java 中,出于简化程序结构的考虑,不支持类间的多继承而只支持单继承,即一个类至多只能有一个直接的超类。如果要实现多继承,则可用接口代之,即一个类只能继承一个超类,但可以同时实现多个接口。

在设计多继承时,需要考虑的是:问题域中哪些应设计为超类,哪些应设计为接口。在选择时往往反映出对问题域中的概念本质的理解。下面举例说明。

例 5-6 假设某个问题域中有一个关于门(Door)的抽象概念,门的属性有长度和宽度等,其行为有开门、关门等。又假设,该问题域中还有一种具有报警功能的门(AlarmDoor)。找出问题域中的类,画出相应的类图。

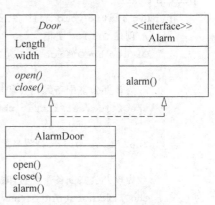

图 5-14 多继承设计例子

解 如果对于这个问题域的理解是:AlarmDoor 在概念本质上是门,同时它又具有报警的功能,那么设计的类图应如图 5-14 所示,即 Door 设计为超类(抽象类),AlarmDoor 为子类,继承 Door;Alarm 设计为接口,AlarmDoor 类去实现它。

如果认为 AlarmDoor 在概念本质上是报警器,同时又具有门的功能,那么 Alarm 应设计为超类(抽象类),Door 则应设计为接口,AlarmDoor 则继承 Alarm 类,实现接口 Door。

下面定义图 5-14 所示的类和接口

(1) 定义超类 Door,它是抽象类。

```
// Door.java
abstract class Door{
    private int length;
    private int width;

    /* 定义构造方法 (constructor) */
    public Door(int length,int width) {
```

```java
        setLength(length);
        setWidth(width);
    }

    /* 定义抽象方法 */
    abstract void open();
    abstract void close();

    /* getters、Setters */
    public int getLength() {
        return length;
    }
    public int getWidth() {
        return width;
    }
    public void setLength(int length) {
        this.length = length;
    }
    public void setWidth(int width) {
        this.width = width;
    }
}
```

(2) 定义接口 Alarm。

```java
// Alarm.java
interface Alarm{
    void alarm();
}
```

(3) 定义子类 AlarmDoor。

```java
// AlarmDoor.java
public class AlarmDoor extends Door implements Alarm{
    /* 自定义构造方法 (constructor) */
    public AlarmDoor (int length,int width) {
        super(length,width);                        // 调用超类的构造方法
    }

    /* 重写抽象类 Door 的抽象方法 */
    public void open(){
        System.out.println("开门!");
    }
    public void close(){
        System.out.println("关门!");
    }
```

```
        /* 实现接口 Alarm 的方法 */
        public void alarm(){
            System.out.println("报警!");
        }
    }
```

(4) 用测试程序 Tester10 来测试以上定义的正确性,即 AlarmDoor 类可实现多继承。Tester10 的程序代码如下。

```
// Tester10.java
public class Tester10{
    public static void main(String[] args){
        AlarmDoor aDoor = new AlarmDoor(2,1);     // (长,宽)
        System.out.println("门的长度: " + aDoor.getLength());
        System.out.println("门的宽度: " + aDoor.getWidth());
        aDoor.open();
        aDoor.close();
        aDoor.alarm();
    }
}
```

运行 Tester10 程序,结果显示如下:

门的长度:2
门的宽度:1
开门!
关门!
报警!

从程序运行结果可以看出,AlarmDoor 类实现了多继承。

5.4.3　接口与继承的不同作用

接口有利于功能的扩展,即通过子类增加新的功能。如例 5-6,子类 AlarmDoor 实现了接口,使门增加了报警功能。

继承则有利于功能的修改,即把旧的功能改成新的功能。注意,这里旧功能的修改和新功能的增加的前提是不直接修改旧的功能的代码,旧的功能代码仍然可以使用,旧类的代码不做修改。举例说明如下。

1. 用继承修改旧的功能

假设某子类 Subclass1 有一个功能是计算利息,其方法是计算利息 calInterest()。如果要改变计算利息的方法,原程序不能修改,这时用继承最好。即,编写一个新的子类 Subclass2 继承子类 Subclass1,并重写其 calInterest()方法。Subclass2 子类定义如下:

```
public class Subclass2 extends Subclass1{
    // 重写父类 calInterest 方法
    public void calInterest() {
        System.out.println("Subclass2 子类对此方法的新实现");
    }
}
```

2．用接口实现增加新的功能

假设类 Subclass1 已经有了"计算利息"的功能,也就是有方法 calInterest()。现在有了新的需求,需要它还要有一个新的功能"缴费"(新方法 payment()),而旧的代码也不能动！这时可以定义一个新的接口 PaymentInterface,接口里定义这个方法 payment()的声明。再重新写子类 Subclass2,让它先继承类 Subclass1,同时实现接口 PaymentInterface,并实现接口里的 payment()方法。

定义新接口 PaymentInterface 如下：

```
public interface PaymentInterface{
    public void payment ();        // 新功能方法
}
```

改写子类 Subclass2 如下：

```
public class Subclass2 extends Subclass1 implements PaymentInterface{
    // 重写父类 calInterest 方法
    public void calInterest() {
        System.out.println("Subclass2 子类对 calInterest 方法的新实现");
    }
    // 实现接口 paymentInterface 的方法 payment()
    public void payment(){
        System.out.println("Subclass2 子类增加新功能 payment!");
    }
}
```

这样,Subclass2 子类即修改了老的方法,又增加了新的功能,且原代码 Subclass1 保持不变。

用接口定义新增的功能,用继承有利于功能的修改和丰富。这样,旧功能的修改和新功能的增加,都可以不用修改旧的功能,旧的功能仍然可以使用,旧类的代码也不做修改,从而减少维护量。这些好处需要大家慢慢体会。

5.4.4　接口与抽象类的比较

抽象类和接口是两种定义抽象类的方式,它们之间有很大的相似性。但是,抽象类和接口所反映出的设计理念不同。抽象类表示的是一种继承关系,是 is-a 关系;接口表示的是一种契约关系,是 like-a 关系。在设计时,选择抽象类还是接口可以将此作为一个依据。

接口与抽象类最大的一个区别就在于抽象类可以提供某些方法的部分实现,而接口不可以。这是抽象类的优点,这个优点非常有用。例如,如果向一个抽象类里加入一个新的具体方法,那么它所有的子类都得到了这个新方法,而接口做不到这一点。例如,如果向一个接口里加入一个新方法,所有实现这个接口的类就无法成功通过编译,因为必须让每一个类都再实现这个方法才行,这显然是接口的缺点。

接口中定义的变量默认是 public static final 型,且必须给其赋初值(相当于常量),所有实现接口的类中不能重新定义,也不能改变其值。这是因为关键字 final 作用的原因。接口中的方法默认都是 public abstract 类型。抽象类中的变量,其值可以在子类中重新定义,也可以重新赋值。

5.5 本章小结

封装可以隐藏实现细节,使得代码模块化;继承可以扩展已存在的代码模块(类),它们的目的都是为了代码重用。另外,在继承模式中通过重写方法(overriding)有利于代码功能的修改。

多态主要表现在对方法的重写和对方法的重载,多态的使用使得程序简洁、易懂。多态的使用,可使应用程序不必为每一个子类编写方法调用,只需要对超类进行处理即可。子类的方法可以被超类指针调用,实现动态绑定。

接口主要用来规范类,它可以避免类在设计上的不一致,这在团队合作开发中尤为重要。接口有时也被用来实现多继承,实现代码功能的扩展(增加新的功能)。接口的作用也是通过多态技术来实现的。

抽象、继承、多态和接口这些面向对象概念和技术的使用都非常有利于软件系统的优化开发和维护。当然要想得心应手地使用这些技术,还需多实践。

练 习 题

1. 在面向对象开发中继承是一个非常重要的概念。从编程人员的角度讨论继承性使面向对象的软件开发更简单的几种方式。

2. 如何确定问题域类之间的关系是继承关系还是关联关系。讨论"建立继承关系是为了编程实现时简便,而建立关联关系是业务系统的本质"。

3. 在 Java 中,Worker 类是 Person 类的子类。Worker 的构造方法中有一句 super(),该语句_____。

    A. 调用类 Worker 中定义的 super()方法

    B. 调用类 Person 中定义的 super()方法

    C. 调用类 Person 的构造方法

    D. 语法错误

4. 编写一个测试程序,测试子类 ParttimeEmp 是否能继承它的超类 Employee 的属性和方法,并画出这个测试程序的序列图。

5. 在创建类的对象时,基类和派生类中构造方法的调用顺序应该是怎样的?

6. 完成以下编程工作。

(1) 根据下面的要求实现类 Circle。

Circle 类的属性成员:radius(半径)。

Circle 类的方法成员有以下 6 个:

- Circle():构造方法,将半径置为 0。
- Circle(double r):构造方法,创建 Circle 对象时将半径初始化为 r。
- double getRadius():获得圆的半径值。
- double calPerimeter():计算圆的周长。
- double calArea():计算圆的面积。
- void displayDetail():将圆的半径、周长、面积输出到屏幕。

(2) 继承(1)中 Circle 类,定义派生类 Cylinder 圆柱体类,要求如下:

Cylinder 类的属性成员:height 表示圆柱体的高。

Cylinder 类的方法成员有:

- Cylinder(double r,double h):构造方法,创建 Cylinder 对象时将圆半径初始化为 r,圆柱高初始化为 h。
- double getHeight():获得圆柱体的高。
- double calVol():计算圆柱体的体积。
- void displayVol():将圆柱体的体积输出到屏幕。

(3) 编写一个测试程序 TestCylinder.java,以测试 Cylinder 类的正确性。

7. 请指出下面程序中的错误:

```java
class Father{
    private int age;
    public void setAge(int a){
        this.age = a;
    }
    public int getAge(){
        return age;
    }
    public void disp(){
        System.out.println("age is " + age);
    }
}
class Son extends Father{
    String name;
    public void setName(String name){
        name = name;
    }
```

```
    public void disp(){
        disp();
        System.out.println("my name is " + name);
    }
}
public class Test{
    public static void main(String[] args){
        Son s = new Son();
        s.disp();
    }
}
```

8. 改写 5.2.2 节中的 withdraw 方法。使用 throws 和 throw 处理超额取款的异常情况。

9. 定义一个邮件地址异常类，当用户输入的邮件地址不合法时，抛出异常(其中邮件地址的合法格式为 */*@*/*，也就是说必须是在@符号左右出现一个或多个其他字符的字符串)。

10. 某学院有教师、实验员、行政人员。其中实验员、行政人员只有基本工资，教师除基本工资外，还有课酬(元/小时)，请画出 UML 类图，再编写各类的定义，将各种类型的员工的全年工资打印出来。

11. 编写一个打印类，要求能用同名方法打印出不同类型的输入参数。

12. 什么是方法的重写(overriding)？说明其作用。如何实现重写？

13. 什么是接口？为什么要定义接口？

14. 什么是抽象类？接口与抽象类有何异同？

15. 一个类如何实现接口？实现接口的类是否一定要重写该接口中的所有抽象方法？

16. 将例 5.6 中接口 Alarm 中的方法 alarm()放在抽象类 Door 中合适吗？为什么？

17. 在 Java 语言中，如果有下面的类定义：

```
abstract class Shape {
    abstract void draw();
}
class Square extends Shape{ }
```

而且试图编译上面的代码，会出现以下哪种情况_____，并说明之。

    A. Shape 和 Square 都能成功编译

    B. Shape 可以编译，Square 不能编译

    C. Square 可以编译，Shape 不能编译

    D. Shape 和 Square 都不能编译

18. 继承与多态有关系吗？简述它们各自的功用。

第 6 章 类之间的关系及实现

在面向对象的软件系统中,其问题域中的类通常有若干个,而且彼此之间有某种关系联系着。用 UML 为之建模,就是类图。UML 类图中的关系除了上一章介绍的继承(泛化)关系和实现关系外,还有关联关系、聚合/组合关系和依赖关系。其中关联关系是类图中最常见的关系。本章将重点讲述类之间的关联关系及其如何编程实现关联关系。

本章要点
- 理解类图中的关联关系、聚合/组合关系和依赖关系的含义;
- 掌握实现类之间的关系的编程模式。

6.1 关联关系及实现

关联关系(association)是类图中最常见的一种关系。关联呈现的是一种结构关系,表示一个类的对象与另一个类的对象的联系。给定一个连接两个类的关联,可以从一个类的对象导航到另一个类的对象。在 UML 中类通过一条实线与其关联的类相连接。关联可以有方向,即导航。一般不作说明的时候,导航是双向的,不需要在连线上标出箭头。大部分情况下导航是单向的,可以加一个箭头表示。

关联在代码中一般表示形式为类的成员变量,例如 class A 与 class B 关联,其实现关联的代码如下:

```
public class A{
    private B b;
}
```

如果 B 也关联到 A,那么它们就是双向的关联。Class B 的定义如下:

```
public class B{
    private A a;
}
```

6.1.1 关联关系的概念及实例

关联关系的定义为:对于两个相对独立的类,当一个类的实例与另一个类的一些特定实例存在固定的对应关系时,这两个类之间为关联关系。例如,Person 类和 Company 类,这两个类之间的关联关系是 Person(人)为 Company(公司)工作,可以通过 Person 类的关联关系找到某个人所在的公司,反之从一个公司找到在这个公司工作的所有的人。

关联关系包括多重性(multiplicity),多重性用来指示一个类的一个对象与另一个类的多少个对象相关联,即一个实例与另一个关联类的多少个实例有联系。在设计程序和数据库表时,知道关联的多重性是很重要的。图 6-1 所示的多重性表示一个 person 可能在零个或多个 company 工作;一个 company 至少有一个或多个 person。图 6-1 还标出了关联名和各类在关联中扮演的角色。

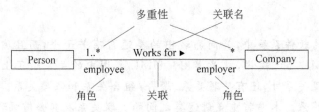

图 6-1 类的关联关系示意图

又例如,在手机的电话簿管理问题域类中,有联系人 Contact 类和电话 Phone 类,其关联关系的多重性为:一个联系人可能有多个电话号码(1 对多);一个电话号码只对应一个联系人(1 对 1)。因为联系人 Contact 类和电话 Phone 类有关联关系,所以从联系人 Contact 类,可以查到任何一个联系人的电话号码,反之从电话 Phone 类,可以查到相应的联系人。它们之间的关联关系用 UML 表示如图 6-2 所示。

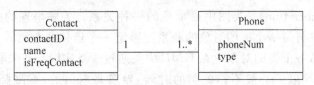

图 6-2 电话簿管理问题域类图(方法略)

图 6-2 中各类的说明如表 6-1 所示。

表 6-1 电话簿管理问题域类的说明

类名	属性和方法成员	说 明
Contact	contactID	联系人的 ID,数据类型:int
	name	联系人的名字,数据类型:String
	isFreqContact	常用联系人?1:是;0:否,数据类型:boolean
Phone	phoneNum	电话号码,数据类型:String
	type	电话号码类别,如工作、个人等,数据类型:String

一般关联关系表现在代码层面为:被关联类 B 以类属性成员的形式出现在关联类 A 中,或者是关联类 A 引用了一个类型为类 B 的全局变量。下面介绍如何实现图 6-2 所示

的关联关系。先介绍如何实现对象之间的 1 对 1 的关联关系,然后介绍如何实现对象之间的 1 对多的关联关系。

6.1.2 实现 1 对 1 的关联关系

在 Java 的应用程序中,关联关系是通过实例变量来实现的,即将关联转换成 Java 中的一个实例变量。

实现对象之间的 1 对 1 的关联关系比较简单,通常的方法是,在有关联关系的两个类中,用一个类的实例变量(reference variable)作为另一个类的属性变量。例如实现图 6-2 所示的 Phone 与 Contact 的 1 对 1 关联关系的示意图如图 6-3 所示。

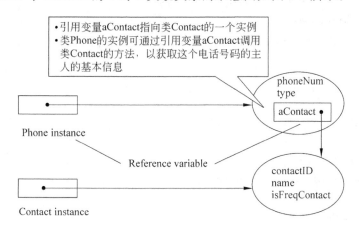

图 6-3　实现 1 对 1 关联示意图

从图 6-3 可以看到,在 Phone 类中增加一个 Contact 类的实例变量 aContact,它指向 Contact 类的一个实实在在的实例。Phone 类通过这个实例变量 aContact 与 Contact 建立 1∶1 关系,指明这个电话号码 phoneNum 是这个联系人的。也就是说,当 Phone 类增加一个 Contact 的实例变量后,那么 Phone 类的每一个对象就能使用这个实例变量去调用 Contact 类的方法,以获取这个号码主人的信息。

实现 1 个 Phone 对应 1 个 Contact(1 对 1 关联关系)的代码结构示意如下,主要是修改 Phone 类。

```
public class Phone{
    // 声明属性变量
    ⋮
    private Contact aContact;                    // 声明关联类的实例变量
    // getters
    ⋮
    public Contact getContact(){
        return aContact;
    }
    // setters
```

```
    ⋮
    public void setContact(Contact contact){
        aContact = contact;
    }
    ⋮
}
```

详细实现见下例。

例 6-1 实现图 6-2 所示的单向的 1 对 1 的关联关系,即一个电话号码对应一个联系人。

解 首先定义 Contact 类,再定义 Phone 类。

(1) 定义 Contact 类。

根据表 6-1,定义 Contact 类如下:

```
// Contact.java
public class Contact {

    /* 声明属性变量 */
    private int contactID;
    private String name;
    private boolean isFreqContact;

    /* 构造方法 */
    public Contact (int contactID,String name,boolean isFreqContact){
        setName(name);
        setContactID(contactID);
        setFreqContact( isFreqContact);
    }
    /* getters,seters */
    public String getName(){
        return name;
    }
    public int getContactID(){
        return contactID;
    }
    public boolean getIsFreqContact(){
        return isFreqContact;
    }
    public void setName(String name){
        this.name = name;
    }
    public void setContactID(int contactID){
        this.contactID = contactID;
    }
```

```java
    public void setIsFreqContact(boolean isFreqContact){
        this.isFreqContact = isFreqContact;
    }
}
```

（2）定义 Phone 类。

根据表 6-1 和图 6-3，定义 Phone 类如下：

```java
// Phone.java
public class Phone{
    /* 声明属性变量 */
    private String phoneNum;
    private String type;
    // 声明一个 Contact 实例变量，用来指向 Contact 的一个实例
    private Contact aContact;

    /* 构造方法有两个形式参数 */
    public Phone (String phoneNum,String type){
        setPhoneNum(phoneNum);
        setType(type);
    }

    /* getters、setters 方法 */
    public String getPhoneNum(){
        return phoneNum;
    }
    public String getType(){
        return type;
    }
    public Contact getContact(){
        return aContact;
    }
    public void setPhoneNum(String phoneNum){
        this.phoneNum = phoneNum;
    }
    public void setType(String type){
        this.type = type;
    }
    public void setContact (Contact aContact){
        // 接收一个 Contact 引用实参，赋值给新增的引用属性变量
        this.aContact = aContact;
    }
}
```

注意以上定义中的黑体部分。

分析：Contact 实例变量 aContact 指向一个 Contact 实例。由于增加了一个实例变量 aContact 作为 Phone 类的一个属性，因此在 Phone 类中需相应增加一个 getContact 方法和一个 setContact 方法，分别用来获取和设置实例变量 aContact 的值。

(3) 测试"一个电话对应一个联系人"1 对 1 的关联关系。

编写一个测试程序 Tester11 来测试图 6-2 所示的单向的关联关系，即一个电话对应一个联系人。Tester11 的程序代码如下：

```java
// Tester11.java
public class Tester11{
    public static void main(String[] args){
        // 创建一个联系人 contact 实例,实参为 (ContactID,name,isFreqContact)
        Contact theContact = new Contact (123,"晓宇",true);

        // 创建一个 Phone 实例,实参 (phoneNum,type)
        Phone thePhone = new Phone("13986142323", "工作");

        // 建立 theContact 与 thePhone 的联系
        thePhone.setContact(theContact);      // setContact 是 Phone 中的方法

        /* 验证 Phone 与 Contact 的关联关系 */
        System.out.println ("Contact: " + thePhone.getContact().getName()
                + "\nFrequency Contact?"
                + thePhone.getContact().getIsFreqContact());
        System.out.println("Phone Number: " + thePhone.getPhoneNum());
    }
}
```

运行程序 Tester11m,结果显示如下：

```
Contact:晓宇
Frequency Contact?true
Phone Number: 13986142323
```

分析：程序 Tester11 验证 Phone 与 Contact 的关联关系是通过 Phone 直接导航到 Contact 来进行的。首先通过语句 thePhone.setContact(theContact)建立对象 theContact 与对象 thePhone 的联系，然后通过导航语句 **thePhone. getContact(). getName()**，类 Phone 获得 Contact 的实例变量来调用其方法 getName，从而获得联系人的姓名。从程序运行结果来看，以上定义实现了一个方向的 1 对 1 关系。

6.1.3　实现 1 对多的关联关系

例 6-1 实现了图 6-2 所示类图中的一个方向的关联关系，即一个 phone 对应一个 contact(1∶1 关系)。如何实现图中另一个方向的关系，即一个联系人至少有一个或多个电话，这种一对多的关联关系呢？要实现一对多的关联关系，要求 Contact 实例有一个或一个以上 Phone 的实例变量。通常用实例化的动态数组 ArrayList 作为存放这些实例变量的容器。因此，在 Contact 类中需声明一个 ArrayList 存放 Phone 的实例变量，再调用 ArrayList 的方法来添加和获取 Phone 的实例变量。在 Contact 类中还需增加一个方法 addPhoneToContact 来建立电话与联系人的联系。实现 1 对多关联关系的代码结构示意如下所示，主要是修改 Contact 类。

```java
public class Contact{
    // ******声明属性变量******
    ⋮
    // 声明动态数组类 ArrayList 的实例变量 phoneArray
    private ArrayList< Phone> phoneArray;
    /*自定义构造方法*/
    ⋮
    // 获得动态数组 phoneArray
    public ArrayList getPhones(){
        return phoneArray;
    }
    /*添加 Phone reference 到动态数组 phoneArray
     *建立 aPhone 与这个 contact 的联系，即给联系人添加一个电话号码*/
    public void addPhoneToContact(Phone aPhone){
        phoneArray.add(aPhone);         // 连接 contact 到 phone(1..*)
        aPhone.setContact(this);        // 连接 phone 到 contact(1..1)
    }
    // ******getters******
    ⋮
    // ******setters******
    ⋮
}
```

具体实现如例 6-2 所示。

例 6-2 实现图 6-2 所示的单向 1 对多的关联关系，即一个联系人有多个电话号码。

解 为实现一个联系人有多个电话号码（$1:n$），需修改 Contact 类，再修改 Phone 类。具体步骤如下：

（1）修改 Contact 类，以建立与 Phone 的联系。修改后的类 Contact 代码如下：

```java
// Contact.java
import java.util.*;          // import the package of ArrayList class
public class Contact {
    /*声明属性变量*/
    private int contactID;
    private String name;
    private boolean isFreqContact;

    // 声明一个 ArrayList 类的实例变量 phoneArray
```

```java
        private ArrayList<Phone> phoneArray;

    /* constructor */
    public Contact (int contactID,String name,boolean isFreqContact){
        setName(name);
        setContactID(contactID);
        setIsFreqContact(isFreqContact);
        phoneArray = new ArrayList<Phone>(3);      // create ArrayList instance
    }

    // 获得动态数组 phoneArray
    public ArrayList getPhones(){
        return phoneArray;
    }

    /* 添加 Phone reference 到动态数组 phoneArray
     * 建立 aPhone 与这个 contact 的联系 */
    public void addPhoneToContact(Phone aPhone){
        phoneArray.add(aPhone);                    // 连接 contact 到 phone(1..*)
        aPhone.setContact(this);                   // 连接 phone 到 contact(1..1)
    }

    /* getters,setters */
    public String getName(){
        return name;
    }
    public int getContactID(){
        return contactID;
    }
    public boolean getIsFreqContact(){
        return isFreqContact;
    }
    public void setName(String name){
        this.name = name;
    }
    public void setContactID(int contactID){
        this.contactID = contactID;
    }
    public void setIsFreqContact(boolean isFreqContact){
        this.isFreqContact = isFreqContact;
    }
}
```

注意以上类中的黑体部分。

分析：语句 import java.util.*;引入 ArrayList 类所在的包；语句 phoneArray = new ArrayList<Phone>(3)创建 ArrayList 的一个实例 phoneArray，并指明这个动态数

组中的元素类型是类 Phone(引用类型)，这个动态数组中 phoneArray 的初始元素个数定义为 3，当 phoneArray 的元素个数超过 3 时将自动增加长度。

在向联系人添加电话的方法 addPhoneToContact(Phone aPhone)中，语句 phoneArray.add(aPhone)表示调用 ArrayList 的方法 add 向这个动态数组 phoneArray 添加 Phone 实例变量，以实现 contact 到 phone(1 对多)的连接；语句 aPhone.setContact(this) 要求 phone 设置 contact 的实例变量，其中关键字 this 代表本类(Contact)的实例。

(2) 修改 Phone 类。

为实现 Contact 与 Phone 的一对多的关系，还需修改 Phone 的构造方法，增加一个形式参数 Contact 和与此相关的语句。修改 Phone 的构造方法如下：

```
// constructor with 3 parameters plus Contact reference
public Phone (String phoneNum,String type,Contact aContact){
    // 初始化
    setPhoneNum(phoneNum);
    setType(type);
    // assign phone to an existing contact
    setContact(aContact);
    // tell contact to association with this phone
    aContact.addPhoneToContact(this);
}
```

构造方法将接收 3 个实际参数：两个 Phone 的属性的值和一个 Contact 实例变量。从构造方法中的语句(黑体)可以看到，当创建一个 Phone 的实例时，这个 Phone 的实例就一定与 Contact 有关联了。语句 setContact(aContact)将一个 phone 安排给一个 contact(联系人)；语句 aContact.addPhoneToContact(this)要求这个联系人 contact 添加这个 Phone，从而实现了两个方向的关联关系。其中，addPhoneToContact 方法是 Contact 类的方法，通过 Contact 类的实例变量 aContact 来调用。

(3) 测试 Contact 与 Phone 的关联关系。

编写测试程序 Tester12 测试图 6-2 所示的关联关系，即一个联系人有多个电话的关联关系。假设有一个联系人晓宇，有 3 个电话号码，建立他们的联系。然后再测试一个电话只有一个联系人的关联关系。

Tester12 的程序代码如下。

```
// Tester12.java
import java.util.*;
public class Tester12{
    public static void main(String[] args){
        /* 创建一个 contact 实例 */
        Contact theContact = new Contact (123,"晓宇",true);

        /* 创建 3 个 phone 实例 */
        Phone phone1 = new Phone("87542222", "办公" ,theContact);
        Phone phone2 = new Phone("87558755", "住宅" ,theContact);
        Phone phone3 = new Phone("13986248888", "手机" ,theContact);
```

```
        /* 验证 Contact 到 Phone 的关联关系(1 对多) */
        ArrayList phones = theContact.getPhones();    //获得一个装有 Phone 实例变量
                                                              的动态数组
        String theName = theContact.getName();
        for(int i = 0; i<phones.size(); i + + ){
            //从动态数组 phones 中获得 phone 实例变量
            Phone aPhone = phones.get(i);

            //验证 phone 信息
            System.out.println("联系人: " + theName
                            + " 电话号码: " + aPhone.getPhoneNum()
                            + " 类型: " + aPhone.getType());
        }

        /* 验证 phone 到 contact 关联关系 (1:1) */
        System.out.println(" 第一个电话号码的联系人是: "
                        + phone1.getContact().getName());
    }
}
```

运行 Tester12 程序,结果显示如下:

联系人:晓宇   电话号码:87542222   类型:办公
联系人:晓宇   电话号码:87558755   类型:住宅
联系人:晓宇   电话号码:13986248888   类型:手机
第一个电话号话的联系人是:晓宇

程序 Tester12 对两个方向的关联关系进行了测试,见程序中黑体部分,说明如下:
(1) 验证 Contact 到 Phone 的关联关系(1..*关系)。

首先,使用语句 ArrayList phones = theContact.getPhones();将这个联系人 theContact 的 Phone 的实例变量容器 ArrayList 赋给 phones。然后,在 for 循环语句中将 ArrayList 中的实例变量(每一个实例变量指向一个 Phone 的实例)一一取出并赋给 aPhone,由这 aPhone 依次调用各个 Phone 实例的方法 getPhoneNum,获得电话信息,从而验证一个联系人有多个电话的关联关系。循环次数由 ArrayList 的大小 phones.size()决定。因为在 Tester12 中创建了 3 个 Phone 的实例,所以 ArrayList 的 size 是 3。
(2) 验证 Phone 到 Contact 的关联关系(1:1 关系)。

使用语句 phone1.getContact().getName();直接导航的方法,从 phone1 获取 Contact 的引用,然后获取联系人信息。

6.2 聚合关系及实现

聚合关系(aggregation)是关联关系的一种特殊形式,代表两个类之间是整体和部分的关系。

6.2.1 聚合关系的定义

聚合：表示 has-a 的关系，整体与部分的关系，是一种不稳定的包含关系。聚合类不必对被聚合类负责。使用集合属性表达聚合关系，当对象 A 被加入到对象 B 中，成为对象 B 的组成部分时，对象 B 和对象 A 之间为聚合关系。聚合是关联关系的一种，且是单向的（由整体指向部分），强调的是整体与部分之间的关系。如汽车类与引擎类、轮胎类之间的关系就是整体与个体的关系。聚合关系的 UML 表示形式为：空心菱形＋实线段，如图 6-4 所示。

通常在定义一个整体类后，再去分析这个整体类的组成结构。从而找出一些组成类，该整体类和部分类之间就形成了聚合关系。需求描述中的"包含"、"组成"、"分为……部分"等词常意味着聚合关系。

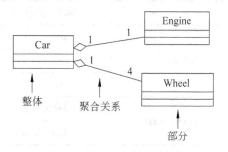

图 6-4 含有聚合关系的类图

关联和聚合的区别：

（1）关联关系所涉及的两个对象是处在同一个层次上的。如人和自行车就是一种关联关系，而不是聚合关系，因为人不是由自行车组成的。

（2）聚合暗示着整体类在概念上处于比部分类更高的一个级别，而关联暗示两个类在概念上位于相同的地位或级别。

6.2.2 聚合关系的实现

聚合关系在类图中暗示着其关系是单向的，整体指向部分。与关联关系一样，聚合关系也是通过实例变量来实现的，即将聚合转换成 Java 中的实例变量，类似关联关系中 1 对 1 或 1 对多的实现方法。实现图 6-4 所示的聚合关系的代码结构如下。

例 6-3 试详细设计和编码实现图 6-5 所示的类图。其中类 School 有 3 个属性成员：name、address 和 phone；类 Department 有 2 个属性成员：deptCode 和 deptName。

解 图中聚合类是 School,被聚合类是 Department。图 6-5 说明:一个学校至少有一个系或 n 个系(1 对多);一个系只属于一个学校(1 对 1)。

(1) 详细设计图 6-5 中各类,如表 6-2 所示。

表 6-2 图 6-5 中类的设计

类 名	属性(方法略)	说 明
School	name	学校的名字,数据类型:int
	address	学校的地址,数据类型:String
	phone	学校的联系电话,数据类型:String
Department	deptCode	系名的编码,数据类型:String
	deptName	系的名字,数据类型:String

(2) 先定义"被聚合"类 Department

因为聚合关系是单向的,在本例中类 School(聚合类或整体类)指向类 Department(被聚合类,或部分类),故在 Department 代码中不需额外增加属性变量。定义 Department 类,其代码如下:

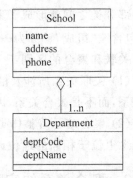

图 6-5 学校管理系统部分类图

```
// Department.java
public class Department {
    private String deptCode;
    private String deptName;

    /* constructor */
    public Department (String deptCode,String deptName){
        this.deptCode = deptCode;
        this.deptName = deptName;
    }

    public String getDeptCode() {
        return deptCode;
    }
    public void setDeptCode(String deptCode) {
        this.deptCode = deptCode;
    }
    public String getDeptName() {
        return deptName;
    }
    public void setDeptName(String deptName) {
        this.deptName = deptName;
    }
}
```

注意：在开发工具 MyEclipse 中需先定义 Department 类，然后再定义 School 类，否则会提示错误。

（3）定义"聚合"类 School。

因为 School 是聚合类，故在 School 类中需增加一个属性成员：类 ArrayList 的实例变量 deptArray，用来存放 n 个 Deptment 的实例变量。实现 School 类的代码如下：

```java
// School.java
public class School {
    private String name;
    private String address;
    private String phone;
    private ArrayList<Department> deptArray;

    /* constructor */
    public School ( String name,String address,String phone){
        setName(name);
        setAddress(address);
        setPhone( phone);
        // create ArrayList instance
        deptArray = new ArrayList<Department>(3);
    }
    public String getName() {
        return name;
    }
    public void setName(String name) {
        this.name = name;
    }
    public String getAddress() {
        return address;
    }
    public void setAddress(String address) {
        this.address = address;
    }
    public String getPhone() {
        return phone;
    }
    public void setPhone(String phone) {
        this.phone = phone;
    }
    private void addDept(Department dept){
        deptArray.add(dept);
    }
}
```

6.2.3 组合关系

类与类之间还有一种关系是强聚合关系,也称组合(Composition)关系。它体现的是一种 contains-a 的关系,这种关系同样体现整体与部分间的关系,但比聚合关系更强。此时整体与部分是不可分的,整体对象的生命周期结束也就意味着部分对象的生命周期结束。就是说部分对象与整体对象之间具有共生死的关系。比如类 Window 和 Menu 及 Button 的关系可以视为组合关系,窗口(Window)不存在了,窗口上的菜单(Menu)和按钮(Button)随之也不存在了。组合关系的 UML 表示形式为:实心菱形+实线段。含有组合关系的 UML 类图如图 6-6 所示。

图 6-6 说明部分对象 Mene 和 Button 的生命周期取决于整体对象 Window 的生命周期。整体对象不仅控制着部分对象的行为,而且控制着成员对象的创建和撤销。

组合和聚合在代码实现上的主要差别在于生命周期的实现上,组合类需要负责其部分类的创建和销毁。实现图 6-6 的组合关系类 Window 的代码如下:

```
public Class Window{
    private Menu menu;
    // constructor 构造方法
    public Window(){
        menu = new Menu();          // 可以在这时候创建 Menu 对象,也可以在之后创建
    }
    // 销毁关联的 Menu 对象
    public void destory(){
        menu.destory();
    }
}
```

又例如,公司员工上班考勤管理系统中的类 Employee 和 TimeCard 的关系也是组合关系,如图 6-7 所示。

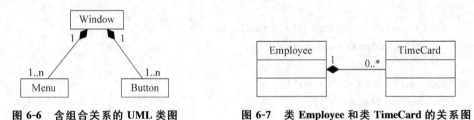

图 6-6 含组合关系的 UML 类图   图 6-7 类 Employee 和类 TimeCard 的关系图

6.3 依赖关系及实现

对于两个相对独立的对象,当一个对象使用另一个对象的信息或服务、反之未必时,这两个对象之间的关系为依赖(Dependency)关系。它体现的是一种 use-a 的关系。

6.3.1 依赖关系的定义

所谓依赖就是某个对象的功能实现依赖于另外的某个对象,而被依赖的对象只是作为一种工具在使用,而并不持有对它的引用。可以简单地理解为,一个类 A 使用到了另一个类 B,而这种使用关系是具有偶然性的、临时性的、非常弱的,但是 B 类的变化会影响到 A;例如,拧螺丝需要借助于(也就是依赖)螺丝刀(Screwdriver)来帮助你完成拧螺丝(screw)的工作。此时人与螺丝刀之间的关系就是依赖。UML 表示依赖关系的方法是:虚线＋箭头,箭头指向被依赖的类,如图 6-8 所示。

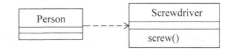

图 6-8 Person 类与 Screwdriver 类的依赖关系

当要指明一个事物使用另一事物时,就选用依赖关系。

6.3.2 依赖关系的实现

依赖关系因为是单向的,所以在实现时被依赖的类以不同形式出现在依赖类中。被依赖的类通常在依赖类中被作为局部实例变量,或方法中的参数,或对本类的静态方法调用。例如,图 6-8 的依赖关系在 Person 类的编码中表现为方法中的参数,如下所示。

```
public class Person{
    /* 拧螺丝 */
    public void useScrew(Screwdriver screwdriver){
        screwdriver.screw();
    }
}
```

下面举例说明实现依赖关系的几种情况。

例 6-4 设有两个类 ClassA 和 ClassB,ClassA 依赖(使用)ClassB,如图 6-9 所示。试编写类 ClassA 中的 3 个方法成员的代码以表现依赖关系的三种情形。

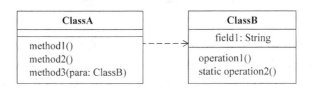

图 6-9 类 ClassA 依赖类 ClassB

解 类 ClassA 使用 ClassB 的三种情形示意代码如下:

```
class ClassA{
    //方法 1
    public void method1(){
        ClassB b=new ClassB();
        b.operation1();          ClassB作为局部实例变量
    }
```

```
//方法 2
public void method2(){
    ClassB.operation2();         ← ClassB调用自己的静态方法
}
//方法 3
public void method3(ClassB para){
    String s=para.field1;         ← ClassB作为方法的参数
}
```

依赖关系是对象之间最弱的一种关联方式,是临时性的关联。依赖总是单向的。

从使用的频率来看,关联(包括聚合和组合)关系是使用最为广泛的,其次是依赖和继承。设计类之间的关系遵循的原则是:首先判断类之间是否是一种"关联"关系,若不是再判断是否是"依赖关系"。

6.3.3 关联和依赖的区别

(1) 从使用的频率来看,关联(包括聚合和组合)关系是使用最为广泛的,其次是依赖和继承。

(2) 从类之间关系的强弱程度来分,关联表示类之间的很强的关系;依赖表示类之间的较弱的关系;

(3) 从类之间关系的时间角度来分,关联表示类之间的"持久"关系,这种关系一般表示一种重要的业务之间的关系,需要保存的,或者说需要"持久化"的,或者说需要保存到数据库中的。比如学生管理系统中的 Student 类和 Class(班级)类,一个 Student 对象属于哪个 Class 对象是一个重要的业务关系,如果这种关系不保存,系统就无法管理。依赖表示类之间的是一种"临时、短暂"关系,这种关系是不需要保存的,比如 Student 类和 StuEditScreen(学生信息编辑界面)类之间就是一种依赖关系,StuEditScreen 类依赖 Student 类,依赖 Student 对象的信息来显示编辑学生信息。

6.4 本章小结

对于继承和实现这两种关系,体现的是一种类与类或者类与接口间的纵向关系;其他的关系关联、依赖、聚合和组合则体现的是类与类之间的引用、横向关系。这几种关系是语义级别的不同,从代码层面并不能完全区分各种关系。但总的来说,后几种关系所表现的强弱程度依次为:组合>聚合>关联>依赖。这四种关系归纳简述如下:

关联是类之间的一种关系,例如老师教学生,公司和员工,顾客和订单等。这种关系是非常明显的,在问题领域中通过分析直接就能得出。关联关系是类之间重要的关系之一,有关联关系的类之间可以直接地导航,即从一个类可得到另一个类的信息,一般通过一个语句中调用多个方法来实现。

依赖是一种弱关联,只要一个类用到另一个类,但是和另一个类的关系不是太明显的时候(可以说是 uses 了那个类),就可以把这种关系看成是依赖,依赖也可说是一种偶然的关系,而不是必然的关系,就是"我在某个方法中偶然用到了它,但在现实中我和它并没多大关系"。例如我和锤子,我和锤子本来是没关系的,但在有一次要钉钉子的时候,我用到了它,这就是一种依赖,依赖锤子完成钉钉子这件事情。

聚合/组合是一种特殊的关联关系,即整体-部分的关系,在问题域中这种关系很明显,直接分析就可以得出的。例如轮胎是车的一部分,键盘是计算机的一部分,是非常明显的整体-部分关系。

关联、组合、依赖关系的实现的方法类似,但在逻辑上它们就有以上的区别。

练 习 题

1．类之间可能存在哪几种关系？

2．用类图对以下句子建模"计算机由输入设备、输出设备、显示设备、网络适配器等组成;计算机又可分为台式机和笔记本式两种类型。"

3．举例示意说明如何实现类图中的1对1的关联关系。

4．举例示意说明如何实现类图中的1对多的关联关系。

5．举一例示意说明如何实现类图中的聚合关系。

6．举一例示意说明如何实现类图中的依赖关系。

7．分析图题6-1所示的类图。

（1）列出图中类PersonalCustomer有哪些属性和操作。

（2）类图中有哪些关系。

（3）说明图中各关联关系的多重性。

（4）说明类PersonalCustomer和Customer为何是继承关系。

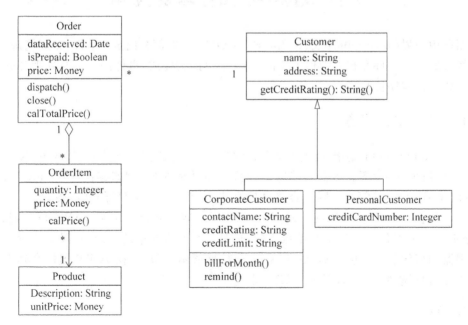

图题 6-1

第7章 图形用户界面

在面向对象的应用开发中,通常将应用系统(软件部分)分为三层来设计,即表示层(用户界面类)、事务逻辑层(问题域类)和数据访问层(数据访问类)。事务逻辑层类的设计和实现在第4~6章已经介绍。表示层位于最外层(逻辑上的),用于显示数据和接收用户输入的数据,为用户提供一种人机交互式操作的界面,以实现人机交互。本章将重点介绍用户界面类的设计,以及如何实现自定义的用户界面类与问题域类的交互。

本章要点
- 理解Java提供的GUI类及应用;
- 用户界面上事件的处理机制;
- 如何设计用户界面类;
- 用户界面类如何与问题域类交互。

7.1 Java的GUI类及应用

图形用户界面(Graphical User Interface,GUI)由四部分组成:组件、布局管理、事件的收发及处理。组件和布局管理主要由Java提供的类完成,事件的收发及处理部分根据事件的要求由程序员编写。

7.1.1 组件和容器类

组件(components)是响应用户操作的可视图形对象,例如文本框(TextField)、按钮(Button)、列表(List)等。容器是能容纳和排列组件的对象,例如容器(Container)、面板(panel)、框架(frame)等。实际上容器也是组件,它们是构成GUI的基本要素。

Java提供的GUI类分别在java.awt(Abstract Windows Toolkit,AWT)包和javax.swing包中。AWT包是Java早期版本的包,是一个非常简单的、具有有限GUI组件、布局管理器和事件的工具包。Swing包是Java后期版本的包,是在AWT组件基础上构建的一个灵活且提供更丰富功能的GUI工具包。

1. 组件

常用的Swing组件如图7-1所示。

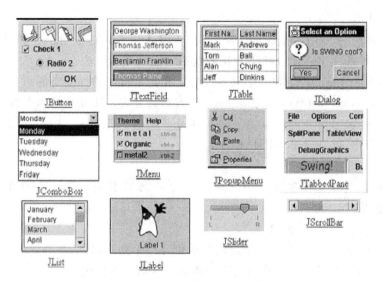

图 7-1 常用的 Swing 组件

实现图 7-1 所示的部分常用组件的类如下：

1) JButton 类

JButton(命令按钮)类主要用来获得用户的输入事件，即单击按钮会引发事件。JButton 类常用的构造方法有：

- JButton(String label) 创建一个有标题的按钮，即按钮上有文字。
- JButton(Icon image) 创建一个有图标的按钮。

2) JTextField 类

JTextField(文本框)类主要用来接收用户从键盘上输入的文本或显示单行文本。JTextField 类常用的构造方法和基本方法有：

- JTextField() 创建一个默认长度的文本框。
- JTextField(String text) 创建一个带有初始文本的文本框。
- void setText(String str) 设置文本框中的内容。
- String getText() 返回文本框中的内容。

3) JPasswordField 类

JPasswordField(口令框)类专门用来输入密码的文本框，当用户输入的字符用密文的形式进行显示，如"﹡/"。JPasswordField 类常用的方法类似 JTextField 类的方法。

4) JTextArea 类

JTextArea(文本区域)类主要用来显示多行文本。JTextArea 类常用的构造方法和基本方法有：

- JTextArea() 创建一个默认大小的文本区。
- JTextArea(int row,int columns) 创建一个指定行数和列数的文本区。
- void setText(String str) 设定文本区内容。
- String getText() 获得文本区内容。

5) JLabel 类

JLabel(标签)类专门用于显示输出,不用于输入文本。它常用于在屏幕上显示一些提示性或说明性的文字。JLabel 类常用的构造方法和基本方法有:

- JLabel(String str)创建一个显示内容为指定字符串的标签实例。
- void setAlignment(int alignment) 设置对齐方式。JLabel 的对齐方式有 3 种,即左对齐、居中对齐和右对齐,采用 JLabel 类的三个变量 JLabel. LEFT、JLabel. CENTER 和 JLabel. RIGHT 表示。

6) JList 类

JList(列表)类主要用来显示条目形式的文字,如姓名清单等。JList 类常用的构造方法和基本方法有:

- JList()创建一个列表组件。
- JList(Object data[])根据指定的数组创建一个列表组件。
- int getSelectedIndex()获得列表中被选中项的位置索引。
- Object getSelectedValue()获得列表中被选中项。

7) JCheckBox 类

JCheckBox(多选框)类主要用来提供选择框,让用户点击选择。JCheckBox 类常用的构造方法有:

- JCheckBox(Action a)创建一个选择框,该选择框支持动作发生。
- JCheckBox(String text)创建一个带有文本的选择框。
- JCheckBox(String text, boolean Selected)创建一个带有文本的选择框,并指定该文本是否被选择。

8) JRadioButton 类

JRadioButton(单选按钮)类主要用来提供选择圈,让用户点击选择。JRadioButton 类常用的构造方法有:

- JRadioButton(Action a)生成一个单选按钮,当点击该按钮时,可以有动作产生。
- JRadioButton(String text)生成一个带有文本的单选按钮。
- JRadioButton(String text, boolean Selected)生成一个带有文本的单选按钮,并且指定该按钮是否被选中。

当有一组(m 个)按钮可选择时,JCheckBox 与 JRadioButton 不同的地方是,前者可选 $n(n \leqslant m)$ 个,后者只能选 m 中的一个。

2. 容器

在实现 GUI 界面时,所有的组件都是被放到被称为容器的组件中,主要的容器组件包括 JFrame、JPanel、JDialog 等。它们都是 Java 提供的类。

1) JFrame 类

JFrame 类提供一个带有标题栏的 GUI 窗口,一种顶层容器,也称为主窗口。用户界面类通常是它的子类。JFrame 类常用的方法有:

- void setSize(int width, int height)设置窗口大小。

- void setVisible(boolean b) 设置窗口是否可见。
- Container getContentPane() 获得 swing 窗口的 ContentPane 组件。

2) JPanel 类

JPanel(面板)类提供一个不可见的容器,是常用的容器之一,通常作为界面的中间容器,用来放置组件。JPanel 类常用的构造方法有:

- JPanel() 创建一个面板对象。
- JPanel(LayoutManager layout) 创建一个具有指定布局管理器的面板对象。

3) JDialog 类

JDialog 类提供各种对话框,用来给用户提示信息或用来与用户互动。
Swing 组件类的层次关系如图 7-2 所示。

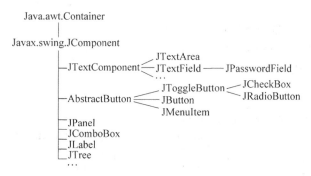

图 7-2 Swing 组件类层次图

下面用一个非常简单的自定义的 GUI 类来说明组件类的使用。一般自定义的 GUI 类是一个可执行程序,又称为主动类。

例 7-1 编写一个简单的自定义的 GUI 类,创建一个界面并在界面上显示有关组件,如图 7-3 所示。

解 由图 7-3 可以看到,界面所用的组件有:一个 label(标签),承载 Message;一个文本框,接收用户从键盘输入的数据;一个按钮,作为事件源。此外,还应有一个容器 Frame 来放置这些组件。

图 7-3 例 7-1 的界面要求

实现这个界面的程序代码如下:

```
// HelloSwing.java
import java.awt.*;                      // import Font,Color,Layout managers
import javax.swing.*;                   // import GUI components

public class HelloSwing extends JFrame{
    /* 构造方法 */
    public HelloSwing() {
        // 在窗口 Frame 最上方设置标题"组件显示"
        super("组件显示");
        // 初始化容器
```

```java
        Container c = this.getContentPane();
        // 设置容器排列组件的形式
        c.setLayout(new FlowLayout());

        // 创建文本框长度为 10
        JTextField messageText = new JTextField(10);

        // 创建标签"Message:"
        JLabel messageLabel = new JLabel("Message: ");

        /* 创建按钮 */
        JButton okBtn = new JButton("OK");

        /* 添加标签、文本框和按钮到容器 */
        c.add(messageLabel );
        c.add(messageText );
        c.add( okBtn );

        // 当关闭窗口时结束程序运行
        this.setDefaultCloseOperation(JFrame.EXIT_ON_CLOSE);

        // 设置窗口的大小
        this.setSize(300,100);

        // 设置窗口可见
        this.setVisible(true);

    } // end of constructor

    public static void main(String args[]){
        // 创建窗口(顶层容器)的一个实例
        HelloSwing myApp = new HelloSwing();
    }
}
```

程序的说明见程序中的注释。程序运行结果如图 7-3 所示。

程序中关闭窗口语句 this.setDefaultCloseOperation(JFrame. EXIT_ON_CLOSE); 是一种标准用法。当点击图 7-3 右上角 ⊠ 时，将执行这条语句，这个窗口被关闭，并且结束该程序的运行。语句 HelloSwing myApp＝new HelloSwing();也可简写为：

```java
new HelloSwing();
```

7.1.2 布局管理器类

布局是一门艺术，Java 应用系统界面的布局是通过各种简单布局器(Layout)的组合来实现布局的。如果要按自己的想法排列界面上的组件，必须使用 Java 提供的布局管理器来进行管理。常用的布局管理器有 BorderLayout（边界布局）、FlowLayout（流布局）和 GridLayout（网格布局）。

1. BorderLayout

边界布局管理器把版面分为 5 部分：中央区域（Center）、顶端（North）、底部（South）、左侧（West）、右侧（East），如图 7-4 所示。

边界布局管理器的创建可以通过类 java.awt.BorderLayout 的构造方法来实现。BorderLayout 类的构造方法有：

- public BorderLayout()；
- public BorderLayout (int hgap,int vgap)（水平间隙,垂直间隙）。

组件在边界布局中可通过 BorderLayout 类的常量 EAST、WEAT、SOUTH、NORTH、CENTER 来实现。例如,实现图 7-4 所示 5 个按钮的布局可用以下语句：

```
Container c = this.getContentPane();          // 初始化容器
c.setLayout(new BorderLayout());              // 设置容器排列组件的形式为边界布局
c.add(new JButton("按钮 4"),BorderLayout.EAST);
c.add(new JButton("按钮 2"),BorderLayout.WEST);
c.add(new JButton("按钮 1"),BorderLayout.NORTH);
c.add(new JButton("按钮 5"),BorderLayout.SOUTH);
c.add(new JButton("按钮 3"),BorderLayout.CENTER);
```

Java 默认的布局管理器为边界布局管理器 BorderLayout。

2. FlowLayout

流布局管理器把其中的组件按从左到右、从上到下的流方式排列,如图 7-5 所示。

图 7-4　边界管理示意图　　　　　　　图 7-5　流布局示意图

流布局管理器的创建可以通过类 java.awt.FlowLayout 的构造方法来实现。FlowLayout 类的构造方法有：

- public FlowLayout()；
- public FlowLayout(int align)（左对齐、中对齐或右对齐）；
- public FlowLayout(int align,int hgap,int vgap)。

实现图 7-5 所示的 4 个按钮的流布局可用以下语句：

```
c.setLayout(new FlowLayout());                // 设置容器排列组件的形式为流布局
```

```
c.add(new JButton("按钮 1"));
c.add(new JButton("按钮 2"));
c.add(new JButton("按钮 3"));
c.add(new JButton("按钮 4"));
```

3. GridLayout

网格布局管理器把窗体分为几行几列,把组件放置到布局中设置的每个网格中,如图 7-6 所示。

网格布局管理器的创建可以通过类 java.awt.GridLayout 的构造方法来实现。GridLayout 类的构造方法有:

- public GridLayout();
- public GridLayout(int rows,int cols)(行数,列数);
- public GridLayout(int rows,int cols,int hgap,int vgap)。

实现图 7-6 所示的 4 个按钮的网格布局可用以下语句:

```
c.setLayout(new GridLayout(2,2));         // 设置容器为网格布局 2 行 2 列
c.add(new JButton("按钮 1"));
c.add(new JButton("按钮 2"));
c.add(new JButton("按钮 3"));
c.add(new JButton("按钮 4"));
```

当用户界面需要多种组件时,可采取多层布局。以下是多层布局的一般规则。

在布局之前,先找出布局的基本框架,再创建多个相应的 JPanel。对于复杂的布局,可将其分解为比较简单的小布局,用 JPanel 作为承载;然后用 BorderLayout 作总布局。每个 JPanel 上可再有特定的布局。如果在局部的 JPanel 内,布局仍是复杂,可再分成更小的 JPanel。就像用程序解决问题一样,太大、太复杂的问题,可分成小的模块,小模块的问题如果还大,则再分成更小的模块,直到问题足够简单到可以在一个小模块中完成为止。

图 7-6 网格布局示意图   图 7-7 例 7-2 界面设计图

例 7-2 编写一个简单的自定义 GUI 类,实现图 7-7 所示用户界面的设计。

解 从图中可知,该用户界面有 4 个组件:一个标签 Lable 存放"输入数据:",一个文本框,两个按钮"重新输入"和"关闭窗口"。根据界面设计图,可选择流布局管理器 FlowLayout。

编程思路:先创建一个主容器、两个中间容器 Panel(同时设定某个布局管理器)、创建 4 个组件,然后分别添加创建的组件到相应的中间容器 Panel,再把这两个中间容器放入主容器。实现图 7-7 所示界面的 GUI 类的代码如下:

```java
// SwingLayout.java
import java.awt.*;                    // Font,Color,Layout managers
import javax.swing.*;                 // GUI components
public class SwingLayout extends JFrame{
    /* 构造方法 */
    public SwingLayout() {
        // 在窗口最上方设置标题"布局显示"
        super("布局显示");
        // 初始化容器
        Container c = this.getContentPane();// this 代表这个 frame
        c.setLayout(new GridLayout(2,1));

        /* 创建两个中间容器 Panel,并设定布局 */
        JPanel upperPanel = new JPanel(new FlowLayout());
        JPanel lowerPanel = new JPanel(new FlowLayout());

        /* 创建 4 个组件 */
        JTextField messageText = new JTextField(10);
        JLabel messageLabel = new JLabel("Message: ");
        JButton clearButton = new JButton("Clear");
        JButton closeButton = new JButton("Close");

        /* 添加组件到 Panel */
        // 添加标签和文本框到 upperPanel
        upperPanel.add(messageLabel);
        upperPanel.add(messageText);
        // 添加按钮到 lowerPanel
        lowerPanel.add(clearButton);
        lowerPanel.add(closeButton);

        /* 在主容器上添加 Panel */
        c.add(upperPanel);
        c.add(lowerPanel);

        // 关闭窗口并结束程序运行
        this.setDefaultCloseOperation(JFrame.EXIT_ON_CLOSE);

        // 设置窗口的大小
        this.setSize(300,140);         // this 代表这个 frame

        // 设置窗口可见
        this.setVisible(true);
```

```
        }                                    //end of constructor
    public static void main(String args[]){
        // 创建窗口(顶层容器)的一个实例
        SwingLayout myApp = new SwingLayout();
    }
}
```

程序运行结果如图 7-8 所示。

以上两个例子只是实现了可视的界面,并不能做任何工作。这时单击界面上的按钮不会有任何反应,这是因为还没有在程序中增加事件处理的功能。

图 7-8　布局示例

7.2　用户界面事件的处理

图形用户界面的特点之一是,可以用很简单的方式接收用户命令,例如移动鼠标、单击或双击鼠标、按下某个按键、手动触摸等都能实现用户命令的输入,从而达到人机交互的目的。通常对一个键盘或鼠标的操作等会引发应用系统预先定义好的事件,对每一个可能发生的事件,应用系统都有监听、响应并处理的方法。为了实现用户与 GUI 的组件之间的交互,必须知道事件如何处理。

7.2.1　用户界面事件

所谓事件是用户对程序的某一种功能性操作。例如,单击某个按钮,或者按下某个键盘。事件处理方式通常采用事件驱动模型。事件驱动模型中的几个要素如下:

(1) 事件源:能够接收外部事件的源体,或引发事件的组件,如 Button。
(2) 事件对象:记录事件源及处理该事件的各种信息,如 ActionEvent。
(3) 事件监听器:能够接收事件对象,根据接收到的事件对象分派或委托处理。
(4) 事件源注册:将事件源与事件监听器绑定。

下面举例说明事件驱动。

假设用户单击了图形用户界面中的一个按钮 JButton,该按钮就是这个事件的源。所有的 Java Swing 对象都有感知自己被操作的能力,因此 JButton 按钮也具有这种能力。一个事件通常必须有一个事件源对象,这里就是 JButton 对象。当单击按钮时,JButton 类会创建一个 ActionEvent 的事件对象,该对象封装了事件及事件源的信息。当 JButton 感知到自己被单击后,会将这种感觉(通过事件源注册)传递给相应的监听器对象,例如 ActionListener,该监听器对象之前已被这个事件源对象 JButton 注册过。在事件发生时,系统将自动调用监听器对象的方法 actionPerformed()来调度、处理 JButton 事件。actionPerformed 方法在 ActionListener 接口中被声明,实现这个接口的用户界面类将具体实现这个方法。

Java 为每种事件类型提供一个监听器接口,如表 7-1 所示。

表 7-1　可能引发事件的动作与对应的监听器

引起事件的动作(事件类型)	事件类(对象)	监听器接口类型
单击 button,在文本域中按下回车键,双击列表框中选项,或者选择一个菜单项	ActionEvent	ActionListener
关闭 frame(主窗口)	WindowEvent	WindowListener
在组件上单击鼠标	MouseEvent	MouseListener
鼠标移动组件	MouseEvent	MouseMotionListener
键盘操作	KeyEvent	KeyListener

7.2.2　事件处理方法

在 Java 的每种监听器接口中都声明有这样的方法,例如,接收事件对象并响应该事件的抽象方法,其具体实现由实现这些接口的用户界面类完成。当事件发生时,该用户界面类调用其中相应的方法,来调度、处理发生的事件。

在用户界面类中实现监听器接口的方法还不足以将监听器对象连接到事件源上,还需要把监听器与事件源绑定在一起。例如,为了注册监听单击按钮事件的监听器,需要调用 JButton 对象的 addActionListener()方法,以实现将监听器对象和事件源绑定。

归纳起来,对于动作事件(Action Event),若要对它们进行处理,在 GUI 类中必须做以下几件事:

(1) 创建事件源。事件源通常是组件,如创建事件源语句:

```
Button clearBtn=new Button("Clear");
```

(2) 注册事件源到监听器(绑定)。实现向组件注册事件监听器的方法是 addXXXListener。其中 XXX 代表事件。注册的过程就是调用组件的 addXXXListener()方法。例如:

```
clearBtn.addActionListener(this);
```

(3) 编写具体代码以实现监听器接口 ActionListener 的接收事件、委派事件的方法,例如:

```
public void actionPerformed(ActionEvent e){};
```

利用 if 语句配合 ActionEvent 类的方法 getSource()(返回事件发生的对象)或方法 getActionCommand()(返回按钮名)来决定是哪个组件产生的事件,即获得事件源。

(4) 分别编写对每个事件具体处理的方法,例如,清除文本框中文字的方法:

```
private void clearText(){...}
```

7.3 自定义 GUI 类

Java 提供的 GUI 类或接口提供了人机交互界面最基本的元素和处理机制。要实现应用系统的人机互动还需根据实际需求设计自己的 GUI 类,自定义的 GUI 类通常是主动类,或者说是可以直接运行的类。它与前几章介绍的自定义类有些不同。下面通过不同的例子来说明如何设计、实现 GUI 类。

7.3.1 定义 GUI 类

一个简单的 GUI 类通常需编写以下几个方法。

(1) 编写 GUI 类构造方法(constructor),完成初始化工作。例如:

① 创建所需要的组件。例如,标签 messageLabel 存放标题"Message";文本框 messageText 供用户输入信息;按钮(Button):ClearBtn 和 CloseBtn。

② 创建一个容器 Container 和中间容器 Panel,用于存放组件。例如,一个容器 upperPanel 用于放置组件标签 messageLabel 和文本框 messageText;另一个容器 lowerPanel 用于放置组件按钮 ClearBtn 和 CloseBtn。

③ 将组件添加到相应的容器。

④ 注册事件源到监听器。

(2) 编写实现接口 ActionListener 的方法 actionPerformed(ActionEvent e)。该方法用来捕捉界面事件,即利用 getSource() 方法来捕捉事件对象,当任意一个事件发生时,调用相应的自定义的处理事件的方法来处理该事件。

(3) 编写自定义处理事件的方法:有几个界面事件就需编写几个处理事件的方法。

7.3.2 GUI 类的简单应用

1. 处理按钮事件

例 7-3 设计一个 GUI 类,用户界面设计如图 7-7 所示。要求用户输入信息到文本框中,如果用户单击 Clear 按钮,将清除用户输入到文本框的信息;如果用户单击 Close 按钮,将关闭窗口。

解 根据 7.3.1 节讲述的方法,实现例 7-3 的程序 HandleEvent.java 代码编写如下:

```
// HandleEvent.java
import java.awt.*;              // Font,Color,Layout managers
import javax.swing.*;           // GUI components
import java.awt.event.*;        // ActionEvent,ActionListener

/* 该 HandleEvent 类继承 Java 的 JFrame 类,
并且实现 Java 的 ActionListener 接口 */
public class HandleEvent extends JFrame implements ActionListener {
```

```java
/* 声明全局变量 */
JTextField messageText ;
JButton clearButton,closeButton;
JLabel messageLabel;

/* constructor */
public HandleEvent(){
    /* 创建容器 */
    Container c = this.getContentPane();        // 初始化容器
    c.setLayout(new GridLayout(2,1));           // 布局界面、格局 2 行 1 列
    JPanel upperPanel = new JPanel(new FlowLayout());
    JPanel lowerPanel = new JPanel(new FlowLayout());

    /*创建组件并加组件到相应容器 */
    messageText = new JTextField(10);
    messageLabel = new JLabel("Message: ");
    upperPanel.add(messageLabel);
    upperPanel.add(messageText);
    c.add(upperPanel);                          // 在容器中添加组件 Panel

    clearButton = new JButton("Clear");
    closeButton = new JButton("Close");
    lowerPanel.add(clearButton);
    lowerPanel.add(closeButton);
    c.add( lowerPanel);                         // 在容器中添加组件 Panel

    /* 注册按钮事件到监听器 Frame,以监听按钮事件 */
    clearButton.addActionListener(this);        // this 代表这个 Frame
    closeButton.addActionListener(this);

    this.setSize(300,140);
    this.setTitle("Example of Handling Event");
    this.setVisible(true);
}                                               // end of constructor

public static void main(String[] args){
    new HandleEvent();
}

/* 实现接口 ActionListener 的接收事件和分派事件的 actionPerformed 方法
   当按钮被单击时 actionPerformed 方法被调用 */
public void actionPerformed(ActionEvent e) {
    // 检查哪一个按钮被单击
    if(e.getSource() == clearButton){
```

```
            // 调用自定义的 clearText 方法
            clearText();
        }
        if(e.getSource() == closeButton){
            // 调用自定义的 shutDown 方法
            shutDown();
        }
    }

    /* 清除"clear"按钮事件的处理方法 */
    private void clearText(){
        // 清除文本框的内容
        messageText.setText("");
    }

    /* 关闭窗口事件的处理方法 */
    public void shutDown(){
        // 关闭窗口
        System.exit(0);
    }
}
```

以上程序是一个较完整的、简单的用户界面类，有界面布局、事件响应及简单的事件处理。对于复杂的功能处理，需要与问题域类交互，共同来完成。这是我们提倡的设计模式。

2. 鼠标事件处理

在处理鼠标事件的 GUI 类中需要使用 Java 的 MouseListener 接口或（和）MouseMotionListener 接口。简单说明这两个接口规约的处理鼠标事件的方法。

1) MouseListener 接口处理鼠标事件

MouseListener 接口处理的鼠标事件有 5 种：按下鼠标键、释放鼠标键、单击鼠标键、鼠标进入和鼠标退出。MouseListener 接口中有如下方法，在实现这个接口的 GUI 类需要实现它们。

- mousePressed(MouseEvent e)负责处理鼠标按下事件。
- mouseReleased(MouseEvent e)负责处理鼠标释放事件。
- mouseEntered(MouseEvent e)负责处理鼠标进入容器事件，当鼠标进入时被调用。
- mouseExited(MouseEvent e)负责处理鼠标离开事件，当鼠标离开时被调用。
- mouseClicked(MouseEvent e)负责处理鼠标单击事件，当单击时被调用。

鼠标事件类型是 MouseEvent 类，其主要的方法有：

- getX(),getY()获取鼠标位置。

- getModifiers()获取鼠标左键或右键。
- getClickCount()获取鼠标被单击的次数。
- getSource()获取鼠标发生的事件源。
- 事件源获得监听器的方法是 addMouseListener()。
- 移去监听器的方法是 removeMouseListener()。

2) MouseMotionListener 接口处理鼠标事件

MouseMotionListener 接口处理的鼠标事件有两种：拖动鼠标和鼠标移动。MouseMotionListener 接口中有如下方法：

- mouseDragged()负责处理鼠标拖动事件,当鼠标拖动时被调用。
- mouseMoved()负责处理鼠标移动事件,当鼠标移动时被调用。

鼠标事件的类型也是 MouseEvent。

事件源获得监听器的方法是 addMouseMotionListener()。

当需要在界面上用鼠标画线段或其他形状时需用到这个接口。下面举例说明如何用 MouseListener 接口处理鼠标事件。

例 7-4 编写扑捉鼠标单击等的事件的 GUI 类。例如,当鼠标按下或释放等事件发生时,要求显示相应文字。

解 实现例 7-4 的 GUI 类的代码编写如下：

```
// MouseE.java
import java.awt.event.*;
import javax.swing.*;
public class MouseE extends JFrame implements MouseListener {
    private int i = 0;

    // 声明字符串数组,存放将要显示的文字
    private String[] msgs = { " Java is fun!"," Java is powerful!" };
    // 声明标签用来承载显示的文字,且标签居中
    private JLabel lbl = new JLabel(msgs[index],JLabel.CENTER);

    // constructor
    public MouseE() {
        this.setTitle("鼠标事件处理");
        this.setSize(300,100);

        this.add(lbl);
        lbl.setFocusable(false);
        addMouseListener(this);

        // 关闭程序运行窗口
        this.setDefaultCloseOperation(JFrame.EXIT_ON_CLOSE);
        this.setVisible(true);
    }
```

```
// * / 实现接口 MouseListener 中的方法 * /
public void mouseClicked(MouseEvent e) {
    i = i == 0?1:0;            // 等价于 if i == 1 then i = 0 else i = 1
    lbl.setText(msgs[index]);
}
public void mouseEntered(MouseEvent e) {
}
public void mouseExited(MouseEvent e) {
}
public void mousePressed(MouseEvent e) {
    lbl.setText("鼠标按键按下");
}
public void mouseReleased(MouseEvent e) {
    lbl.setText("鼠标按键释放");
}
}
```

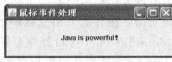

图 7-9 例 7-4 运行结果

当单击鼠标时,程序运行结果之一如图 7-9 所示。

程序说明:由于类 MouseE 要实现接口 MouseListener,所以在类 MouseE 中必须实现接口 MouseListener 中的所有方法,尽管有些方法在类 MouseE 不需要。例如方法 mouseEntered(MouseEvent e){ }等,否则编译通不过。

3. 键盘事件处理

在处理键盘事件的 GUI 类中需要使用 Java 的 KeyListener 接口。KeyListener 接口处理的键盘事件有:敲完键(KEY-TYPED)、按下键(KEY-PRESSED)、释放键(KEY-RELEASE)。

KeyListener 接口规约的键盘事件处理有以下 3 个方法:
- keyPressed(KeyEvent e)负责处理按键事件,键按下时被调用。
- keyReleased(KeyEvent e)负责处理释放键事件,键释放时被调用。
- keyTyped(KeyEvent e)负责处理敲键事件,键敲完时被调用。

键盘事件源使用 addKeyListener()方法获得监视器。键盘事件的类型是 KeyEvent 类,其中主要方法有:
- getKeyCode()获取键盘输入的整型数据。
- getKeyChar()获取键盘输入的字符。

例 7-5 编写一个 GUI 类。要求当按下键盘中某个字符键时,界面上要显示这个字符,并显示事件名。

解 实现例 7-5 的 GUI 类编写如下:

```
// KeyDemo.java
import java.awt.*;
```

```java
import java.awt.event.*;
import javax.swing.*;

public class KeyDemo extends JFrame implements KeyListener{
    JLabel lab = new JLabel();

    // constructor
    public KeyDemo() {
        add(lab);
        // 设置标签文字水平对齐方式为居中
        lab.setHorizontalAlignment(SwingConstants.CENTER);
        // 设置字体
        lab.setFont(new Font("Serif",Font.ITALIC,25));
        // 设置前景色
        lab.setForeground(Color.RED);
        this.setTitle("键盘事件处理");
        this.setSize(350,200);
        // 窗口居中
        this.setLocationRelativeTo(this);
        this.setVisible(true);
        // 窗口关闭动作处理
        this.setDefaultCloseOperation(JFrame.EXIT_ON_CLOSE);
        // 添加注册键盘事件监听器
        this.addKeyListener(this);
    }

    public static void main(String[] args){
        new KeyDemo();
    }

    /* 实现接口 KeyListener 中的方法 */
    public void keyTyped(KeyEvent e) {                  // 敲击
    }
    public void keyPressed(KeyEvent e) {                // 按下
        lab.setText("键盘字符为 " + e.getKeyChar() + "; 事件: key down");
    }
    public void keyReleased(KeyEvent e) {               // 释放
        lab.setText("键盘代码为 " + e.getKeyCode() + "; 事件: key up");
    }
}
```

按下 Ctrl 键时，程序运行结果如图 7-10 所示。

图 7-10　程序运行结果

7.4 用户界面类与问题域类的交互

在第 4、5 章介绍了问题域类如何定义(编码实现),问题域类的功能也都是通过 Tester 程序在 DOS 界面上显示的,没有图形界面。在本节将介绍图形界面类如何与问题域类交互来完成用户要求的功能,并将输入、输出结果显示在图形用户界面上。

7.4.1 实现交互的步骤

下面举例说明如何实现用户界面类与问题域类的交互以共同完成某些功能。

例 7-6 设计和实现计算圆的面积和周长。要求用户通过界面输入圆的半径,并显示计算结果。

解 首先找出问题域中的类,画出问题域类图,根据类图和类的说明定义类;然后设计用户界面,根据设计的界面编写用户界面类,以实现人机交互和用户界面类与问题域类的交互。解题步骤如下:

(1) 问题域类的设计。

据题意知,该问题域很简单,仅计算圆的面积和周长。因此,问题域类只有一个类:圆,取名为 Circle。其属性只有一个,即"半径",方法应有两个,分别计算圆的面积和周长。该问题域类图如图 7-11 所示。

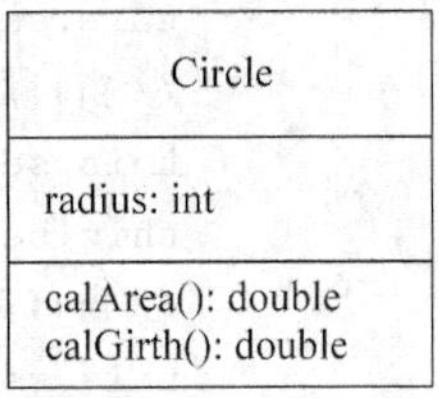

Circle
radius: int
calArea(): double calGirth(): double

图 7-11 Circle 类图

(2) 定义 Circle 类。

根据 Circle 类图定义 Circle 类如下:

```java
// Circle.java
public class Circle{
    private int radius;
    // 构造方法
    public Circle( int theRadius){
        setRadius(theRadius);
    }
    // 计算周长
    public double calGirth() {
        return 2 * 3.14159 * radius;
    }
    // 计算面积
    public double calArea(){
        return 3.14159 * radius * radius;
    }
    // Getters
    public int getRadius(){
        return radius;
```

```
    }
    // Setters
    public void setRadius (int radius){
        this.radius = radius;
    }
}
```

(3) 用户界面设计。

用户界面设计的基本要求如下：

- 对于用户来说，界面须清晰明了，容易上手，操作简单。
- 对于开发者来说，界面要容易实现和维护。

在进行用户界面设计时要在界面上布局各种功能组件，一般应按功能分区，界面要简洁，风格要一致，色彩要协调。详细的用户界面设计原则见 7.5 节。

本例用户界面设计如图 7-12 所示。

(4) 定义用户界面类。

图 7-12 例 7-6 用户界面设计

在面向对象的程序设计中，要实现界面上显示的功能，GUI 类必须与问题域类交互，即在 GUI 类中需创建问题域类的实例，然后调用问题域类的方法成员以完成所需功能。本例的用户界面类编写如下。

```
// CalculateDemo.java
import java.awt.*;
import javax.swing.*;
import java.awt.event.*;
import java.text.DecimalFormat;                    // 引入数字格式化类

public class CalculateDemo extends JFrame implements ActionListener{
    /*声明全局变量*/
    Circle theCircle;                              // 声明 Circle 类的引用变量
    JTextField messageText;
    JTextArea resultText ;
    JButton calBtn;
    JButton closeBtn;

    // Constructor
    public CalculateDemo () {
        super("计算圆的面积和周长");

        /*创建容器*/
        Container c = this.getContentPane();
        c.setLayout(new FlowLayout());
        JPanel centerPanel = new JPanel(new FlowLayout());

        /*创建组件标签、文本框和按钮*/
```

```java
        messageText = new JTextField(5);
        JLabel messageLabel = new JLabel("输入圆的半径：");
        calBtn = new JButton("计算");
        closeBtn = new JButton("关闭窗口");
        resultText = new JTextArea ("计算结果：",4,20);

        /*添加组件到容器*/
        centerPanel.add(messageLabel);
        centerPanel.add(messageText);
        centerPanel.add( calBtn );
        centerPanel.add( closeBtn );
        c.add(centerPanel);
        c.add( resultText);

        /*注册事件到监听器*/
        calBtn.addActionListener(this);
        closeBtn.addActionListener(this);

        this.setDefaultCloseOperation(JFrame.EXIT_ON_CLOSE);
        this.setSize(360,170);
        this.setVisible(true);
    }                                                    // end of constructor

    public static void main(String args[]){
        // create instance of Frame
        new CalculateDemo ();
    }

    /*实现接口 ActionListener 的方法*/
    // actionPerformed is invoked when a Button is clicked
    public void actionPerformed(ActionEvent e) {
        // 判断事件源是否是"计算"按钮
        if(e.getSource() == calBtn){
            calculate();                                 // 调用本类"计算"方法
        }
        // 判断事件源是否是"关闭窗口"按钮
        if(e.getSource() == closeBtn){
            shutDown();                                  // 调用本类关闭窗口方法
        }
    }

    /*处理按钮"计算"事件的方法*/
    private void calculate(){
        String message = messageText.getText();
        // 如果用户没有输入数据,则弹出信息对话框提示输入半径
```

```
            if(message.length() == 0)
                JOptionPane.showMessageDialog(null,"请输入圆的半径!","提示",1);
            else{
                // 将字符串转换成整型
                int radius = Integer.parseInt(message);
                // 创建 Circle 类的实例
                theCircle = new Circle(radius);
                /* 调用 Circle 类的方法获得圆的半径,计算周长和面积
                int theRadius = theCircle.getRadius();  // 调用 Circle 的方法
                double girth = theCircle.calGirth();
                double area = theCircle.calArea();

                /*在文本区域中显示计算的结果,小数点后保留两位 */
                resultText .setText("计算结果如下: ");   // 清除文本区域框
                resultText .append("\n 圆的半径" + theRadius );
                resultText .append("\n 圆的周长是"
                        + new DecimalFormat("#.00").format(girth));
                resultText .append("\n 圆的面积是"
                        + new DecimalFormat("#.00").format(area));
            }
        }

        // 处理关闭窗口事件的方法
        public void shutDown(){
            System.exit(0);
        }
    }
```

程序运行后将显示一个用户界面,当用户输入圆的半径为 66,并且单击"计算"按钮后,在文本区域框中显示计算结果,如图 7-13 所示。

如果用户没有输入数据,单击"计算"按钮后,将出现提示信息小窗口,如图 7-14 所示。

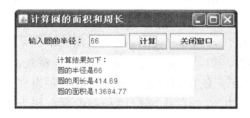

图 7-13　程序运行结果显示

图 7-14　提示信息显示

7.4.2　用户界面与业务逻辑分离的好处

将用户界面与业务逻辑分开处理的好处,在例 7-6 中可以看出端倪。例如,如果用户对界面设计不太满意,只需修改 GUI 类 CalculateDemo,使之满足用户要求即可,而问题

域类 Circle 不需要做任何改变；如果用户要求在上例的基础上增加功能要求，如增加画圆形的功能，则主要工作是修改问题域类 Circle，增加一个画圆形的方法，在 GUI 类 CalculateDemo 中，只需增加一个画圆的按钮即相关事件处理即可。对于大的应用系统，分层设计的好处更加显现。对于初学者来说，养成好的程序设计方法和习惯是非常重要的。

例 7-6 程序中处理数字格式时用到了 Java 提供 DecimalFormat 类，该类可帮你用最快的速度将数字格式化成你需要的格式。DecimalFormat 类主要靠♯和 0 两种占位符号来指定数字长度。0 表示如果位数不足则以 0 填充，♯表示只要有可能就把数字拉上这个位置。如果你想了解更多，请参考 java.text.DecimalFormat 类的文档。

7.5 用户界面设计的原则

开发工具 Eclipes 可以通过加插件在窗体上拖曳组件的方式为用户界面设计提供非常简便的方法。用户界面的设计和规划不仅影响到它本身外观的可观赏性，而且对于应用程序的可操作性也有很重要的作用。一个优秀的程序员在设计应用程序时，总是从用户角度出发，以方便用户的使用为程序设计的目标。由于用户第一次接触应用程序就是从界面开始的，因此如何设计应用程序的界面从某种意义上来说是很重要的。

大多数用户界面设计的原则包括对颜色、文字和框架的设计的要求。在界面设计开始之前，可以先将设计的界面画在纸上，然后考虑哪些组件是必需的，组件的位置、大小、一致性编排及各组件之间的联系等。在开始制作界面之前做一点简单设计会加快应用程序的设计进程。用户界面设计原则主要包括以下几点。

(1) 组件位置的安排。

在绝大多数的程序界面设计中，并不是所有的元素都具有相同的重要性，所以应抓住重点。将较重要的元素定位在对用户来说处在一目了然的位置，重要的和需要经常访问的元素应当处于显著的位置，次要的元素则应当处于次要的位置。习惯的阅读顺序一般是从左到右，从上到下，因此，最重要的元素应当放在左边和上面。另外，按照组件在功能上的联系，应将它们放在一起，便于用户使用。

(2) 组件风格的一致性。

在应用程序中保持不同组件风格的一致性，对提高应用程序的可用度来说是非常重要的。一致性的外观体现应用程序的协调性。如果缺乏一致性就会使界面混乱而无序，这样的界面将会使应用程序看起来混乱，给用户的使用带来不便。当有多种组件被同时利用时，要尽可能使它们采用同一风格。例如，在组件中要使用相同的颜色作为背景色等，并且要坚持用同一种风格贯穿整个应用系统的界面。

(3) 保持界面的简洁。

界面设计最重要的原则就是简洁明了。在界面上，应当形成一种简洁明了的布局。一个界面上有太多的组件会导致界面杂乱无章，给用户寻找所需内容或组件带来不便或困难。在设计中也需要插入空白空间来突出设计的元素。行列整齐、行距一致的界面安排也会使界面容易阅读。

(4) 合理利用颜色和图像。

在界面上使用颜色可以增加视觉上的感染力,如果在开始设计时没有仔细地考虑,颜色不恰当也会出现许多问题。每个人对颜色的喜爱有很大的不同,用户的品味也会各不相同。如果是普通用户程序,一般来说,采用一些柔和的、更中性化的颜色,少用明亮色彩可以有效地突出或吸引人们对重要区域的注意。同时应当尽量限制应用程序所用颜色的种类,而且色调也应保持一致。

另外,图片与图标的使用也会增加应用程序在视觉上的影响,在某些时候不用文本而利用图像可以更形象地传达信息。但是,考虑速度问题,在设计自己的图标与图像或使用他人图标与图像,应尽量使它们简单。

(5) 容易实现和维护。

界面设计时还须考虑是否容易实现,以及以后的维护工作。

7.6 本章小结

用户界面是计算机软件与用户交互的接口,是衡量软件质量的一个重要指标。如何设计出一个好的用户界面,是开发人员必须理解和认识的基本知识。本章主要介绍了用户界面的基本知识,包括:什么是用户界面;用户界面的设计原则;如何利用 Java 提供的事件处理机制来定义用户界面类,以及如何实现用户界面类与问题域类的交互,从而共同完成用户需要的功能。用户界面类属于三层程序设计模式中的表示层,用来实现人机交互。问题域类属于事务逻辑层,用来实现应用系统的业务逻辑部分。第 8 章将介绍程序设计模式中的第三层数据访问层。

练 习 题

1. 使用 Swing 中的组件创建图题 7-1 所示的用户界面。

图题 7-1

2. Java 中有哪些布局管理器？各有什么特点？
3. 找出下列各题中的错误，并解释如何改正错误。
(1) panelObject.GridLayout(8,8);
(2) container.setLayout(new FlowLayout(FlowLayout.DEFAULT));
(3) container.add(button,EAST);
4. 什么是事件源？事件的处理过程是什么？
5. 常用的事件都有哪些？它们所对应的事件源有哪些？
6. Java 的 GUI 类中事件处理程序需要包括哪三个部分？
7. 选择下列正确的选项：监听事件和处理事件_____。
   A. 都由 Listener 完成
   B. 都由在相应事件 Listener 处注册过的组件完成
   C. 由 Listener 和组件分别完成
   D. 由 Listener 和窗口分别完成
8. 实现图题 7-2 所示的界面，通过选择按钮中的选项来设置标签组件的内容，即在标签组件中显示你的选择。

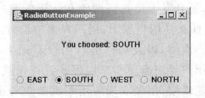

图题 7-2

9. 设计并实现一个简单的加、减、乘、除计算器。
10. 设计一个 Student 类并编写代码，Student 类的属性有姓名、出生年、月、日；自定义的方法：至少包括计算学生年龄的方法 calAge()。编写一个 GUI 类，输入学生的姓名和出生年、月、日，由此创建这个 Student 对象，调用 Student 类的方法 calAge()，计算出该学生的年龄，并将年龄显示在用户界面上。

第 8 章

数据持久化和数据访问的实现

前面已讲述了三层设计模式中用户界面层和事务逻辑层类的设计和实现,本章将介绍数据访问层类的设计和实现。大多数软件应用系统都会涉及用户输入的数据和从其他设备获取的数据,这些数据通常需要长期保存,供查询(检索)或分析用。如何实现保存数据、维护数据,即增加、修改、删除和查询数据呢? 这些有关数据访问的问题是本章要解决的主要问题。

本章要点
- 什么是数据持久化以及数据存放的形式;
- 数据库以及基本的 SQL 语句简介;
- 如何设计数据库表;
- 数据访问类(DA 类)的设计;
- 问题域类与数据访问类如何交互完成数据的访问。

8.1 数据持久化

数据持久化(data persistence),顾名思义就是把程序中的数据以某种形式保存到某种存储介质中,以达到持久化的目的。

当程序运行时,一些数据是临时保存在内存中,一旦退出系统,这些数据就会丢失。如果使用某种手段将数据保存在文件或数据库中,这些数据文件和数据库文件又都保存在存储介质上,这样即使退出应用系统,在重新启动系统后,这些数据仍然可以重新找回来。例如,用户向某个应用系统新输入了个人信息,这个应用系统需要将新输入的信息保存起来,以便以后需要时可以检索出来。这种将数据从内存保存到数据库中,便是数据的持久化。当然,数据库只是保存数据的一种方式,数据也可以用文件的形式保存在永久存储介质中。数据持久化过程如图 8-1 所示。

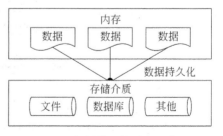

图 8-1 数据持久化过程示意图

在图 8-1 中，文件和数据库是数据存储的形式，存储介质通常是硬盘(磁盘)、磁带和光盘等。

一般有两种方法实现数据持久化：一种是只存储类的属性(attribute storage)；另一种是存储对象(object storage)。

(1) 存储类的属性值：只需将类的属性部分保存到存储介质上。当需要时，检索出属性值，然后再实例化这个类。

(2) 存储对象：将整个创建的实例(属性和方法)保存到存储介质上。当需要时，检索完整的实例，不必重新创建这个实例。

目前使数据持久的方法主要采用存储类的属性值。

8.2 文件及访问

文件是保存数据的形式之一。文件可以被认为是相关记录或放在一起的数据的集合。文件有文件名，可以长期存储在磁盘、光盘或磁带上。Java 把文件的输入和输出看做是数据流，根据文件的输入(读入)和输出(写出)的方法不同，把文件分成顺序文件和随机文件。文件的读和写都是相对于内存而言的，读文件是指从其他地方把数据放进内存，写文件是指把数据从内存推出去到存储介质上。

8.2.1 文件的数据结构

文件由若干个记录(record)组成，每个记录由若干个域(Field)组成，而每个域又由若干个字节组成，每个字节又由 8 位二进制数位(bit)组成。文件的数据结构如图 8-2 所示。

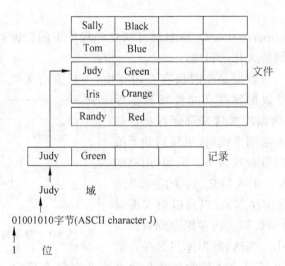

图 8-2 文件的数据结构示意图

8.2.2 Java I/O 包

Java 支持以下几种方式读写文件的内容。

(1) 按字节读写文件内容。即以字节为单位顺序读、写文件的内容,也称为字节流(binary stream)输入、输出。这种方式常用于读二进制文件,如图片、声音、影像等文件。

(2) 按字符读写文件内容。即以字符为单位顺序读、写文件的内容,也称为字符流(character stream)输入、输出。这种方式常用于读文本、数字等类型的文件。

(3) 随机读写文件的内容。即可随意根据文件位置指针读、写文件的内容。

在 Java 中,支持文件输入、输出的类都在 java.io 包中。基本的文件输入、输出的类有:File、FileInputStream 和 FileOutputStream 类、FileWrite 和 FileReader 类,以及 RandomAccessFile 类。下面分别简要介绍。

1. File 类

File 类主要用于获取文件本身的一些信息。例如,文件所在的目录、文件的长度等。

File 类的构造方法有以下几种,创建 File 类实例时可根据实际情况选择使用。

- File(String filename),其中参数 filename 是文件名。
- File(String directoryPath, String filename),其中参数 directoryPath 是文件的路径。
- File(File f, String filename),其中参数 f 是指定的一个文件。

File 类的基本方法主要有以下几种。

- String getName():获取文件的名字。
- boolean exists():判断文件是否存在。
- long length():获取文件的长度(单位是字节)。
- boolean isFile():判断是否是一个文件。

2. FileInputStream 类

FileInputStream(字节输入流)类可实现以字节为单位顺序读取文件的内容到内存,所用的方法是 read(),关闭字节输入流使用方法 close()。创建 FileInputStream 类的实例也称为创建文件字节输入流。

FileInputStream 类的构造方法有以下几种,创建 FileInputStream 类实例时可根据实际情况选择使用。

- FileInputStream (String filename),其中参数 filename 是文件名(包括路径),用给定的文件名创建一个 FileInputStream 实例,用来打开一个到达该文件的输入流,这个文件就是源文件(在外存上)。
- FileInputStream (File f),其中参数 f 是指定的一个文件。用来指定要打开哪个文件。

3. FileOutputStream 类

FileOutputStream(字节输出流)类用于实现以字节为单位顺序写数据到文件,所用的方法是 write(),关闭字节输出流使用方法 close()。创建 FileOutputStream 类的实例也称为创建文件字节输出流。

FileOutputStream 类的构造方法有以下几种,创建 FileOutputStream 类实例时可根据实际情况选择使用。

- FileOutputStream (String filename),其中参数 filename 是文件名。
- FileOutputStream (File f),其中参数 f 是指定的一个文件。

4. FileReader 类

FileReader(字符输入流)类用于实现以字符为单位从文件中顺序输入字符流到内存,使用的方法是 read(),关闭字符输入流使用方法 close()。

FileReader 类的构造方法有以下几种,创建 FileReader 类实例时可根据实际情况选择使用。

- FileReader (String filename)
- FileReader (File filename)

5. FileWriter 类

FileWriter(字符输出流)类支持以字符为单位顺序地将字符流输出到文件,使用的方法是 write(),关闭字符输出流使用方法 close()。

FileWriter 类的构造方法有以下几种,创建 FileWriter 类实例时可根据实际情况选择使用。

- FileWriter (String filename)
- FileWriter (File filename)

6. RandomAccessFile 类

RandomAccessFile(随机访问)类支持随机读、写文件。RandomAccessFile 类提供了很多文件的读和写的方法,如 readline、writeBytes 等。

RandomAccessFile 类的构造方法有以下几种,创建 RandomAccessFile 类实例时可根据实际情况选择使用。

- RandomAccessFile(String filename,String mode),其中参数 filename 是文件名,参数 mode 可能的形式是 r(只读)或 rw(可读写)。
- RandomAccessFile(File filename,String mode),其中参数 filename 是文件名,参数 mode 可能的形式是 r(只读)或 rw(可读写)。

下面通过例子来说明文件的创建以及文件的输入和输出。

8.2.3 创建一个文件

使用 File 类创建文件对象。

例 8-1 创建一个文本文件 myFile.txt，并显示这个文件的有关信息，如文件名、路径等。

解 编写创建文本文件 myFile.txt 并显示该文件的有关信息的代码如下：

```java
// CreateFile.java
import java.io.File;                    // 导入 Java 的 File 类
import java.io.IOException;             // 导入 Java 的 IOException 类
public class CreateFile {
    public static void main(String[] args){
        try {
            // 创建一个文件 myfile.txt
            File file = new File("myfile.txt");
            // 如果该文件创建成功,则显示"Success!"
            if (file.createNewFile())    // 判断文件是否是新创建的
                System.out.println("Successfully!");
            // 否则显示"file already exists."
            else
                System.out.println("file already exists.");

            // 在屏幕上显示文件有关信息
            System.out.println("文件或目录是否存在?" + file.exists());
            System.out.println("是目录吗?" + file.isDirectory());
            System.out.println("文件名称:" + file .getName());
            System.out.println("绝对路径: " + file.getAbsolutePath());
        }
        catch (IOException ioe) {
            ioe.printStackTrace();
        }
    }
}
```

首次运行以上程序，运行结果显示如下：

```
Successfully!
文件或目录是否存在?true
是文件吗?true
是目录吗?false
文件名称: myfile.txt
```

在文件创建时可能会出现异常，例如，存储文件的介质有问题，文件路径不存在等。所以编写创建文件语句时要使用 try-catch 语句来捕捉可能出现的异常。有关程序的说明可见源程序中的注释。

8.2.4 顺序文件的读和写

顺序文件,即顺序访问文件。也就是说,读或写文件必须按顺序从头开始读或写,不能随意插入、删除一个文件流中的记录。因此,如果更新顺序文件的一个记录,也需要对整个文件重新写一遍。顺序文件可以是字节流或字符流。

1. 按字节写文件

按字节写文件,即以字节为单位顺序将数据从内存输出到文件,使用 FileOutputStream 类的构造方法 FileOutputStream(String filename)或 FileOutputStream(File filename)创建输出文件流,调用其方法 write 实现以字节为单位按顺序向文件写数据。注意,只要不关闭这个输出文件流,每次调用 write 方法,就可顺序地向文件写数据。

例 8-2 将字符串"Welcome you!"写入文件 hello.txt 中。

解 编写题目要求的程序代码如下:

```java
// CreateFile1.java
import java.io.*;                              // 导入 Java 的输入、输出包
/* 按字节写文件内容 */
public class CreateFile1 {
    public static void main(String[] args) {
        // 创建字节型数组实例,并将字符串转换成字节放在该字节型数组中
        byte[] message = "Welcome you!".getBytes();
        try{
            // 创建一个输出文件流,文件名为 hello.txt
            FileOutputStream out = new FileOutputStream("hello.txt");

            // 写数据到当前目录下的文件 hello.txt
            out.write(message);
            System.out.println("文件写成功!");

            // 关闭文件输出流
            out.close();
        }
        catch (IOException e) {
            System.out.println("Error" + e);
        }
    }
}
```

程序运行结束后,将在当前目录中生成一个文本文件,文件名为 hello.txt,该文件的内容是"Welcome you!"。

由于文件流在输入/输出时可能会出现各种异常,例如,输入/输出接口有问题,硬盘

有问题等,所以编写输入/输出文件流的代码时,需要使用 try-catch 语句来捕捉可能出现的 IOException 异常。

程序中语句 out.close();实现关闭文件输出流。良好的编程习惯之一就是:当创建了一个输入/输出流,在工作结束后一定要关闭这个文件流,以释放系统的资源。

2. 按字节读文件

按字节读文件,即以字节为单位顺序将文件的内容输入到内存。使用 FileInputStream 类,创建 FileInputStream 的实例打开一个文件输入流,调用 read 方法顺序地以字节为单位读入数据。

例 8-3 将当前目录下的文件 hello.txt 中的内容读出并显示。

解 编写的程序代码如下:

```
// CreateFile2.java
import java.io.*;
/* 按字节读文件内容 */
public class CreateFile2 {
    public static void main(String[] args) {

        // 创建字节类数组用于存放读出的信息
        byte[] message = new byte[14];

        try{
            // 创建一个文件实例 myFile
            File myFile = new File("hello.txt");

            // 创建一个输入文件流
            FileInputStream in = new FileInputStream(myFile);
            in.read(message);                    // 读数据到字节类型数组 message

            // 转换 message 字节为字符串,以便显示
            String text = new String(message);
            System.out.println(text);

            in.close();                          // 关闭文件
        }
        catch (IOException e) {
            System.out.println("File read Error" + e);
        }
    }
}
```

程序运行结果显示如下:

```
Welcome you!
```

3. 按字符读、写文件

按字符写文件，即以字符为单位顺序将文件的内容输入/输出。使用 FileReader 类的构造方法创建一个 FileReader 实例，调用 read 方法实现以字符为单位从文件顺序读入数据到内存。类似地，按字符写文件，使用 FileWrite 类的构造方法创建一个 FileWrite 实例，调用 write 方法实现以字符为单位顺序输出数据到文件。

例 8-4 将信息"华中科技大学软件学院"按字符流的方式写入当前目录下的文件 testing.txt 中，然后按字符流的方式从文件 testing.txt 中读出并显示。

解 编写程序代码如下：

```java
// createFile3.java
import java.io.*;
/* 按字符读写文件内容 */
public class CreateFile3 {
    public static void main(String[] args) {

        // 创建字符型数组实例,并将此实例中的字符转换成 Unicode 字符放在该数组中
        char[] message = "华中科技大学软件学院".toCharArray();
        try{
            // 创建文件实例
            File myFile = new File("testing.txt");

            /* 下面是写字符流 */
            FileWriter out = new FileWriter (myFile);          // 创建字符输出流
            out.write(message);                                 // 写数据到文件
            out.close();                                        // 关闭输出流
            System.out.println("文件写成功!" + message);

            /* 下面是读字符流 */
            FileReader in = new FileReader(myFile);             // 创建字符输入流
            char[] text = new char[10];                         // 创建字符数组
            in.read(text);                                      // 读数据到字符数组
            String text1 = new String(text);
            System.out.println(text1);
            in.close();                                         // 关闭文件
        }
        catch (IOException e) {
            System.out.println("File read /write Error" + e);
        }
    }
}
```

程序运行结果显示如下：

文件写成功![C@107077e
华中科技大学软件学院

除了以上介绍的顺序文件的读、写方法外,Java还提供有其他的类实现读、写文件,如 BufferedReader 类和 BufferedWriter 类,这两个类分别实现字符流的输入和输出,比 FileReader 类和 FileWriter 类具有更强的读、写能力。

8.2.5 随机文件的读和写

输入流 FileInputStream 和输出流 FileOutputStream,实现的是对磁盘文件的顺序读、写,而且读、写要分别创建不同的对象。相比之下 RandomAccessFile 类则可对文件实现随机读、写操作,即可以随机地读取一个文件中指定位置的记录和写记录到文件指定的位置。为方便随机读、写,要求随机文件的每个记录的字节数相等。实现随机读、写是靠随机文件流的位置指针定位的。

RandomAccessFile 对象的文件位置指针遵循下面的规则:
- 新建 RandomAccessFile 对象的文件位置指针位于文件的开头处。
- 每次读、写操作之后,文件位置的指针都会相应后移到读、写的字节数处。
- 可以通过 getFilePointer()方法来获得位置指针的值,通过 seek 方法来设置文件指针的位置,由此读出指针指向的记录。

例 8-5 将若干个学生的信息存入文本文件 students.txt(假设要存入的每个学生信息是姓名、学号。每一个学生的信息是一条记录),然后,按规定的顺序读取记录:
① 读第二个学生记录。
② 读第一个学生记录。
③ 读第三个学生记录。

解 先定义问题域(PD)类 Student;然后编写一个主动类(Java Application)以控制操作流程。这两个类(对象)交互共同完成随机读、写学生记录。

(1) 定义 Student 类。

```
// Student.java
public class Student{
    private String name;
    private String studentID;

    // constructor
    public Student(String name,String studentID) {
        setName( name) ;
        setStudentID(studentID);
    }

    /* getters and setters */
    public String getName() {
        return name;
```

```java
    }
    public void setName(String name) {
        this.name = name;
    }
    public String getStudentID() {
        return studentID;
    }
    public void setStudentID(String studentID) {
        this.studentID = studentID;
    }
}
```

(2) 编写一个能随机读、写3个学生的记录的主动类。

先创建3个Student实例,然后写出学生记录到文件student.txt,再随机读入。注意每个记录的长度应相等,以便容易确定要读、写记录的位置。因为一个汉字两个字节,名字的长度最长是4个字,8个字节,学号长度8个字节,故一个记录共16个字节。编写的程序代码如下:

```java
// TestRandomIO.java
import java.io.*;
public class TestRandomIO {
    public static void main(String[] args){

            // 创建3个Student实例
            Student stu1 = new Student("上官明珠","20100001");
            Student stu2 = new Student("王小平 ","20100002");
            Student stu3 = new Student("田华  ","20100003");

            // 声明RandomAccessFile类的引用变量,并初始化
            RandomAccessFile randomW = null;
            RandomAccessFile randomR = null;
            try{
                /*下面是写文件 */
                // 创建RandomAccessFile实例(输出流)
                randomW = new RandomAccessFile("student.txt","rw");

                // 将stu1属性的字符串转换为字节输出
                randomW.write(stu1.getName().getBytes());
                randomW.write(stu1.getStudentID().getBytes());

                // 将stu2属性的字符串转换为字节输出
                randomW.write(stu2.getName().getBytes());
                randomW.write(stu2.getStudentID().getBytes());
```

```java
// 将 stu3 属性的字符串转换为字节输出
randomW.write(stu3.getName().getBytes());
randomW.write(stu3.getStudentID().getBytes());

// 关闭输出流
randomW.close();

/* 下面是读文件 */
int len = 0;                        // 声明变量 len 用以存放读出的字节数
String str = null;                  // 声明变量用以存放读出的记录

// 每个学生记录的长度为 16 个字节
byte buf[] = new byte[16];

// 创建 RandomAccessFile 实例(输入流)
randomR = new RandomAccessFile("student.txt","r");

// ------读第二个记录 stu2 的属性 name,studentID
// 跳过 16 个字节,将指针指向第二个记录
randomR.skipBytes(16);
// 显示当前指针位置
System.out.println ("指针位置: " + randomR.getFilePointer());

// 从文件中读的字节放在字节数组中,并返回读取字节的个数
len = randomR.read(buf);

// 将字节数组 buf[]中的全部内容转为 String 类型
str = new String(buf,0,len);
System.out.println ("第二个记录:" + str);

// ------读第一个记录 stu1 的属性 name,StudentID
randomR.seek(0);                                         // 对指示器进行定位
System.out.println (randomR.getFilePointer());           // 指针位置
len = randomR.read(buf);                                 // 读取 16 个字节
str = new String(buf,0,len);
System.out.println ("第一个记录:" + str);

// ------读第三个记录 stu3 的属性 name,StudentID
randomR.skipBytes(16);
System.out.println ("指针位置: " + randomR.getFilePointer());
len = randomR.read(buf);
str = new String(buf,0,len);
System.out.println ("第三个记录:" + str + ":" + randomR.read());
randomR.close();                                         // 关闭输入流
```

```
            }
            catch (FileNotFoundException e) {
                e.printStackTrace();
            }
            catch (IOException e) {
                e.printStackTrace();
            }
        }
    }
```

运行 TestRandomIO 程序,结果显示如下:

指针位置:16
第二个记录:王小平　　20100001
第一个记录:上官明珠　20100002
指针位置:32
第三个记录:田华　　　20100003:-1

在以上的例子中,为了简单起见,把要写入文件的数据都直接写在程序中。在实际应用中,写入到文件的数据是通过用户界面输入的,或从其他文件中获取。通常有两种方式实现用户输入:一种是通过图形用户界面 GUI 类;另一种是通过控制台输入。前一种方法已在第 7 章介绍。后一种方法可以使用 Java 的 Formatter 类和 Scanner 类来实现。

8.3　数据库及 SQL

数据库是存储数据的另一种形式。因为用文件形式存储数据有一定的局限性,例如,要求查询满足某种条件的数据,以上文件存储形式很难做到。因此,某些应用系统,当有大量数据需要保存、查询、修改时,通常都选择数据库来存放、管理数据。目前最常用的是关系数据库,如 SQL Server 数据库管理系统、Oracle 数据库管理系统等。大型的应用系统一般采用 SQL Server、Oracle 等数据库管理系统;小型的应用系统可采用 Microsoft 的 Access 数据库管理系统。

8.3.1　Access 数据库管理系统

数据库是数据或信息的集合,数据库管理系统则提供各种工具来组织和管理这些数据或信息,以便它们能容易地被保存、查询、修改、删除,以及保证信息的安全。各种数据库管理系统虽各有其特点,但基本原理相似。为了便于教学,下面以 Access 数据库管理系统为例,介绍如何建立数据库,如何创建数据表。

1. 建立数据库

在 Access 数据库管理系统中可以建立多个数据库用于不同的应用系统,每个数据库有不同的名字,假设要建立的数据库名为 phonebook。建立数据库方法有多种,下面给出

一种建立数据库的方法,其步骤如下:

(1) 单击 Microsoft Office Access,打开 MS Access 数据库管理系统界面。

(2) 在菜单栏选择 File→New File。

(3) 单击右边 Blank database,弹出存储文件小窗口,选择存放文件的目录,在文件名处输入数据库名 phonebook,单击 Creat 按钮,出现 phonebook 数据库管理的界面。这样数据库 phonebook 就建好了。

注意:Access 的数据库文件名的后缀是.mdb,如 phonebook.mdb。关闭后再打开这个数据库,只要在存放该数据库的文件目录中,双击这个数据库文件名即可。

2. 创建数据表及数据表结构的设计

数据库中的数据是以数据表的形式存放的。一个数据表由行和列组成,每一行存放一条记录,每一列代表一个域或字段。每个表都有一个主键(Primary Key)用来唯一地确定一条记录。

通常数据表用来存放问题域类的属性值。例如,在模拟手机电话簿的应用系统中问题域类有联系人 Contact 和电话 Phone。它们的属性如表 8-1 所示。

表 8-1 Contact 类和 Phone 类的属性列表

类名	属性	说明
Contact	contactID	联系人的 ID,数据类型:int
	name	联系人的名字,数据类型:String
	isFreqContact	常用联系人,数据类型:boolean
Phone	phoneNum	电话号码,数据类型:String
	type	电话号码类别,数据类型:String

若要将所有联系人和电话保存起来,以便需要时查询,那么,首先要为这个应用系统建立一个数据库,如 phonebook.mdb;然后根据问题域类图和对各类的说明创建数据表。通常一个类对应一个数据表,数据表中的字段名是类中的属性名。例如该例,需要创建两个数据表,设表命名为 contactT 和 phoneT。下面以创建数据表 contactT 为例,说明创建数据表的步骤。

(1) 当数据库 phonebook.mdb 创建好后,出现如图 8-3 所示窗口。

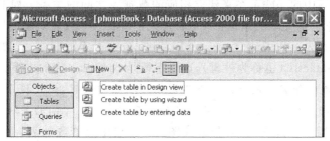

图 8-3 建好的数据库窗口

(2) 双击图 8-3 所示窗口中的第一行"Create table in Design view(使用设计视图创建表)",然后在设计视图中创建数据表结构,输入表的字段名称(类的属性变量)、数据类型等,创建的 ContactT 数据表结构如图 8-4 所示。图中下部是对相应字段的补充设置。

(3) 当一个表的所有字段(属性)输入完毕,需要为这个表设置主键,即选择一个字段名作为主键。对主键的要求是:该字段所在列的所有数据都将不会重复,据此能唯一地确定一条记录。

在表 contactT 中唯一能够确定一条记录的字段是 contactID,因为每个联系人的标识符是不同的。因此,选择 contactID 所在行,再单击图形菜单中的钥匙图标(见图 8-5 右上方框),主键设置完成,如图 8-5 所示。如果在表中找不到能作为主键的字段,则需要在表中另增加一个标识字段 ID,作为主键。该字段的 Data Type 设置为 AutoNumber。当新的一条记录输入时,该字段数据自动产生。

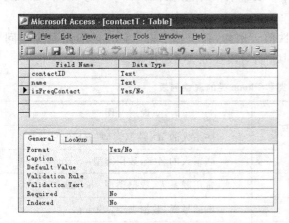

图 8-4　创建数据表窗口

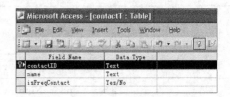

图 8-5　设置数据表的主键

(4) 单击保存图标,弹出一个小框,在此输入表名 contactT,单击 OK 按钮,关闭该窗口。到此,数据表 contactT 创建完毕。

以上步骤仅完成数据表结构的创建,也就是说该数据表此时尚无数据,是一个空表。

3. 建立数据表之间的关系

因为数据表存放的是问题域类的属性值,类之间关联关系在数据表中也应反映出来。通常根据类图中的关联关系来建立相应的数据表之间的关系。如上例中的 Contact 类和 Phone 类,它们的关联关系是:一个联系人可能有一个或多个电话号码,一个电话号码只对应一个联系人。为了建立 contactT 表和 phoneT 表的联系,需要在 phoneT 表中增加一个字段 contactID(也称为外键),这个字段是 contactT 表的主键。

注意:一个表的外键一定是另一个与之相关联表的主键,通过这个外键可将一个表中的信息链接到与之相关联的表中,从而在数据库中实现表之间的关联关系。

在一个表中增加字段很简单,只需在图 8-6 中选中要修改的表,单击 Design View,出现图 8-5 所示界面,在此界面中可修改、增加或删除数据表的字段。

第 章　数据持久化和数据访问的实现　**207**

下面给出在数据库 phonebook 中建立 contactT 表和 phoneT 表的联系的步骤。

(1) 打开数据库 phonebook,如图 8-6 所示。数据库中已有创建好的表 contactT 和表 phoneT,单击图形菜单中的"关系"图标(图 8-6 图标中的最后一个),将弹出一个列表框。如果没有列表框,可单击鼠标右键,选择 show table。

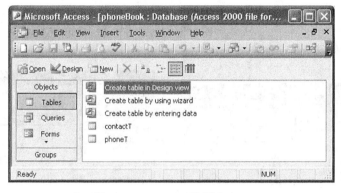

图 8-6　phonebook 数据库窗口

(2) 在列表框中选择将要建立关联关系的表,如图 8-7(a)所示。选一个表名,单击 Add 按钮,直到选择完毕。单击 Close 按钮,选择结果如图 8-7(b)所示。

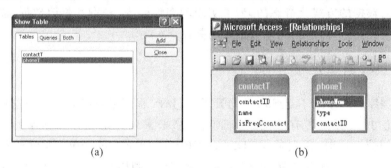

图 8-7　建立数据表的联系窗口

(3) 按住 phoneT 表中的外键 contactID 不松手,把它拖曳到 contactT 表的主键 contactID 的位置后再松开,弹出如图 8-8(a)所示的窗口。单击 Create 按钮。contactT 表和 phoneT 表的关系建立完毕,如图 8-8(b)所示。

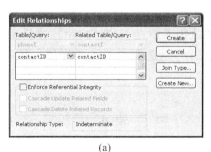 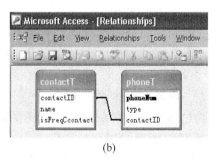

图 8-8　数据表的联系图

4. 输入数据到数据表

将数据输入到数据表有多种方法,例如,可直接在 Access 中的数据表中直接输入数据,或者通过编写的程序,运行时由用户通过用户界面输入等。现介绍前一种方法输入数据。

(1) 在 phonebook 数据库管理界面,双击已创建的表名,然后在新打开的页面中添加数据,如图 8-9 所示。

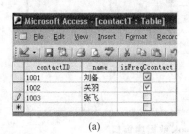

(a)　　　　　　　　　　　　　　(b)

图 8-9　输入数据界面

(2) 如果要修改数据,可直接在图 8-9 所示的窗口中修改。

以上输入数据的方式是静态的,为了实现动态地输入、查询和修改数据,需要在程序中与数据库建立连接,然后访问该数据库的数据。

8.3.2　建立数据库连接

因为数据库管理系统不是 Sun 公司开发的,Java 程序不可以直接访问这些数据库管理系统,为此,Java 开发了有关接口和驱动程序来实现与第三方数据库的连接。在用 Java 程序访问数据库时,需要使用 JDBC、ODBC 和 JdbcOdbcDriver 驱动程序与数据库连接,下面先分别介绍这 3 个驱动程序,然后介绍如何利用它们与数据库建立连接。

1. JDBC 驱动程序

JDBC(Java Database Connectivity)是 Java 提供访问数据库的应用编程接口(Application Programming Interface,API)。它是提供连接各种关系数据库的统一接口。该接口定义怎样访问数据库。

实现 JDBC 接口的类被打成一个 jar 包,即数据库驱动程序。应用程序只需与 JDBC 打交道,通过它来建立访问各类关系数据库。JDBC 也是 Java 核心类库的一部分。JDBC 提供以下 3 种服务:

(1) 与一个数据库建立连接。

(2) 向已连接的数据库发送 SQL(Structure Query Language)语句。

(3) 处理 SQL 语句返回的结果。

JDBC 还不能直接与数据库交互,需要通过 JdbcOdbcDriver 和 ODBC 驱动程序与数据库交互。

2. ODBC 驱动程序

ODBC（Open Database Connectivity in a PC）驱动程序是由 Microsoft 公司提供的，每台 PC 在控制面板里都有 ODBC 管理器。通过 ODBC 可访问各类关系数据库，ODBC 与应用程序和数据库的关系如图 8-10 所示。

图 8-10　ODBC 与应用程序和数据库的关系

应用程序要访问一个数据库，需要用 ODBC 管理器为应用系统的数据库注册一个数据源名字(Data Source Name)。ODBC 管理器根据数据源提供的数据库文件存放的位置（路径）、数据库类型及 ODBC 驱动程序等信息，建立起 ODBC 与具体的某个数据库的联系。只要在应用程序中将数据源的名称（DSN）提供给 ODBC，ODBC 就能建立起与相应数据库的连接。

假设在 C:\myApplication 文件夹里创建了一个名为 phonebook.mdb 的数据库文件，利用 ODBC 数据源管理器创建数据源的名称的步骤如下。

（1）在控制面板(Control Panel)下单击 Administrative Tools，然后单击 Data source (ODBC)图标，打开数据源管理器的交互界面，选择 User DSN(供本机上的用户使用的)或 System DSN(供联网的用户使用的)，然后单击 Add 按钮，在弹出的"数据源管理器"对话框里，为所要创建的数据源选择一个驱动程序，本文的数据库文件是用 Access 创建的，所以要选择 Microsoft Access Driver（*.mdb），如图 8-11 所示。

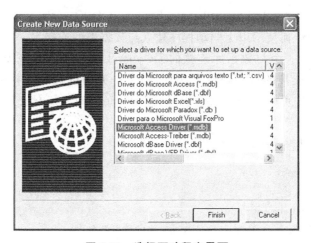

图 8-11　选择驱动程序界面

（2）在图 8-11 所示的界面上单击 Finish 按钮，进入一个标题为 ODBC Microsoft Access Setup 的界面，在 Data Source Name 文本框中输入一个有意义的名字，本例取 myDataSource 作为数据源的名字，这个名字将在程序中用到；在 Description 中可以输入与所建的数据库有关的信息，也可空白，如图 8-12 所示。

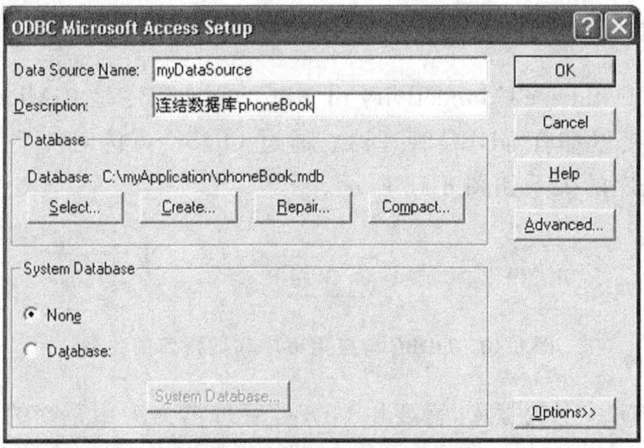

图 8-12 建立 DSN 界面

(3) 在图 8-12 所示界面上单击 Select 按钮后,弹出 Select Database 对话框,选取数据库文件"C:\myApplication\phonebook.mdb",然后单击 OK 按钮即可。

这样就完成了一个简单的 ODBC 数据源的注册。当然,在以上的步骤中,用户可以根据自己的需要设置不同的选项。

3. JdbcOdbcDriver 驱动程序

JdbcOdbcDriver 又称桥接器,是连接 JDBC 和 ODBC 的桥梁。如要通过 JDBC 来访问某一个特定的数据库,需要用 jdbc-odbc bridge driver 来连接 JDBC 和 ODBC。它们的关系如下:

$$JDBC \leftrightarrow JdbcOdbcDriver \leftrightarrow ODBC \leftrightarrow DB$$

下面举例说明如何使用以上驱动程序建立与数据库的连接。

例 8-6 自定义一个与数据库连接的 DatabaseConnect 类。该类有两个方法成员:一个是建立数据库连接的 initialize 方法;另一个是关闭数据库连接的 terminate 方法。在访问数据库的类中可以使用这个 DatabaseConnect 类调用其方法实现与数据库的连接和关闭。

解 定义 DatabaseConnect 类如下:

```
// DatabaseConnect.java
import java.sql.*;                       // 引入 java.sql 的包
public class DatabaseConnect{
    // 指定数据源,myDataSource 是 ODBC 中的数据源名
    static String url = "jdbc:odbc:myDataSource";
    // 声明一个 Java Connection 类的引用变量
    static Connection aConnection;

    /* 连接数据库 */
    public static Connection initialize(){
```

```
        try{
            // Loading jdbc-odbc bridge driver
            Class.forName("sun.jdbc.odbc.JdbcOdbcDriver");

            // 创建一个与给定数据库 url 的连接
            aConnection = DriverManager.getConnection(url,"","");
        }
        catch (ClassNotFoundException e){
            System.out.println(e);
        }
        catch (SQLException e){
            System.out.println(e);
        }
        return aConnection;
    }

    /* 关闭数据库连接 */
    public static void terminate(){
        try{
            aConnection.close();
        }
        catch (SQLException e) {
            System.out.println(e);
        }
    }
}
```

对 DatabaseConnect 类的说明如下：

(1) Class.forName 方法实现加载指定的驱动程序。语句 Class.forName("sun.jdbc.odbc.JdbcOdbcDriver");实现装载 sun.jdbc.odbc 包中的驱动程序 JdbcOdbcDriver,建立 JDBC 和 ODBC 的连接,其中 Class 是 java.lang 包中的类,forName 是它的一个静态方法。

(2) 语句 aConnection=DriverManager.getConnection(url,"","");创建一个数据库连接。其中 DriverManager 是 java.sql 包中的类,通过调用它的静态方法 getConnection()来创建数据库的连接。getConnection 方法要求 3 个参数:第一个参数是 url,代表字符串 jdbc:odbc:myDataSource,其中 myDataSource 是在建立 ODBC 时输入的数据源的名字,url 指向一个特定的数据库;第二个参数是数据库的用户名;第三个参数是数据库的密码。通常为了安全起见,在创建数据库时都设置有用户名和密码。如果没有设置,此处为空字符串。

(3) 由于在建立数据库连接时,可能会有异常出现。因此,在本例中使用了 try-catch-catch 异常处理机制,来处理加载桥接器 JdbcOdbcDriver 失败异常和连接数据库异常。

（4）语句 aConnection.close();实现断开这个数据库的连接。在建立了一个数据库的连接后，就可以用相关的语句实现对数据库的操作，如查询、修改数据、添加和删除数据等。对数据库访问完毕后，就应该断开这个连接，以释放系统的资源。故在程序中应该有关闭数据库连接的语句 aConnection.close()。

（5）关于在类的定义中出现的 DriverManager 类和 Connection 类在 8.3.4 节有进一步说明。

8.3.3 数据库访问语言 SQL

SQL(Structure Query Language,结构化查询语言)是一种流行的数据库访问语言。SQL 提供的语句可以实现从数据表查询数据、在数据表中插入新的记录、更新数据、从数据表中删除记录、创建新数据库，以及在数据库中创建新数据表等。在此只给出实现对数据库基本操作的 SQL 语句。

1. 查询语句 SELECT

SQL 提供很强大的查询功能的语句，读者可参见有关介绍 SQL 的书籍。

（1）查询一个数据表中的数据，一般语句格式如下：

SELECT 字段名列表 FROM 数据表名 [WHERE 逻辑表达式] [ORDER BY 字段名列表]

其中，字段名列表是数据表中字段名(域名)列表，字段名之间用逗号隔开；[WHERE 逻辑表达式]是条件子句，可选。其中逻辑表达式可以是一个简单的逻辑表达式，也可以是用逻辑运算符 AND 或 OR 连接的复合逻辑表达式。[ORDER BY 字段名列表]是对查询结果按某些字段排序，可选。

例如：

① 查询 contactT 表中名字为张三的记录，只显示姓名和是否为常用联系人：

SELECT name,freqContact FROM contactT WHERE name = '张三'

② 查询 contactT 表中所有的姓名，并按姓名排序(递增)：

SELECT name FROM contactT ORDER BY name

③ 查询 contactT 表中所有的记录：

SELECT * FROM contactT

（2）联合查询，即从有关联的多个数据表中查询数据，其一般语句格式如下

SELECT 字段名列表 FROM 数据表名列表 [WHERE 逻辑表达式] [ORDER BY 字段名列表]

其中，数据表名的列表中表名之间用逗号隔开。注意，当需要从有关联的多个数据表中查询数据时，WHERE 子句中必须有这样的逻辑表达式：一个表的主键等于另一个表的外键的逻辑表达式，即通过"table1.主键＝table2.外键"这样的逻辑表达式建立数据

表之间数据记录的连接。

例如：

① 从 contactT 表和 phoneT 表中查询所有联系人姓名和相应的电话号码,并且先按姓名排序(递增),再按电话号码排序。

SELECT name, phoneNum FROM contactT,phoneT WHERE **contactT.contactID= phoneT.contactID ORDER BY name,phoneNum**

② 从 contactT 表和 phoneT 表中查询联系人姓名和电话号码,并且姓名为"李四"。

SELECT name,phoneNum FROM contactT,phoneT WHERE contactT.contactID= phoneT.contactID **AND name=**'李四'

2. 插入语句 INSERT

插入(或添加)一个记录到数据表,一般语句格式如下：

INSERT INTO 数据表名 [(字段名列表)] VALUES (字段值列表)

当添加一条完整的记录时,字段名列表可省略;字段值列表是各字段名对应的数据。
例如：

① 添加一个联系人的完整信息到 contactT 表和 phoneT 表中,即将联系人标识符 contactID：1004,姓名 name：刘六,是常用联系人 isFreqContact：1;电话号码 phoneNum：87543333,电话类型 type：个人的一组信息分别添加到 contactT 表和 phoneT 表中。

INSERT INTO contactT VALUES ('1004','刘六',1)
INSERT INTO phoneT VALUES('87543333','个人','1004')

② 添加一个联系人的部分信息到 contactT 表和 phoneT 表中,即将联系人标识符 contactID 为 1006,姓名 name 为赵七;电话号码 phoneNum 为 87548888 的一组信息分别添加到 contactT 表和 phoneT 表中。

INSERT INTO contactT (contactID,name) VALUES ('1006','赵七')
INSERT INTO phoneT (phoneNum,contactID) VALUES ('87548888','1006')

3. 更新语句 UPDATE

修改给定数据表中某个或某些记录的某些字段的数据,一般语句格式如下：

UPDATE 数据表名 SET 赋值列表 [WHERE 逻辑表达式]

其中,赋值列表为字段名1=值1[,字段名2=值2]…。

例如：修改数据表 phoneT 中 contactID 为 1001 的电话号码,使之为 87558101,电话类型为住宅。

UPDATE phoneT SET phoneNum = '87558101',type = '住宅' WHERE contactID = '1001'

4. 删除语句 DELETE

从数据表中删除满足某些条件的记录，或删除数据表中的全部记录，一般语句格式为

DELETE FROM 数据表名 [WHERE 逻辑表达式]

例如：从 contactT 表和 phoneT 表中删除 contactID 为 1001 的所有记录。

```
DELETE FROM contactT WHERE contactID = '1001'
DELETE FROM phoneT WHERE contactID = '1001'
```

8.3.4 Java SQL 程序包

Java SQL 程序包提供使用 Java 语言访问并处理存储在数据源（通常是一个关系数据库）中的数据。该程序包中有很多类，在此介绍其中几个最基本的类，它们是 DriverManager、Connection、Statement 和 ResultSet 类。

1. DriverManager 类

DriverManager 类作用于应用程序和 JDBC 驱动程序之间，提供注册管理驱动、建立数据库连接等方法。它的所有属性成员均为静态的。通过其 getConnection() 方法可以创建一个 JDBC Connection 实例，建立数据库的连接。建立数据库连接的语句如下：

```
Connection conn = DriverManager.getConnection(url,"","");
```

2. Connection 类

Connection 类用来建立与数据库的连接。这里所说的 Connection 类实际上是实现了 JDBC 的 Connection 接口的类，这个类一般都是通过 JDBC 驱动程序来实现的。Connection 类表示数据库连接，通过它提供的 createStatement 方法创建一个 Statement 类的实例，再通过这个实例进一步向数据库发送 SQL 语句去执行（见 Statement 类）。

注意：因为一个系统的数据库连接数目是有限的，如果每次建立连接后都不关闭，则当连接数超过系统最大的连接数时，系统将无法工作。因此，当不需要使用数据库时应通过其 close 方法将连接关闭，以释放系统资源。

3. Statement 类

Statement 类用来发送并执行 SQL 语句并且返回结果。通过 Connection 类的 createStatement() 方法可以创建一个 Statement 对象，通过该对象的方法发送并执行一个 SQL 语句。例如，如果执行 SELECT 语句，使用该对象的 executeQuery() 方法；如果执行 INSERT 语句、UPDATE 语句或 DELETE 语句，使用该对象的 excuteUpdate() 方法。

例如，创建一个 Statement 实例的语句为

```
Statement stmt = con.createStatement();
```

执行 SELECT 语句：

```
stmt.executeQuery("select * from table");
```

4. ResultSet 类

ResultSet 类表示执行 SQL 查询语句返回的结果集。当执行一条 SQL 查询语句后，就会产生一个查询结果集。ResultSet 类用来存放这个结果集合。ResultSet 对象具有指向其当前数据行指针性质的 next、firs、last 方法和读取数据的方法。

（1）生成一个查询结果的集合语句如下：

```
ResultSet rs = stmt.executeQuery("select * from table");
```

（2）从结果集中读取一个记录中各字段数据。

如果数据的类型是字符串，则读取该字段数据的语句为

```
String s1 = rs.getString("字段名");
```

如果数据的类型是整型，则读取该字段数据的语句为

```
int s1 = rs.getInt("字段名");
```

（3）判断查询数据结果集是否为空。

如果 rs.next() 为真，则说明结果集不为空；否则结果集为空。通过 ResultSet 对象不但可以获得查询数据的结果集，还可以获取结果集表的字段名、数据类型等信息。

下面举例说明以上各类的使用。

例 8-7 编写一个 TestJDBC 程序，查询数据库 phonebook.mdb 中联系人的信息。

解 实现上述功能的程序代码如下：

```java
// TestJDBC.java
import java.sql.*;
public class TestJDBC{
    public static void main(String args[]) {
        // 声明全局变量
        String url;
        Connection conn = null;        // 声明并初始化引用变量
        Statement stmt = null;         // 声明并初始化引用变量
        String contactID;              // contactID 用来存放查到的联系人 ID
        String name;                   // name 用来存放查到的联系人姓名

        // 生成查询语句
        String sqlx = "select contactID,name from contactT";

        /* 连接数据库并执行查询语句、释放连接等 */
        try {
```

```java
        // 装载 jdbc-odbc bridge driver
        Class.forName("sun.jdbc.odbc.JdbcOdbcDriver");

        // 指定数据源
        url = "jdbc:odbc:myDataSource";        // myDataSource 数据源名

        // 创建一个到给定数据库 URL 的连接
        conn = DriverManager.getConnection(url,"","");

        // 创建一个 Statement 的实例
        stmt = conn.createStatement();

        // 执行 SQL 查询语句 sqlx
        ResultSet rs = stmt.executeQuery(sqlx);

        // 从结果集合 rs 中读取数据
        while (rs.next()){
            // 若 rs.next()为真,表明结果集 rs 中至少有一个记录
            // 读取一个记录
            contactID = rs.getString("contactID");
            name = rs.getString("name");

            // 显示读取的数据
            System.out.println(contactID + ", " + name);
        }
        rs.close();                            // 关闭结果集 rs
}
catch (ClassNotFoundException e){
    System.out.println(e);                     // 显示异常信息
}
catch (SQLException e) {
    System.out.println(e.getMessage());
    // 显示异常信息,并且还显示更多的异常跟踪信息
    e.printStackTrace();
}
finally {
    // 释放所用资源
    try {
        // 释放 Statement 所用的资源
        if (stmt != null) stmt.close();
        // 关闭数据库连接
        if (conn != null) conn.close();
    }
    catch (SQLException e) {
```

```
                System.out.println(e.getMessage());
                e.printStackTrace();
            }
        }
    }
}
```

运行 TestJDBC 程序,结果显示如下:

1001,刘备
1002,关羽
1003,张飞

编程时应注意以下几点。

(1) Statement 类的实例 stmt 和数据库连接 Connection 类的实例 conn 一定要在 finally 语句块中关闭,以释放系统资源。stmt.close 方法用来立即释放这个 Statement 的实例对应的数据库和 JDBC 资源。conn.close()方法用来立即释放这个 Connection 的实例对应的数据库和 JDBC 资源。

(2) 尽可能缩小 Statement、ResultSet 其变量的作用域。

(3) 一个 Statement 对象只与一个 ResultSet 对象关联。

(4) 虽然 ResultSet 的实例 rs 在 Connection 关闭后会自动释放,但有的时候并不需要马上关闭 connection,所以在查询结果处理完后,须先关闭这个结果集合,这时使用语句 rs.close()即可。

8.4 数据访问的实现

按照分层设计思想,实现数据访问要定义一个数据访问类(DA class),该类用来直接与数据库打交道。数据访问类是三层设计模式中的最低层。当用户要查询数据时,用户只需与用户界面类交互,用户界面类与问题域类交互,问题域类再与数据访问类交互,最后数据访问类与数据库交互,其交互示意如图 8-13 所示。

图 8-13 数据访问示意图

8.4.1 数据访问类的设计

一般来说,一个问题域类对应一个数据访问类,该数据访问类的方法是为该问题域类提供服务的。例如,与联系人 Contact 类对应的数据访问类是 ContactDA,在 ContactDA 类中应提供添加、修改、删除和检索联系人的方法。这些方法将被 Contact 类调用。

通常一个数据访问类包含的主要方法是 find、add、update、delete 和 getAll。附加的方法有初始化方法 initialize 和结束方法 terminate。一般数据访问类图如图 8-14 所示。

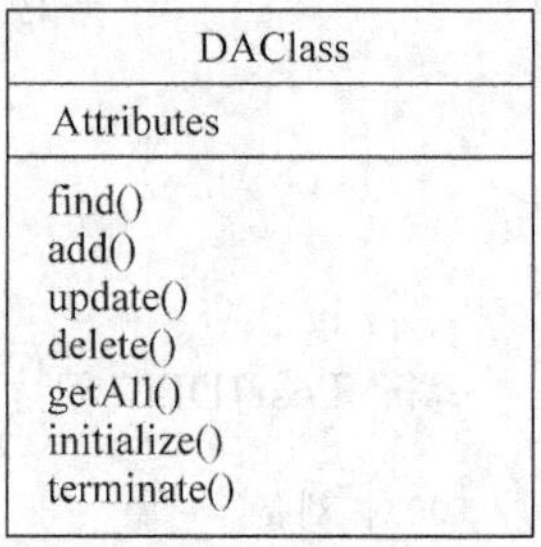

```
DAClass
Attributes
find()
add()
update()
delete()
getAll()
initialize()
terminate()
```

图 8-14 DA 类图

1. 数据访问类中的基本方法

1) find 方法

find 方法用来查找满足某个条件的记录。find 方法的一般形式为：

```
public static 引用类型 find(基本数据类型 字段名) throws NotFoundException{
    语句块
}
```

其中，方法返回的数据类型是对象（引用类型）；语句块里的语句根据存储文件类型（如数据库、随机文件）的不同而不同；NotFoundException 是自定义的异常处理类，用来检查记录是否找到，如果没有找到，则抛出这个异常，以通知用户没有找到满足条件的记录。

2) add 方法

add 方法用来添加记录。add 方法的一般形式如下：

```
public static void add(引用类型 变量名) throws DuplicateException{
    语句块
}
```

其中，DuplicateException 是自定义的异常处理类，用来检查是否重复添加了同一记录。例如，如果数据库中 contactT 表中已有联系人张三这个记录，则当用户再次添加张三时，DuplicateException 类将抛出这个异常告诉用户，系统中已有联系人张三了。

3) update 方法

update 方法用来更新数据表中的某些字段的值。update 方法的一般形式如下：

```
public static void update(引用类型 变量名) throws NotFoundException{
    语句块
}
```

更新某个记录，需要先查找数据库或文件中是否有这个记录。如果有，则更新；否则抛出一个异常，告诉用户没有找到该记录。

4) delete 方法

delete 方法用来删除数据表中某个或某些记录。delete 方法的一般形式如下：

```
public static void delete(引用类型 变量名) throws NotFoundException{
    语句块
}
```

删除某个或某些记录,需要先查找数据库或文件中是否有这个记录。如果有,则删除;否则抛出一个异常,告诉用户没有找到该记录。

5) getAll 方法

getAll 方法用来获取某一数据表的所有记录。getAll 方法的一般形式如下:

```
public static ArrayList getAll(){
    语句块
}
```

该方法返回数据类型是 ArrayList,该 ArrayList 存放的是多个实例变量,每个实例变量对应查到的一个记录。

6) initialize 方法

initialize 方法用来建立与存储数据的文件的连接,例如建立数据库的连接、打开随机文件等。initialize 方法的一般形式如下:

```
public static void initialize(){
    语句块
}
```

7) terminate 方法

terminate 方法用来关闭与存储数据文件的连接和释放其他的系统资源,如关闭数据库的连接、关闭随机文件等。terminate 方法的一般形式如下:

```
public static void terminate(){
    语句块
}
```

注意:以上方法都是静态的,这意味着可以直接用类名来调用它们。方法 add、update、delete 的形式参数类型是引用类型或对象类型。

2. 自定义异常处理类 NotFoundException 和 DuplicateException

1) NotFoundException 类的一般形式

```
public class NotFoundException extends Exception{
    语句块
}
```

2) Duplicate Exception 类的一般形式

```
public class DuplicateException extends Exception{
    语句块
}
```

8.4.2 数据访问类的实现

使用的数据存储文件类型不同,实现的数据访问类的语句体也不同。下面以数据库存储数据为例说明数据访问类的实现。

例 8-8 假设已有一个 User 类如图 8-15 所示。有一个数据表 userT 在数据库 phonebook.mdb 中,其结构如图 8-16 所示。试编写(定义)一个数据访问类 UserDA,并测试之。

图 8-15　User 类图 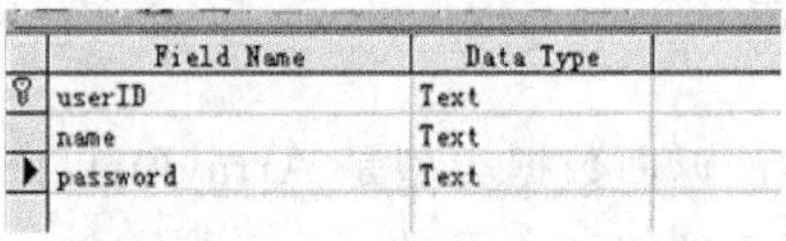　　　　　　　图 8-16　数据表 userT 结构图

解　首先根据 User 类设计 UserDA 类;然后再定义异常处理类 NotFoundException 类和 DuplicateException 类;最后编写一个测试 UserDA 类的程序。

(1) 设计 UserDA 类。

根据 8.4.1 节中数据访问类的设计,我们可知 UserDA 类应有方法成员 initialize、terminate、add、update、delete 和 find;根据 User 类的属性成员可知 UserDA 类的属性成员应有 userID、name、password。UserDA 类的设计如图 8-17 所示。

① 因 UserDA 类与 User 类有联系,所以需定义一个简单的 User 类,其代码如下:

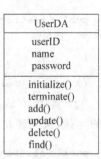

图 8-17　UserDA 类图

```java
// User.java
public class User{
    private String userID;
    private String name;
    private String password;
    public User(String userID,String name,String password) {
        setName(name) ;
        setUserID(userID);
        setUserID(password);
    }
    public String getUserID() {
        return userID;
    }
    public void setUserID(String userID) {
        this.userID = userID;
    }
    public String getName() {
        return name;
    }
    public void setName(String name) {
        this.name = name;
```

```java
    }
    public String getPassword() {
        return password;
    }
    public void setPassword(String password) {
        this.password = password;
    }
}
```

② 定义 UserDA 类。

根据 UserDA 类图编写 UserDA 类的代码如下：

```java
// UserDA.java
import java.sql.*;
public class UserDA{
    static User aUser;
    // myDataSource 是数据源名
    static String url = "jdbc:odbc:myDataSource";
    static Connection aConnection;
    static Statement aStatement;

    /* declare variables for User attribute value */
    static String userID;
    static String name;
    static String password;

    /* Connection DB */
    public static Connection initialize(){
        try{
            // Loading jdbc-odbc bridge driver
            Class.forName("sun.jdbc.odbc.JdbcOdbcDriver");

            // 创建一个到给定数据库 URL 的连接和 Statement 的实例
            aConnection = DriverManager.getConnection(url,"","");
            // 创建 Statement 实例
            aStatement = aConnection.createStatement();
        }
        catch (ClassNotFoundException e){
            System.out.println(e);
        }
        catch (SQLException e){
            System.out.println(e);
        }
        return aConnection;
    }
```

```java
/* 释放所用系统资源 */
public static void terminate(){
    try{
        aStatement.close();
        aConnection.close();
    }
    catch (SQLException e) {
        System.out.println(e);
    }
}

/* 从数据库中检索特定用户的属性值 */
public static User find(String key) throws NotFoundException{
    // retrieve User
    aUser = null;
    // define the SQL query statement using the phone number key
    String sql = "SELECT userID,Name,password FROM userT "
            + "WHERE userID = '" + key + "'";

    // execute the SQL query statement
    try{
        ResultSet rs = aStatement.executeQuery(sql);

        // next method sets cursor & returns true if there is data
        boolean gotIt = rs.next();
        if (gotIt){
            // extract the data
            userID = rs.getString(1);
            name = rs.getString(2);
            password = rs.getString(3);

            // create User instance
            aUser = new User(userID,name,password);
        }
        else                              // nothing was retrieved
            throw (new NotFoundException("没有发现这个记录 "));
        rs.close();
    }
    catch (SQLException e){
        System.out.println(e);
    }
    return aUser;
}
```

```java
/* 添加一个新记录 */
public static void add(User aUser) throws DuplicateException{
    // retrieve the User attribute values
    name = aUser.getName();
    userID = aUser.getUserID();
    password = aUser.getPassword();

    // create the SQL insert statement using attribute values
    String sql = "INSERT INTO UserT (UserID,Name,Password) "
            + "VALUES ('" + userID + "','" + name + "','"
            + password + "')";

    System.out.println(sql);                    // 调试时用来检查 SQL 语句是否正确

    // see if this User already exists in the database
    try{
        User c = find(userID);
        throw (new DuplicateException("该用户已存在 "));
    }
    // if NotFoundException,add User to database
    catch(NotFoundException e){
        try{
            // execute the SQL update statement
            int result = aStatement.executeUpdate(sql);
        }
        catch (SQLException ee){
            System.out.println(ee);
        }
    }
}

/* 删除指定的记录 */
public static void delete(User aUser) {
    // retrieve the userID (key)
    userID = aUser.getUserID();

    // create the SQL delete statement
    String sql = "DELETE FROM UserT "
            + "WHERE userID = '" + userID + "'";
    try{
        int result = aStatement.executeUpdate(sql);
    }
    catch (SQLException e){
```

```java
            System.out.println(e);
        }
    }

    /*更新指定的记录*/
    public static void update(User aUser) throws NotFoundException{
        // retrieve the User attribute values
        userID = aUser.getUserID();
        name = aUser.getName();
        password = aUser.getPassword();

        // define the SQL query statement using the phone number key
        String sql = "Update UserT SET Name = '" + name + "',"
                    + " Password = '" + password + "' "
                    + " WHERE userID = '" + userID + "'";
        // System.out.println(sql);

        try{
            int result = aStatement.executeUpdate(sql);
        }
        catch (SQLException e){
            System.out.println(e);
        }
    }
}
```

注意：UserDA 中的方法都是静态方法，被 UserDA 类所有的实例共享，调用这些方法可以直接用其类名，如 UserDA.initialize()。各个方法的形式参数类型如黑体显示。

(2) 定义 NotFoundException 和 DuplicateException 异常处理类。

① 定义 NotFoundException 类。

当要查找的记录不在指定的数据库表中时需抛出异常。NotFoundException 类的代码如下：

```java
// NotFoundException.java
public class NotFoundException extends Exception{
    // constructor
    public NotFoundException(String message){
        super(message);
    }
}
```

② 定义 DuplicateException 类。

当重复添加同一个记录时需抛出异常。DuplicateException 类的代码如下：

```java
// DuplicateException.java
```

```java
public class DuplicateException extends Exception{
    // constructor
    public DuplicateException(String message){
        super(message);
    }
}
```

(3) 编写测试程序 TesterUserDA。

检查 UserDA 类是否能完成访问数据库的功能。在测试程序中首先生成 User 类的两个实例 firstUser 和 secondUser，然后调用 UserDA 类的每一个方法，传递不同的参数以检查是否能达到预期的目的，测试程序代码如下：

```java
// TesterUserDA.java
public class TesterUserDA{
    public static void main(String args[]){

        /* 生成 2 个 User 的实例 */
        User firstUser = new User("SW1111","Liping","12345678");
        User secondUser = new User("SW2222","Lihong","4671234");

        /* connect database */
        UserDA.initialize();              // 用类名调用其方法

        /* 测试 add 方法 */
        try{
            UserDA.add(firstUser);
            UserDA.add(secondUser);
            System.out.println("加了两个用户");
        }
        catch(DuplicateException e) {
            System.out.println(e);
        }

        /* 测试 delete 方法 */
        try{                              // delete second User
            UserDA.delete(secondUser);
            System.out.print("删除成功 ");
        }
        catch(NotFoundException e) {
            System.out.println(e);
        }

        /* 测试 update 方法 */
```

```
        try{                                      // change password for Liping
            firstUser = UserDA.find("SW1111");
            firstUser.setPassword("88888888");
            UserDA.update(firstUser);
            // display info after change
            firstUser = UserDA.find("SW1111");
            System.out.println("更新后 " + firstUser.getDetails());
        }
        catch(NotFoundException e) {
            System.out.println(e);
        }

        /* 测试 find 方法 */
        try {
            firstUser = UserDA.find("SW1111");
            System.out.println("查询" + firstUser.getDetails());
        }
        catch(NotFoundException e){
            System.out.println(e);
        }

        /* release resourse */
        UserDA.terminate();
    }
}
```

运行 TesterUserDA 程序,结果显示如下:

加了两个用户
要删除 UserID: SW2222;
  姓名: Lihong;
  密码: 4671234
NotFoundException: 没有发现这个记录
更新后 UserID: SW1111;
  姓名: Liping;
  密码: 88888888
查询 UserID: SW1111;
  姓名: Liping;
  密码: 88888888

如果重复运行 TesterUserDA 程序,可以检查出重复添加同一个记录的异常情况。

8.4.3 问题域类与数据访问类的交互

根据三层设计模式,数据库访问类(DA class)的方法只能被问题域类(PD class)来调用。对于例 8-8 来说，User 类需调用 UserDA 类的相应方法来完成数据库访问的功能。这样的设计，使每层相对独立，便于维护。

要使 User 类可以调用 UserDA 类的 6 个方法，必须在 User 类中增加 6 个相应的方法，方法名可以与 DA 类相同。即 initialize、terminate、add、update、delete 和 find。其中，initialize、terminate 和 find 方法是静态方法，被 User 类所有的实例共享；add、update 和 delete 方法是实例方法，User 类的每一个实例都有自己的 add、update 和 delete 方法。注意：User 类中的这 6 个方法的语句并不真正与数据库交互，而只是用来调用 UserDA 类相应的方法来实现对数据库的访问。User 类与 UserDA 类的关系如图 8-18 所示。

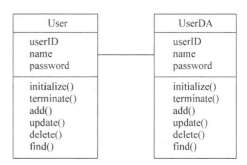

图 8-18　User 类和 UserDA 类及关系

实现 User 类与 UserDA 类的交互，其方法如下。

(1) 修改例 8-8 中的 User 类，在 User 类中增加 6 个方法成员。

增加的 6 个方法成员如下。

```
/*3个静态方法(static methods)*/
public static void initialize(){
    UserDA.initialize();
}
public static void terminate(){
    UserDA.terminate();
}
public static User find(String userID) throws NotFoundException{
    return UserDA.find(userID);
}


/*3个实例方法(instance methods)*/
public void add() throws DuplicateException{
    UserDA.add(this);            // this代表这个实例(对象)
}
public void delete() throws NotFoundException{
    UserDA.delete(this);
}
public void update() throws NotFoundException{
    UserDA.update(this);
}
```

说明：因为在 UserDA 类中的方法都是静态方法，所以可以用它的类名直接调用其方法，不需要先创建 UserDA 类的实例。

(2) 编写测试程序 TesterUserAndUserDA.java，检查 User 类与 UserDA 类的交互。程序 TesterUserAndUserDA 与 TeserUserDA 程序相似，其代码如下：

```java
// TesterUserAndUserDA.java
public class TesterUserAndUserDA{
    public static void main(String args[]){

        /* 生成一个 User 的实例 */
        User firstUser = new User("SW3333","Liping","12345678");

        /* 连接数据库 */
        User.initialize();

        /* 测试"添加一个用户"的交互 */
        try{
            firstUser.add();
            System.out.println("加一个用户");
        }
        catch(DuplicateException e) {
            System.out.println(e);
        }

        /* 测试"查找一个用户"的交互 */
        try{
            firstUser = User.find("SW3333");
            System.out.println("查询 " + firstUser.getDetails());
        }
        catch(NotFoundException e) {
            System.out.println(e);
        }

        /* 测试"更新一个用户"的交互 */
        try{
            // 改变 password 为 Liping
            firstUser = User.find("SW3333");
            firstUser.setPassword("88888888");
            firstUser.update();

            // 显示改变后的信息
            firstUser = User.find("SW3333");
            System.out.println("更新后 " + firstUser.getDetails());
        }
        catch(NotFoundException e){
            System.out.println(e);
```

        }

        /* 测试"删除一个用户"的交互 */
        try{ // 删除 firstUser
            firstUser.delete();
            System.out.println("要删除 " + firstUser.getDetails());

            // 试图查找刚刚删除的记录
            firstUser = User.find("SW3333");
            System.out.println("删除后查询" + firstUser.getDetails());
        }
        catch(NotFoundException e){
            System.out.println(e);
        }

        /* release resource */
        User.terminate();
    }
}
```

运行 TesterUserAndUserDA 程序,结果显示如下:

加了一个用户
查询 UserID: SW3333;
　姓名:Liping;
　密码:12345678
更新后 UserID: SW3333;
　姓名:Liping;
　密码:88888888
要删除 UserID: SW3333;
　姓名:Liping;
　密码:88888888
NotFoundException:没有发现这个记录

在 TesterUserAndUserDA 中并没有出现 UserDA,从程序运行结果可见,通过 User 类调用 UserDA 的方法访问数据库表 userT 成功。

## 8.5 较复杂的数据库访问的实现

在现实应用系统中,问题域类不是孤立的一个,而是多个,并且各类之间有关系,通过类的对象之间互动来完成特定功能。这些类的属性分别存放在不同的数据表中,因此这些数据表之间也有关系。在 8.3.1 节中介绍了如何在数据库中建立数据表之间的联系,下面通过例子介绍如何访问这些有关联的数据表。
```

8.5.1 访问 1 对 1 关系数据表

例 8-9 设计和实现一个学生基本信息和住址信息管理系统,该系统可对学生信息添加、修改、删除和查询。

解 首先找出问题域类,画出类图,并给出各类的详细说明,据此设计相应的数据表;然后再定义问题域类和相应的数据访问类;最后编写测试程序。各步骤实现过程如下:

(1) 建立问题域类图。

首先建立问题域类 Student 和 Address,如图 8-19 所示。为什么要将地址(Address)从 Student 类的属性中抽出来作为一个类呢?因为地址信息比较复杂,包含街道、城市、省、邮编等;地址类 Address 有一个方法,该方法是输出打印地址标签作为信封上的地址。这样看来,引入地址类 Address 可使得学生类 Student 更紧凑。

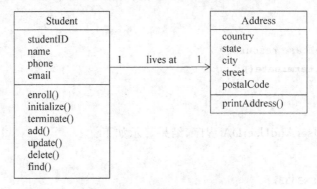

图 8-19 学生信息管理类图

类图中关联关系是单向的,这表示从 Student 类可以导航到 Address 类,但反过来不需要。类图中各类的说明如表 8-2 所示。

表 8-2 类的说明

类名	属性和方法成员	说明
Student	studentID	学生编号,数据类型:String
	name	学生姓名,数据类型:String
	phone	电话号码,数据类型:String
	email	电子邮箱,数据类型:String
	enroll()	学生注册方法
	initialize()	建立数据库初始化
	terminate()	释放资源
	add()	添加新的学生记录,包括地址信息
	update()	修改学生记录,包括地址信息
	delete()	删除指定的学生记录,包括地址信息
	find()	查找指定的学生记录,包括地址信息,返回数据类型:Student(实例类型)

续表

类名	属性和方法成员	说　　明
Address	country	国家,数据类型：String
	state	省或自治区,数据类型：String
	city	城市,数据类型：String
	street	街道,数据类型：String
	postalCode	邮编,数据类型：String
	printAddress()	输出打印信封上的地址标签

(2) 建立数据库 studentDB.mdb 和 ODBC 数据源。

用 8.3 节介绍的方法建立数据库 studentDB.mdb。利用计算机中 ODBC 管理器,建立 ODBD 数据源名(DSN)为 studentManagement。然后,依据类图在数据库 studentDB.mdb 中创建两个数据表 studentT 和 addressT,其结构如图 8-20 所示。

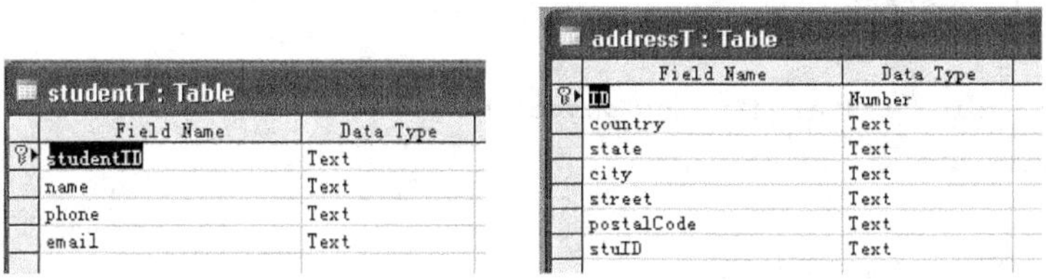

图 8-20　数据表结构

在数据库 studentDB.mdb 中建立这两个表的关系,如图 8-21 所示。为了在数据库中建立 studentT 和 addressT 两个表的联系,需要在表 addressT 中增加一个外键 studentID,该外键是表 studentT 的主键。

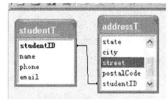

图 8-21　数据表的关系图

使用 SQL 语句实现联合查询的语句如下：

SELECT name,phone,state,city,
FROM studentT,addressT
WHERE studentT.studentID = addressT.studentID

(3) 定义问题域 Student 类和 Address 类。

为了重点说明对数据库的访问,在定义的 Student 类中省略 enroll 方法,在 Address 类中省略 printAddress 方法。

① 定义 Address 类。

因为关联关系是单向的,在 Address 类的定义中不需要增加 Student 类的引用变量。故先定义 Address 类。由表 8-2 定义 Address 类如下：

```
// Address.java
public class Address{
```

```java
private String country,state,city, street, postalCode ;
public Address(String country, String state, String city,String street,
            String postalCode) {
    setCountry( country) ;
    setState(state);
    setCity( city);
    setStreet(street);
    setPostalCode(postalCode);
}
public String getCountry() {
    return country;
}
public void setCountry(String country) {
    this.country = country;
}
public String getState() {
    return state;
}
public void setState(String state) {
    this.state = state;
}
public String getCity() {
    return city;
}
public void setCity(String city) {
    this.city = city;
}
public String getStreet() {
    return street;
}
public void setStreet(String street) {
    this.street = street;
}
public String getPostalCode() {
    return postalCode;
}
public void setPostalCode( String postalCode) {
    this.postalCode = postalCode;
}
public String getDetails(){
    String info;
    info = "国家: " + getCountry() + ";省: " +  getState()
        + "; 城市: " + getCity() + ";街道: " + getStreet()
        + ";邮编: " + getPostalCode();
```

        return info;
    }
}

② 定义 Student 类。

为建立 Student 类与 Address 类的关联，需要在 Student 类中增加 Address 类的引用变量，同时在其构造方法、getter 方法和 setter 方法中增加对这个引用变量的赋值和获取。Student 类定义如下：

```
// Student.java
public class Student{
    private String name,studentID,phone,email;

    //声明引用变量为 Address 实例
    private Address address;            //增加了一个变量

    /* constructor */
    public Student(String studentID,String name,String phone,String email,
            Address address) {
        setName( name) ;
        setStudentID(studentID);
        setPhone( phone);
        setEmail(email);
        setAddress(address);
    }

    /* getters and setters */
    public String getName() {
        return name;
    }
    public void setName(String name) {
        this.name = name;
    }
    public String getStudentID() {
        return studentID;
    }
    public void setStudentID(String studentID) {
        this.studentID = studentID;
    }
    public String getPhone() {
        return phone;
    }
    public void setPhone(String phone) {
```

```java
        this.phone = phone;
    }
    public String getEmail() {
        return email;
    }
    public void setEmail(String email) {
        this.email = email;
    }
    public Address getAddress() {
        return address;
    }
    public void setAddress( Address address) {
        this.address = address;
    }

    public String getDetails(){
        String info;
        info = "StudentID: " + getStudentID() + ";\n 姓名: " + getName()
            + "; 电话: " + getPhone() + ";电邮: " + getEmail()
            + ";地址: " + address.getDetails();        // 获得学生的地址
        return info;
    }

    /* static methods */
    public static void initialize(){
        StudentDA.initialize();
    }
    public static Student find(String studentID) throws NotFoundException{
        return StudentDA.find(studentID);
    }
    public static void terminate(){
        StudentDA.terminate();
    }

    /* instance methods */
    public void add() throws DuplicateException{
    /* 同时添加学生类的属性值和地址类的属性值(见下面参数),因为 Student 类和 Address
    类是 1 对 1 的关系 */
        StudentDA.add(this,address); // this 代表 Student 的实例
    }
    public void delete() throws NotFoundException{
        StudentDA.delete(this);
    }
```

```
    public void update() throws NotFoundException{
        StudentDA.update(this);
    }
}
```

从 Student 类的 getDetails 方法中的语句 address.getDetails();可以看出关联关系的导航性，即从 student 类中可获得学生的地址（实现了关联联系）。

(4) 定义数据访问类 StudentDA。

因 Address 与 Student 一一对应，单独访问数据表 AddressT 没有意义，所以在此例中只需要设计 StudentDA 类即可，如图 8-22 所示。

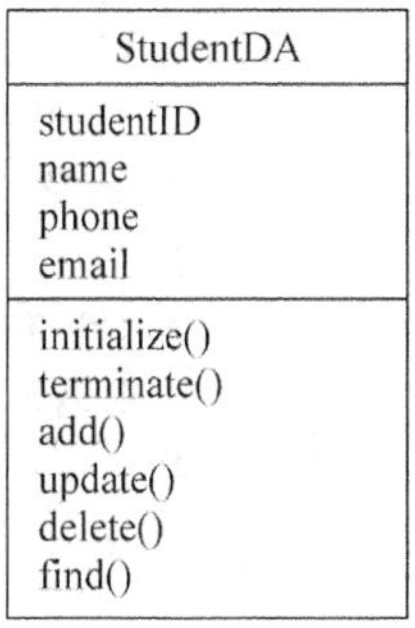

StudentDA 类的定义如下：

StudentDA
studentID name phone email
initialize() terminate() add() update() delete() find()

图 8-22 StudentDA 类图

```
// StudentDA.java
import java.sql.*;
public class StudentDA{
    static String url = "jdbc:odbc:studentManagement";
    static Connection aConnection;
    static Statement aStatement;

    /* declare variables for Student attribute value */
    static String name , studentID,phone,email;

    /* declare variables for Address attribute value */
    static String country,state,city,street,postalCode;

    /* declare reference variables for Student and Address */
    static Student aStudent;
    static Address aAddress;

    /*建立数据库连接*/
    public static Connection initialize(){
        try{
            Class.forName("sun.jdbc.odbc.JdbcOdbcDriver");
            aConnection = DriverManager.getConnection(url,"","");
            aStatement = aConnection.createStatement();
        }
        catch (ClassNotFoundException e){
            System.out.println(e);
        }
        catch (SQLException e){
            System.out.println(e);
        }
```

```java
        return aConnection;
    }

    /* 释放所有的资源 */
    public static void terminate(){
        try{
            aStatement.close();
            aConnection.close();
        }
        catch (SQLException e) {
            System.out.println(e);
        }
    }


    /* 添加一个学生的信息包括地址,见下面形式参数 */
    public static void add(Student aStudent,Address aAddress) throws
    DuplicateException{
        // retrieve the Student and Address attribute values
        name = aStudent.getName();
        studentID = aStudent.getStudentID();
        phone = aStudent.getPhone();
        email = aStudent.getEmail();
        country = aAddress.getCountry();
        state = aAddress.getState();
        city = aAddress.getCity();
        street = aAddress.getStreet();
        postalCode = aAddress.getPostalCode();

        // create the SQL insert statement using attribute values
        String sql1 = "INSERT INTO StudentT (StudentID,Name,phone,email)"
                + "VALUES ('" + studentID + "','" + name + "','" + phone
                + "','" + email + "')";
        String sql2 = "INSERT INTO AddressT (country,state,city,street,
                postalCode,stuID) VALUES ('" + country + "','" + state
                + "','" + city + "','" + street + "','" + postalCode
                + "','" + studentID + "')";

        // 先检查数据表 StufentT 中是否有这个学生的信息
        try{
            Student c = find(studentID);
            throw (new DuplicateException("该学生已存在 "));
        }
        // 如果没有这个学生信息,则添加
        catch(NotFoundException e){
```

```java
        try{
            // execute the SQL update statement
            int result = aStatement.executeUpdate(sql1);
            int result1 = aStatement.executeUpdate(sql2);
        }
        catch (SQLException ee){
            System.out.println(ee);
        }
    }
}

/* 删除一个学生的信息包括地址 */
public static void delete(Student aStudent) {
    // 检索要删除的学生的 studentID
    studentID = aStudent.getStudentID();
    // create the SQL delete statement
    String sql1 = "DELETE FROM StudentT WHERE StudentID = '"
            + studentID + "'";
    String sql2 = "DELETE FROM AddressT WHERE StuID = '"
            + studentID + "'";
    try{
        int result = aStatement.executeUpdate(sql1);
        int result1 = aStatement.executeUpdate(sql2);
    }
    catch (SQLException e){
        System.out.println(e);
    }
}

/* 更新一个学生的信息包括地址 */
public static void update(Student aStudent) throws NotFoundException{
    // retrieve the Student and Address attribute values
    studentID = aStudent.getStudentID();
    phone = aStudent.getPhone();

    // define the SQL query statement using the phone number key
    String sql = "UPDATE StudentT SET phone = '" + phone
            + "' WHERE StudentID = '" + studentID + "'";

    // see if this student in the database
    // NotFoundException is thrown by find method
    try{
        Student c = find(studentID);
        // if found,execute the SQL update statement
```

```java
            int result = aStatement.executeUpdate(sql);
        }
        catch (SQLException e) {
            System.out.println(e);
        }
    }

    /* 查找一个学生的信息,包括地址 */
    public static Student find(String key) throws NotFoundException{
        aStudent = null;

        // 定义联合查询语句以获得这个学生的完整信息,包括地址信息
        String sql = "SELECT studentT.studentID,Name,phone,email,"
                   + " country,state,city,street,postalCode "
                   + " FROM studentT,addressT "
                   + " WHERE studentT.studentID = addressT.studentID"
                   + " AND studentT.studentID = '" + key + "'" ;

        /* execute the SQL query statement */
        try{
            // get result set of query
            ResultSet rs = aStatement.executeQuery(sql);

            // next method sets cursor & returns true if there is data
            boolean gotIt = rs.next();
            if (gotIt){
                // extract the data
                studentID = rs.getString(1);
                name = rs.getString(2);
                phone = rs.getString(3);
                email = rs.getString(4);
                country = rs.getString(5);
                state = rs.getString(6);
                city = rs.getString(7);
                street = rs.getString(8);
                postalCode = rs.getString(9);

                /* 用以上获取的数据生成 Address 和 Student 的实例 */
                aAddress = new Address(country,state,city,street,postalCode);
                aStudent = new Student(studentID,name,phone,email,aAddress);
            }
            else                     // nothing was retrieved
                throw (new NotFoundException("没有发现这个记录 "));
            rs.close();
```

```
        }
        catch (SQLException e){
            System.out.println(e);
        }
        return aStudent;
    }
}
```

注意：

① 在 add 方法中，try 语句块要执行两个 INSERT 语句，这是因为 Student 类和 Address 类是 1 对 1 的关系。即有一个学生的记录，必须有一个相应地址的记录，所以必须同时添加这个学生基本信息和地址信息到数据库表中，以保证数据（信息）的完整性。

② 同理，在 delete 方法 try 语句块中也要执行两个 DELETE 语句。当从数据库中删除一个学生的记录时也必须将对应的地址记录删除，以保证数据的完整性。为保证读写数据的完整性，Java 和 SQL Server 都提供了多种方法。例如，SQL Server 的 Transaction（事务处理）机制，Java 的 Serieliazation（同步）等。

③ 在 find 方法中只返回了一个实例 aStudent。因为在 Student 类中已建立了与 Address 的关联，因此在实例 aStudent 中已关联了这个学生的地址，见语句 aStudent＝new Student(studentID,name,phone,email,**aAddress**)。

（5）编写测试程序 TesterStudentAddress.java。

编写测试程序 TesterStudentAddress 以测试上述定义的类是否正确。首先生成一个 Student 的实例，再调用其方法，以测试之。注意为测试异常情况发生时是否可抛出异常，需要在测试程序中故意设置异常。

```
// TesterStudentAddress.java
public class TesterStudentAddress{
    public static void main(String args[]){
        // create a Students
        Address aAddress = new Address("中国","湖北","武汉","喻家山","430074");
        Student aStudent = new Student("ST111111","李红","22334455","lihong@
                    hotmail.com",aAddress);

        /* 建立 DB 连接 */
        Student.initialize();

        /* test adding a new student */
        try{
            aStudent.add();
            System.out.println("添加了一个学生");
        }
        catch(DuplicateException e) {
            System.out.println(e);
        }
```

```java
        /* test finding a student */
        try{
            aStudent = Student.find("ST111111");
            System.out.println("查询结果 " + aStudent.getDetails());
        }
        catch(NotFoundException e) {
            System.out.println(e);
        }

        /* test updating a student */
        try{
            aStudent = Student.find("ST111111");
            aStudent.setPhone("55558888");
            aStudent.update();
            // display info after change
            aStudent = Student.find("ST111111");
            System.out.println("更新后 " + aStudent.getDetails());
        }
        catch(NotFoundException e) {
            System.out.println(e);
        }

        /* test deleting a student */
        try{
            aStudent.delete();
            System.out.println("要删除 " + aStudent.getDetails());
            // try to find the Student just deleted
            aStudent = Student.find("ST111111");
            System.out.println("删除后查询" + aStudent.getDetails());
            System.out.println( aAddress.getDetails());
        }
        catch(NotFoundException e){
            System.out.println(e);
        }
        /* 释放资源 */
        Student.terminate();
    }
}
```

运行以上程序,结果显示如下:

添加了一个用户
查询结果 UserID: ST111111;
姓名:李红; 电话: 22334455; 电邮: lihong@hotmail.com;

地址：国家：中国；省：湖北；城市：武汉；街道：喻家山；邮编：430074
更新后 UserID: ST111111;
姓名：李红；电话：55558888；电邮：lihong@hotmail.com;
地址：国家：中国；省：湖北；城市：武汉；街道：喻家山；邮编：430074
要删除的记录 UserID: ST111111;
姓名：李红；电话：55558888；电邮：lihong@hotmail.com;
地址：国家：中国；省：湖北；城市：武汉；街道：喻家山；邮编：430074
NotFoundException：没有发现这个记录

从运行结果可见，定义的类能实现对学生信息的添加、删除、更新和查询，并能发现异常情况。

补充：如果定义一个用户界面类代替 TesterStudentAddress 测试程序，就可以实现用户通过界面输入学生信息和维护学生信息了，而不是把学生信息写在测试程序中。用户界面（类）可以这样设计：首先有一个主界面（主动类），在此界面上可安排一个菜单栏，列出各种功能项，供用户选择；另外再设计的几个子界面（主动类），分别用来进行添加、删除、修改和查询的调用。学生信息管理系统的界面设计示意图如图 8-23 所示。当单击主界面上的操作按钮，将打开一个新的功能操作界面。

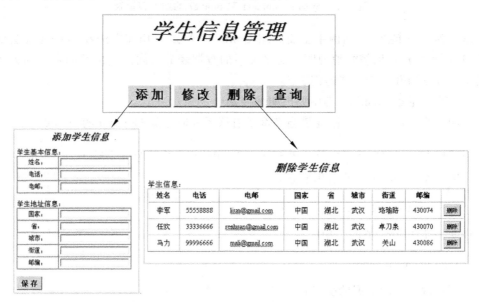

图 8-23　学生信息管理系统的界面设计示意图

8.5.2　访问 1 对多关系数据表

例 8-10　设手机电话簿管理问题域类图，如图 8-24 所示。假设联系人数据表 contactT 和电话表 phoneT 已创建在数据库 phonebook.mdb 中，并且在数据表中输入的记录如图 8-25 所示。要求开发一个查询手机联系人信息（包括姓名和电话号码）的应用。

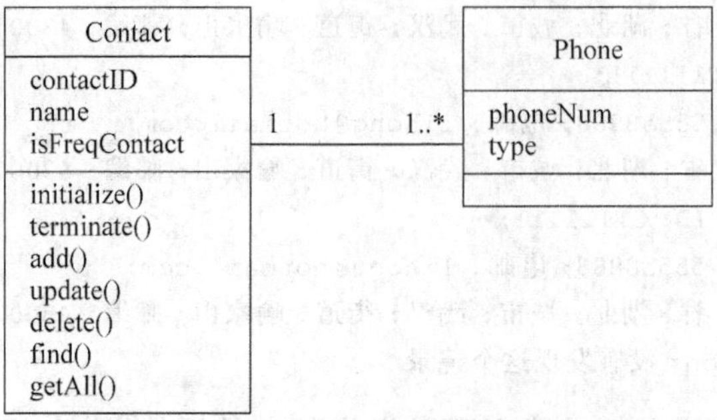

```
         Contact                              Phone
     contactID                            phoneNum
     name              1        1..*      type
     isFreqContact
     ───────────
     initialize()
     terminate()
     add()
     update()
     delete()
     find()
     getAll()
```

图 8-24　手机电话簿管理问题域类图

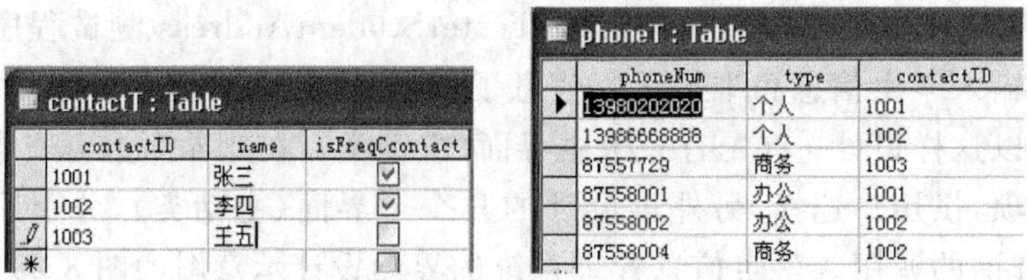

(a)　contactT : Table

contactID	name	isFreqCcontact
1001	张三	✓
1002	李四	✓
1003	王五	

(b)　phoneT : Table

phoneNum	type	contactID
13980202020	个人	1001
13986668888	个人	1002
87557729	商务	1003
87558001	办公	1001
87558002	办公	1002
87558004	商务	1002

图 8-25　数据表 contactT 和 phoneT 的结构和记录

解　为简单起见，在本例中主要介绍 ContactDA 类中 find 方法和 getAll 方法如何编写，这两个方法可以较好地说明 1 对多关系的数据表的访问。其他类的定义和方法的定义类似 5.5 节和 8.5.1 节的例子。

（1）首先在 ContactDA 类中要声明的变量

声明一个 ArrayList 引用变量当查询所有联系人时存放 Contact 的引用变量：

static ArrayList<Contact> contacts = new ArrayList<Contact>();

声明一个 Contact 类的引用变量：

static Contact aContact;

声明一个 Phone 类的引用变量：

static Phone aPhone;

声明存放读取的数据的变量：

static String contactID,name,phoneNum,type;
static int freqContact;

（2）编写 ContactDA 的 find 方法。

find 方法的前一部分为：

public static **Contact** find(String key) throws NotFoundException{
// 定义联合查询语句以获得这个联系人的完整信息，包括电话信息
// 按照名字检索数据库中的联系人的 SQL 语句
String sql = "SELECT contactID,Name,isfreqContact,phoneNum,type"

```
        + " FROM contactT,phoneT"
        + " WHERE contactT.contactID = phoneT.contactID "
        + " AND contactT.contactID = '" + key + "'" ;
```

若 key="1001"（1001 是张三的标识符，他有两个电话号码），执行以上语句的结果如表 8-3 所示。

表 8-3 查询结果

contactID	name	isFreqCcontact	phoneNum	type
1001	张三	true	13980202020	个人
1001	张三	true	87558001	办公

从表 8-3 可以看到在数据集中有重复的信息。为了不重复析取数据集中一个联系人的重复数据，达到如表 8-4 所示情景，可以在析取查询结果集时使用一个循环语句 While 和一个布尔变量 isContactCreated，其初始值置为 false，然后在循环体检查这个变量的值。当第一次执行循环体时，isContactCreated 为 false，读取联系人信息，依此生成一个 Contact 实例，然后将 isContactCreated 置为 true，以便以后通过循环体时不再重复读取这个联系人的信息。其处理流程如图 8-26 所示。

表 8-4 消除了表 8-3 重复数据

contactID	name	isFreqCcontact	phoneNum	type
1001	张三	true	13980202020	个人
			87558001	办公

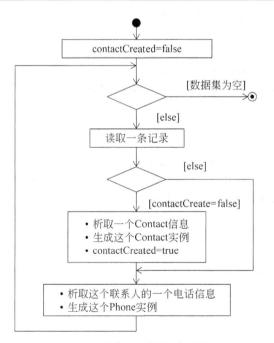

图 8-26 过滤重复数据的活动图

实现图 8-26 所示活动图的流程的语句块如下：

```
try{
    // execute the SQL query statement
    ResultSet rs = aStatement.executeQuery(sql);

    // 声明控制变量并赋初值
    boolean contactCreated = false;

    // next 方法判断查询结果数据集 rs 中是否有数据
    boolean more = rs.next();
    // 循环
    while(more){
        if(contactCreated == false){
            // extract the contact data
            contactID = rs.getString(1);
            name = rs.getString(2);
            freqContact = rs.getInt(3);

            // create Contact instance
            aContact = new Contact(contactID,name,isFreqContact);
            contactCreated = true;
        }
        // extract the phone data
        phoneNum = rs.getString(4);
        type = rs.getString(5);

        // create the Phone instance
        aPhone = new Phone(phoneNum,type,aContact);

        more = rs.next();
    }
    if(contactCreated == false)                // nothing was retrieved
        throw (new NotFoundException("没有发现这个记录 "));
    // 释放数据集占用的空间资源
    rs.close();
}
catch (SQLException e){
    System.out.println(e);
}
return aContact;
}
```

以上是 find 方法的后一部分。

(3) 编写 ContactDA 类的 getAll 方法。

find 方法是读取指定的一个联系人的信息，包括这个联系人的所有电话号码。getAll 方法与 find 方法不同的是读取所有联系人的信息及其电话信息。因此，在处理重复数据时有所不同。getAll 方法的前一部分如下：

```
public static ArrayList getAll(){
    aContact = null;                                    // 设置引用变量为 null

    // 定义联合查询语句以获得这个联系人的完整信息，包括电话信息
    String sql = "SELECT ContactId,Name,phoneNum,type "
               + " FROM contactT,phoneT "
               + " WHERE contactT.contactID = phone.contactID "
               + " ORDER BY name,phoneNum";
}
```

子句"ORDER BY name,phoneNum"用来对查询结果按递增排序，先按姓名 name 排序，再按电话号码排序。执行以上 SQL 语句，查询的结果如表 8-5 所示。

表 8-5 查询结果

contactID	name	phoneNum	type	contactID	name	phoneNum	type
1002	李四	13986668888	个人	1003	王五	87557729	商务
1002	李四	87558002	办公	1001	张三	13980202020	个人
1002	李四	87558004	商务	1001	张三	87558001	办公

为了不重复析取数据集合集中多个联系人的重复数据，在读取数据结果集的时候需要过滤重复的记录。其方法是增加变量 thisContactID 和 prevContactID 来决定何时中断读取联系人记录。变量 thisContactID 初值设置为读取的第一个联系人记录的 contactID，每次通过外循环 while 时，都会将 thisContactID 保存到变量 prevContactID 中，并从结果集中读取其他联系人属性，并创建这个联系人 Contact 的实例，接着将该实例的引用添加到 ArrayList 中。在内循环 while 一直执行读取该联系人的电话信息记录，直到 contactID 发生了变化（即下一个联系人）或到达结果集的末尾，其处理流程如图 8-27 所示。

实现图 8-27 的具体语句块如下：

```
try{
    // execute the SQL query statement
    ResultSet rs = aStatement.executeQuery(sql);

    // next method sets cursor & returns true if there is data
    boolean more = rs.next();                    //将结果集的指针指向第一个记录

    // 读结果集中的第一个记录的 contactID 字段
    int thisContactID = rs.getString(1);
```

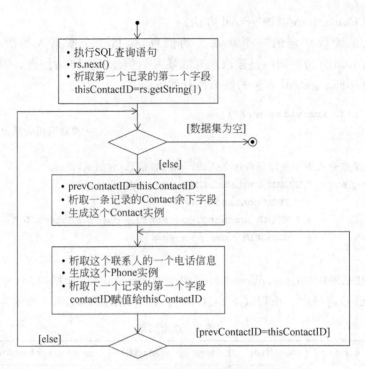

图 8-27 避免重复读取数据的活动图

```
/* 外循环析取联系人 contact 记录 */
while(more){
    // 存储 thisContactID 的值
    int prevContactID = thisContactID;
    // extract the contact data
    name = rs.getString(2);
    isFreqContact = rs.getInt(3);

    // create Contact instance
    aContact = new Contact(contactID,name,isFreqContact);
    contacts.add(aContact);          // contacts 是 ArrayList 实例变量

    /* 内循环析取这个联系人的 phone 记录 */
    while(prevContactID == thisContactID){
        // extract the phone data
        phoneNum = rs.getString(4);
        type = rs.getString(5);

        // create the Phone instance
        aPhone = new Phone(phoneNum,type,aContact);

        // 将结果集的指针指向下一个记录
        more = rs.next();
```

```
            // 读取下一个记录的 contacID 字段
            if(more) thisContactID = rs.getString(1);
        }// end for
    }// end for
    rs.close();
}
catch (SQLException e){
    System.out.println(e);
}
return contacts;
}
```

以上是 getAll 方法的后一部分。

注意：在内循环中针对一个联系人创建一个或多个 Phone 实例。利用双重循环和控制变量 thisContactID 和 prevContactID，达到消除重复数据，使查询结果显示简洁明了。

8.6 本章小结

本章介绍了如何实现数据持久化，采用的方法有两种：一种是只存储对象的属性值；另一种是存储整个对象。本章介绍了如何用顺序文件和随机文件的形式存储数据，以及如何读、写数据文件，重点介绍了用数据库存储对象属性值的方法；介绍了如何设计数据访问类，以及如何访问数据库数据；如何实现问题域类（PDclass）与数据访问类（DA class）的交互等。

如果将本章的测试程序改为用户界面类，用户就可以通过 GUI 界面来实现对数据的添加、修改、删除和查询及其他功能。由此可完整地实现应用系统的三层程序设计。

练 习 题

1. 哪些数据需要持久保存？如何实现数据持久？
2. Java 将 I/O 视为_____。
   A. 其他语言
   B. 字节流
   C. Unicode
   D. 依赖于缓冲器
3. Character 流与 Byte 流的区别是_____。
   A. 每次读入的字节数不同
   B. 前者带有缓冲，后者没有
   C. 前者是块读写，后者是字节读写

D. 二者没有区别，可以互换使用

4. 编写一程序实现以下功能：统计一个文件中字母 A 和 a 出现的总次数。

5. RandomAccessFile 类的主要用途是什么？它与 File 类有什么区别？

6. 编写一程序，利用 RandomAccessFile 类往新文件中写入 10 个整数(0～10)，然后从该文件的第 5 个字节开始，将后面所有的数据读出。

7. 为什么要设置数据源名(DSN)？如何设置 DSN？

8. 如何实现 Java 应用程序与数据库的连接？

9. 数据表中的每一列代表什么？每一行又代表什么？问题域类与数据表有联系吗？若有，请说明。

10. 在 Microsoft Access 中创建一个数据库，在该数据库中建立数据表 userT，自定义表中的字段，然后在表中输入数据。

11. 编写 4 个 SQL 语句，分别实现添加一个记录到数据表 userT、删除数据表 userT 中一个记录、修改和查询 userT 表中的记录。

12. 如何确定数据表中的主键？为什么有的数据表要增加一个外键？

13. 设计数据访问类的时候通常应包含哪几种方法？

14. 当某个问题域类的任务需要访问数据库时，应增加哪些方法在这个类中，对应的数据访问类应如何设计？

15. 数据访问类与问题域类的关系是什么？

16. 考虑订单处理系统中订单(Order)与客户(Customer)类，以及它们之间的关系，参考第 1 章类图。如何根据 Order 和 Customer 类图建立数据表，并在表中建立它们之间的关系？

17. 阅读 8.4.3 节中例子，试将例子中的测试程序改为 GUI 类，以实现用户从图形用户界面输入数据，将其结果也显示在图形用户界面中。

第 9 章

Web 应用系统的开发

前几章以三层设计模式(表示层、业务逻辑层和数据访问层)为主线,陆续介绍了面向对象的程序设计和实现。实现的例子均属于 Java Application (应用)。Java Application 大都应用在单机和局域网中。随着 Internet 的普及,基于 Web 的应用越来越多,如网上银行、数字图书馆、QQ、订票、世界博览会、网络电视等,应有尽有。

在 Web 上建立网站和业务是许多企业成功的关键。选用什么技术开发 Web 应用系统非常重要。由于 Java 的安全性、与平台无关性等优点,以及 Java 企业级开发版本 J2EE 的发布,使得 Java 成为开发 Web 应用很好的选择。Web 应用系统的开发涉及很多技术,而且这些技术都在快速地发展。本章仅介绍 Web 应用系统开发的基本概念和技术,这些基础知识对于初步掌握 Web 应用系统的开发将有很大的帮助。同时,前几章介绍的面向对象的开发思想和技术也为开发 Web 应用系统奠定了基础。

本章要点:
- 开发 Web 应用系统的基础知识;
- Web 应用系统的体系结构;
- Web 应用系统编程语言 Java Servlet 和 JSP;
- 如何划分 Java Servlet 和 JSP 的职能,充分发挥各自的优点;
- 采用什么设计模式实现 Web 应用系统;
- 如何部署 Web 应用系统。

9.1 Web 基本知识

Web 是 World Wide Web(WWW 万维网)的俗称。Web 是 Internet 上存储的信息集合,Internet 是一个巨大的通信网络连接的计算机集合。

Web 结构的基本元素有 Web Server(服务器)、Web Browser(浏览器)、浏览器与服务器之间的通信协议 HTTP(Hypertext Transfer Protocol,超文本传输协议)、写 Web 文档的语言 HTML(Hypertext Markup Language,超文本标记语言)以及用来标识 Web 上资源的 URL(Universal Resource Locator、统一资源定位器)。要开发 Web 应用系统就需要了解什么是 WWW、URL、HTTP 和 HTML 等 Web 的基本知识。

9.1.1 WWW 工作原理

简单地说 Web 信息是以 HTML 格式存储在 Web 页面上。存储网页的计算机称为 Web 服务器，此计算机上安装有 Web 服务器软件 Internet Information Server（IIS）或 Apache。可阅读网页的计算机称为 Web 客户端，在此计算机上安装有 Web 浏览器，例如 Internet Explorer 或 Netscape。Web 服务器响应 Web 客户端通过 Internet 发出的请求信息。

下面简要介绍 WWW 工作原理。

（1）当用户想打开 WWW 上的一个网页，或其他网络资源的时候，首先在浏览器上输入想访问网页的地址 URL，或者通过超链接方式链接到那个网页或网络资源。

（2）解析 URL 的服务器名，由分布于全球的 Internet 域名系统解析，并根据解析结果决定进入哪一个 IP 地址。

（3）向那个 IP 地址服务器发送一个 HTTP 请求。在通常情况下，HTML 文本、图片和构成该网页的一切其他文件很快会被逐一请求并发送回用户。

（4）网络浏览器把 HTML、CSS(cascading style sheets，级联样式表)和其他接收到的文件所描述的内容，加上图像、链接和其他必需的资源，显示给用户。这些就构成了用户所看到的"网页"。

WWW 的内核部分由 3 个标准构成：URL、HTTP 和 HTML。下面分别介绍。

9.1.2 URL

URL 用来唯一标识 Web 上的资源，例如 Web 页面、图像文件（如 GIF 格式文件和 JPEG 格式文件）、音频文件（如 AU 格式）、视频文件（如 MPEG 格式文件）。URL 也称为网络资源地址，在浏览器的地址栏里输入的网页地址就是 URL。URL 就像每家的一个门牌地址一样，当在浏览器的地址框中输入一个 URL 或单击一个超链接时，URL 就确定了所要浏览网页的地址。例如，华中科技大学软件学院本科教育网页的 URL 为

http://sse.hust.edu.cn:80/news/benkeshengjiaoyu/index.html

  第Ⅰ部分 第Ⅱ部分 第Ⅲ部分 第Ⅳ部分   第Ⅴ部分

一个 URL 的组成及含义解释如下。

第Ⅰ部分：通信协议。指出 URL 所链接的网络通信协议标识符，即指明网站的文件用什么协议访问，http:// 代表超文本传输协议，通知服务器显示 Web 页面。常用的 URL 协议如表 9-1 所示。

表 9-1 URL 协议

协议名称	说　　明	例　　子
http	超文本传输协议	http:// www.163.com
ftp	文本传输协议	ftp:// 10.10.20.97
https	安全的超文本传输协议	https:// www.alipay.com/
File	本地磁盘文件服务协议	File:// d:wingdows.win.exe
telnet	远程登录服务协议	telnet:// bbs.coco.com
News	网络新闻协议	news:// newssina.com

第Ⅱ部分：服务器名称。指出 Web 页面所在的服务器域名或 IP 地址。例如，WWW 代表一个 Web(万维网)服务器(WWW 是可选的)；sse.hust.edu.cn 是装有网页的服务器的域名，或站点服务器的名称。

第Ⅲ部分：通信端口号。端口通常为不同协议保留，例如 FTP 和 HTTP 守护进程侦听不同的端口，FTP 默认的端口号为 21，HTTP 默认的端口号为 80。

第Ⅳ部分：文件夹。指明网页或文件在服务器上的目录和子目录，就像计算机中的文件夹，如 /news/benkeshengjiaoyu/ 这一部分不是必需的。

第Ⅴ部分：文件。该文件是文件夹中的一个文件，如 index.html(网页文件)。

例如，用户输入 URL 地址 http://www.hust.edu.cn:80/index.html；浏览器请求主机 www.hust.edu.cn 在 80 端口提供的 HTTP 服务，并要求取得该服务器上的 index.html 文件；服务器接受请求，取得该文件；服务器把文件返回浏览器，并告诉浏览器这是一个 HTML 文件；浏览器在显示器上显示这个页面。在浏览器和 Web 服务器之间使用的协议是 HTTP。

9.1.3 HTTP

HTTP(超文本传输协议)是 Web 服务器使用的主要协议。超文本是指页面内可以包含图片、链接，甚至音乐、程序等非文字的元素。HTTP 是用来在互联网上传输文档的协议，是 Web 服务器和 Web 客户机(如浏览器)之间传输 Web 页面的基础。浏览器通过 HTTP，将 Web 服务器上站点的网页代码提取出来，并翻译成人们能读懂的网页。

HTTP 是建立在 TCP/IP 之上的应用协议，但并不是面向连接的，而是一种请求/应答(Request/Response)式协议。在上网浏览网页时，浏览器和 Web 服务器之间就会通过 HTTP 在 Internet 上进行数据的发送和接收，如图 9-1 所示。

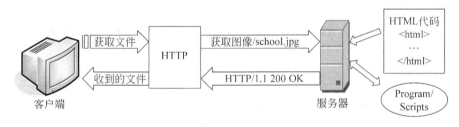

图 9-1 HTTP 工作示意图

HTTP 协议定义了与服务器交互的多个方法，最基本的方法是 GET 和 POST。

1. GET 方法

GET 方法用于发送从服务器获取的消息，而不是修改服务器的消息。例如，获取文档资料、图表或查询数据请求的结果。请求的信息作为查询字符串发送。一般对查询字符串长度有限制，不能大于 255 个字符。

2. POST 方法

POST 方法用于发送这样的信息,如用户名、信用卡号或要保存到数据库中的信息。用 POST 方法发送的请求可能要改变服务器上的数据资源。发送的信息量没有限制。

HTTP 从 1990 年开始就在 WWW 上广泛应用,是目前 WWW 上应用最多的协议。

9.1.4 HTML

要让设计者在网络上发布的网页能够被世界各地的浏览者所阅读,需要一种规范化的发布语言。在万维网上,文档的发布语言是 HTML。HTML 专门用来制作网页。超文本文档中提供的超链接能够让浏览者在不同的页面之间跳转。

1. HTML 的特点

HTML 语言是一种标记语言,不需要编译,可直接由浏览器执行。

HTML 文件是一个文本文件,包含了一些 HTML 元素、标记等。

HTML 文件必须使用 html 或 htm 为文件名后缀。编写 HTML 文件,只要使用一个文本编辑器就可以了。

例如,一个最简单的 HTML 源文件如图 9-2 所示,文件名为 test.htm,若将它保存在 C 盘上,然后双击该文件名,运行结果如图 9-3 所示。

图 9-2 一个简单的 HTML 源文件

图 9-3 运行结果

2. HTML 源文件的结构

HTML 源文件主要由两大部分组成:文件首部＜head＞…＜/head＞和文件体＜body＞…＜/body＞。图 9-2 所示的 HTML 源文件解释如下。

HTML 文件中的第一个标记是＜html＞,这个标记告诉浏览器这是 HTML 文件的开始点。文件中最后一个标记是＜/html＞,它告诉浏览器,这是 HTML 文件的结束点。

位于＜head＞和＜/head＞标记之间的文本是头信息。头信息不会显示在浏览器窗口中。

位于＜title＞和＜/title＞标记中的文本是文件的标题。标题会显示在浏览器的标题栏中"HTML 示例",如图 9-3 所示。

位于＜body＞和＜/body＞标记中的文本是被浏览器显示出来的文本,如"世博会欢迎你"。

<p>和</p>标记定义段落;<b>和</b>标记中的文本将以粗体显示;<i>和</i>标记中的文本将以斜体显示。

3. HTML 的元素

HTML 的元素是构建网页的一种基本单位,是由 HTML 标记和 HTML 属性组成的。HTML 元素一般格式如下:

<元素名 属性名 1 = "属性值 1" [属性名 2 = "属性值 2"]...></元素名>

HTML 的元素举例如下:
1) 链接元素
<a href=http://...>:用来实现网页的转换。例如:

<a href = "http:// lady.people.com.cn/GB/8223/36238/index.html">[生活提示]</a>

在浏览器上只显现"[生活提示]"。其他部分

<a href = " http:// lady.people.com.cn/GB/8223/36238/index.html ">...</a>

是一个链接元素,用来实现网页的转换。即当用户单击"[生活提示]"时,网页将转换到 URL 为 http:// lady.people.com.cn/GB/8223/36238/index.html 的页面。

2) form 元素

<form...>也称表单,是 HTML 的一个重要部分,主要用于采集和提交用户输入的信息。例如:

<form method = "post" action = "dream.jsp">
<label for = "userID">输入学生证号:</label>
<input type = "text" name = "userID" >或
<label for = "userName">输入学生姓名:</label>
<input type = "text" name = "userName" >
<input type = "submit" name = "Submit" value = "查询" >
</form>

以上表单在浏览器上的显示如图 9-4 所示。

<form> 标记代表 HTML 表单,其中,属性 method 的值为数据传送给服务器的方法,有 Get 和

图 9-4 HTML<form>表单的显示

Post 两种,在需要修改服务器端的数据时,method="post";在不需要修改或保存服务器端的数据时,method = "get"。属性 action 的值是浏览者输入的数据被传送到的地方,如一个 JSP 页面文件 dream.jsp。

3) <lable>元素

<lable...>用来定义文字标注,如上例表单中<lable>元素为<label for = "userName">输入学生姓名:</label>。其中,属性 for 指明这个标签所对应的组件名为 userName;"输入学生姓名:"用作文本框的标注。

4) <input>元素

<input ...>作为表单中的组件出现,它根据类型(type)的不同表现为不同的形态,如单行文本框、密码文本框、复选框、单选按钮、按钮等。

上例表单中第一个<input>元素为<input type="text" name="userName">。其中,属性 type 指明类型是 text 单行文本框;属性 name="userName" 表示这个文本框的名字为 userName。Web 服务器根据文本框的名字可以获取该文本框中用户输入的信息。

上例表单中第二个<input>元素为<input type="submit" name="Submit" value="查询">。其中,属性 type="submit"定义的是提交按钮。提交按钮用于向服务器发送表单中文本框中用户输入的数据。该数据会发送到表单的 action 属性中指定的页面,由该页面响应。

如果<input>的 type 属性为<input type="radio"> 则定义一个单选按钮。单选按钮允许用户选取多个选择中的一个选项。

如果<input>的 type 属性为<input type="checkbox"> 则定义复选框。复选框允许用户在多个选择中选取一个或多个选项。

例如:

< input type = "checkbox" name = "vehicle" value = "Bike" >I have a bike
< input type = "checkbox" name = "vehicle" value = "Car" >I have a car
<p>
< input type = "radio" name = "sex" value = "male" >Male
< input type = "radio" name = "sex" value = "female" >Female </p>

运行结果如图 9-5 所示。

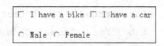

图 9-5　<input>元素举例示意图

由于 HTML 主要关注 Web 浏览器如何在页面上安排文本、图像和按钮等,过多地考虑外观使其缺乏对结构化数据的表示能力;另外,由于 HTML 缺乏可扩展性,它有限的标记不能满足有些 Web 应用的需要,故后来引出了可扩展标记语言(Extensible Markup Language,XML)。有关 HTML 和 XML 的详细讲解,可参考相关教程。

9.1.5　Web 浏览器和 Web 服务器

Web 的内容与普通的内容表现方式是不一样的,它需要借助两个特殊的应用程序,Web 浏览器和 Web 服务器。

Web 浏览器是用于通过 URL 来获取并显示 Web 网页的一种浏览器软件。这种浏览器能识别多种协议,如 HTTP、HTTPS、FTP,也能识别多种文档格式,如 TEXT、HTML、JPEG(一种图像文件格式)、XML(有的尚未支持);也具备根据对象类型调用外部应用的功能。Web 浏览器的一个重要功能是与服务器联络、发送内容请求、处理服务器的响应。在 Windows 环境中较为流行的 Web 浏览器为 Internet Explorer、Netscape Navigator 等。

Web 服务器是一种服务器软件。Web 服务器专门处理 HTTP 请求(request),传送页面使浏览器可以浏览。Web 服务器提供 4 个主要功能:
- 监听 Web 浏览器的请求。
- 返回响应 Web 浏览器的结果。
- 控制对服务器的访问。
- 对所有的访问实行监管和注册(logging)。

使用最多的 Web 服务器软件有两个:微软的信息服务器(IIS)和 Apache。

URL、HTTP、HTML(以及 XML)、Web 服务器和 Web 浏览器是构成 Web 的五大要素。Web 的本质内涵是一个建立在 Internet 基础上的网络化超文本信息传递系统,而 Web 的外延是不断扩展的信息空间。Web 的基本技术在于对 Web 资源的标识机制(如 URL)、应用协议(如 HTTP 和 HTTPS)、数据格式(如 HTML 和 XML)。这些技术的发展日新月异,新的技术不断涌现,因此 Web 的发展前景不可限量。

9.2 Web 应用系统结构

随着数据库管理技术和网络技术的发展,分布式应用系统结构经历了单层、二层客户/服务结构(C/S)和多层体系结构(B/S)。下面分别介绍 Web 应用系统结构 C/S 结构和 B/S 结构以及 Web 应用系统模型。

9.2.1 C/S 结构

C/S(Client/Server)结构,即客户机和服务器结构,是一种两层结构的应用系统体系结构。第一层是在客户机系统上结合了表示与事务逻辑;第二层是服务器,其结构如图 9-6 所示。

在客户机上安装相应的客户端应用软件,在服务器上安装服务器端的应用软件、网络共享的资源和数据库管理系统(根据需要)。客户机和服务器通过网

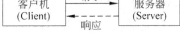

图 9-6 C/S(客户机/服务器)结构

络连接起来,该结构实现了网络上的资源共享,比较适合于局域网环境。在 C/S 体系结构中,客户机的主要工作是提供人机界面,完成人机交互,客户机向服务器请求服务并接收来自服务器的处理结果,服务器则负责有效地管理系统资源,以及为客户的资源请求提供服务。

C/S 结构具有交互性强、存储模式安全等优点。然而,当用户量增大时,服务器的性能就会下降,而且对客户端要求较高,需要安装客户端软件,一旦应用改变,所有的客户端都要重新下载安装。该结构移植性差,维护、升级较困难,成本也高。

9.2.2 B/S 结构

B/S(Browser/Server)结构,即浏览器和服务器结构,是随着 Internet 技术的兴起,对 C/S 结构的改进而产生的多层结构。B/S 结构是在 TCP/IP 的支持下,以 HTTP 为

传输协议,客户端使用浏览器作为用户界面,通过浏览器,访问 Web 服务器,以及与之相连的后台数据库服务器的结构。简单地说,B/S 由浏览器、Web 服务器和数据库服务器组成。在这种结构下,用户工作界面是通过 WWW 浏览器来实现的,极少部分事务逻辑在前端(客户机)实现,主要事务逻辑在 Web 服务器端(Server)实现,数据管理和响应 Web 服务器的请求由数据库服务器(Database Server)完成,形成三层结构,如图 9-7 所示。

图 9-7　B/S 结构

第一层:客户机。客户机是用户与整个系统的接口。将客户的应用程序精简为一个通用的浏览器软件,如 Microsoft Internet Explorer。这种浏览器能识别多种协议,如 HTTP、HTTPS、FTP;也能识别多种文档格式,如 TEXT、HTML、JPEG(一种图像文件格式)、XML;也具备根据对象类型调用外部应用的功能。

浏览器将 HTML 代码转化成图文并茂的网页。网页还具备一定的交互功能,允许用户在网页提供的表单上输入信息提交给 Web 服务器,并发出请求给 Web 服务器。

第二层:Web 服务器。Web 服务器提供 HTTP 服务。Web 服务器软件提供的是"静态"服务,即返回客户端发出的在 URL 字符串里指定的文件的内容;Web 服务器软件具备将 URL 名映像到文件名的功能,并能实施某种安全策略等,例如 Web 服务器软件 Microsoft IIS。Web 服务器将响应结果返回给客户机的浏览器。如果客户机提交的请求包括数据的存取,Web 服务器还要与数据库服务器协同完成这一处理工作。除此之外,Web 服务器还包含应用组件,例如 Web 窗口、Web 应用程序等。

第三层:数据库服务器。数据库服务器负责响应不同的 Web 服务器发出的 SQL 请求,如查询、修改、删除、添加数据等,并且负责管理数据库。例如数据库服务器软件数据库管理系统(DBMS)SQL Server 或 Oracle 等。Web 应用系统所用到的数据都存放在数据库服务器上,由 DBMS 管理。

对于简单的 Web 应用而言,可采用两层结构,即将第二层与第三层合并:第一层为客户端浏览器;第二层为 Web/Application 服务器(包括数据库管理系统)。

利用 B/S 结构开发应用系统,不必开发客户端,只需要在客户端安装 Web 浏览器就可访问和管理各种文件和数据库。应用系统的管理集中在服务器端,大大地简化了客户端的管理和安装,因而成为当今应用软件的首选体系结构。

多层体系结构是企业级应用的趋势与未来。

一般 Web 应用系统均采用三层结构,Java Web 应用软件分布如图 9-8 所示。

Web 应用系统工作过程如下:

(1) 客户端发送请求至 Web 服务器。

(2) Web 容器调用相应的 Servlet。

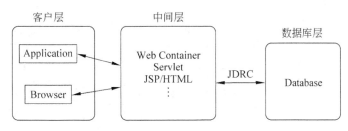

图 9-8 Web 应用系统模型

（3）Servlet 生成响应内容并将其传给 Web 容器，响应的内容是动态生成的，通常取决于客户端的请求。

（4）Web 容器将响应返回给客户端。

下面重点讲述 Web 应用系统软件中间层的 Java Servlet、Web 容器和 JSP。

9.3 Java Servlet

Java Servlet 也称 Java 服务器端程序。Java Servlet 是用 Java 语言编写的位于 Web 服务器内部的应用程序，可以生成动态的 Web 页面，与协议和平台无关。借助 Servlet 的优势，可以真正达到 Write Once、Serve Anywhere（一次编写，到处运行）的境界。

Servlet 运行于 Web 容器中，以处理客户端的请求。Servlet 可以动态地扩展服务器的能力，并采用请求-响应模式提供 Web 服务。

Java Servlet 与 Java Application 不同，Servlet 需由 Web 容器进行加载，该 Web 容器必须包含支持 Servlet 的 Java 虚拟机。

9.3.1 Servlet 的功能及生命周期

1. Servlet 的功能

一个 Servlet 的主要功能在于交互式地查询和修改数据，生成动态的 Web 页面内容。Servlet 的工作如下：

（1）读取由客户端发送的显式的数据或隐式的数据。

（2）生成客户所要的结果。

（3）将结果以显式或隐式的方式返回给客户端。

图 9-9 显示一个 Servlet 在 Web 容器 Servlet engine（引擎）作用下以多线程（threads）的方式同时响应多个客户端的请求。

2. Servlet 的生命周期

一个 Servlet 的生命周期始于它被 Web 容器加载（load）到 Web 服务器的内存，在它被终止或重新装入时结束。

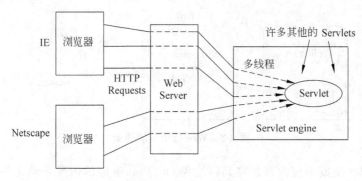

图 9-9　Servlet 引擎

每个 Servlet 生命周期定义了 Servlet 如何被加载和被初始化,怎样接收请求、响应请求,怎样提供服务,直到卸载(upload)。Servlet 生命周期如图 9-10 所示。

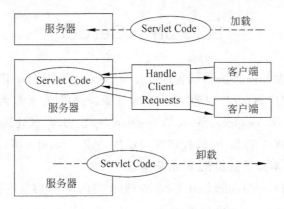

图 9-10　Servlet 生命周期的示意图

(1) 加载(load):加载一个 Servlet,是指应用程序服务器(Web 容器,如 Tomcat),创建一个 Servlet 的实例;应用程序服务器调用 Servlet 的 init 方法进行初始化工作。

(2) 服务(service):对于到达服务器的客户机请求,应用程序服务器创建特定的一个"请求"对象和一个"响应"对象。应用程序服务器调用 Servlet 的 service 方法,该方法用于传递"请求"和"响应"对象。service 方法从"请求"对象获得请求信息、处理该请求;并用"响应"对象的方法将响应传回客户机。service 方法也可以调用其他方法来处理请求,如 doGet、doPost 或其他方法。

(3) 卸载(upload):卸载一个 Servlet,是指当应用程序服务器不再需要 Servlet 时(一般在 Server 关闭时),或者重新加载这个 Servlet 的新实例时,应用程序服务器调用 Servlet 的 destroy 方法,完成卸载。

需要指出的是:

① 当一个 Servlet 程序加载执行之后,其对象(instance)通常会一直停留在 Server 的内存中,若有请求(request)发生,服务器再调用该 Servlet 来服务,假若收到相同服务的请求时,Servlet 会利用不同的线程来处理,不像 CGI 程序那样必须产生许多进程(process)来处理数据。在性能的表现上,大大超越以往撰写的 CGI 程序。

② Servlet 被装载后,不是一直停留在内存中。服务器会自动将停留时间过长一直没有被执行的 Servlet 从内存中移除,至于停留时间的长短通常和选用的服务器有关。也可以在程序中写一个 destroy 方法来控制卸载。

9.3.2 Java Servlet 包

Java Servlet 开发工具(JSDK)提供了多个 Servlet 软件包,在编写 Servlet 程序时需要用到这些软件包。其中两个基本软件包是 javax.servlet 和 javax.servlet.http。在 javax.servlet 包中定义了所有的 Servlet 类都必须实现或扩展(继承)的通用接口和类;在 javax.servlet.http 包中则定义了采用 HTTP 通信协议的 HttpServlet 类。

Servlet 框架的核心是 javax.servlet.Servlet 接口。在这个接口中定义了 5 种方法,其中 3 种方法代表了 Servlet 的生命周期,它们是 init()方法、service()方法和 destroy()方法。

1. init()方法

在一个 Servlet 的生命周期中,方法 init()仅被执行一次。它是在应用程序服务器加载一个 Servlet 程序时执行的,之后无论有多少客户机访问这个 Servlet,都不会重复执行 init()方法。

init()方法负责初始化 Servlet 对象。默认的 init()方法通常是可以满足要求的,但也可以编写一个 init 方法来覆盖(overriding)它,该方法的内容主要是管理服务器端资源。例如,编写一个 init 方法,用来装入 GIF 图像文件(仅装载一次)和(或)初始化数据库连接等。可以适当配置应用程序服务器,使得在启动应用程序服务器或客户机首次访问 Servlet 程序时执行 init()方法。

2. service()方法

service()方法是 Servlet 的核心,负责响应客户的请求。每当有一个客户端请求就会产生一个 HttpServlet 对象,该对象的 service()方法就要被调用,而且会同时创建两个对象作为 service 方法的两个参数:一个是 HttpServletRequest 请求对象;另一个是 HttpServletResponse 响应对象。前者是把客户端请求的信息封装起来的对象,可以从这个对象中取出需要的信息;后者先创建一个输出信息是空的对象,之后可以向这个对象输入要传送给客户端的信息。

默认的 service()方法,主要由 if-else 语句组成,其功能是调用与 HTTP 请求的方法相应的 do 功能。例如,如果客户端通过 HTML 表单发出一个 HTTP POST 请求时,doPost()方法被调用。如果客户端通过 HTML 表单发出一个 HTTP GET 请求或直接请求一个 URL 时,doGet()方法被调用。图 9-11 为 Service()工作示意图。

service()方法也可以重写。如果重写了该方法,运行时将不会执行默认的 service()方法,而执行重写的 service()方法。

在 Servlet 程序中也可直接重写 doPost()方法或 doGet()方法,但需要注意:当请求的任务需要修改服务器端的数据时,用 doPost()方法;若请求的任务不会修改服务器端的数据,则用 doGet()方法;在 HTML 表单 Form 中也应使用正确的 method(Get 或 Post)。

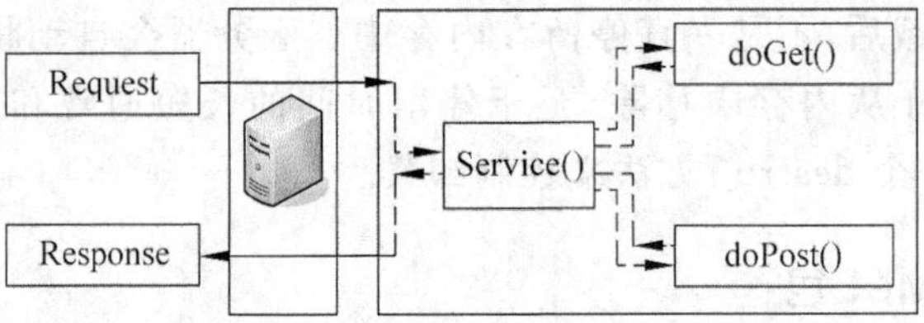

图 9-11 Service 方法工作示意图

3. destroy()方法

在一个 Servlet 的生命期中，destroy()方法仅被执行一次，即在服务器停止且卸载 Servlet 时执行该方法，负责释放占有的资源。默认的 destroy()方法通常是符合要求的，但也可以重写，其内容可以是管理服务器上的资源。例如，关闭数据库连接，等等。当应用程序服务器卸载 Servlet 时，将在所有 service()方法完成后，调用 destroy()方法来卸载。

Servlet 对客户端提供服务的序列图如图 9-12 所示。

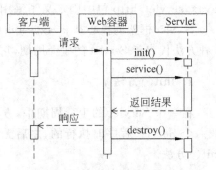

图 9-12 Servlet 响应客户端提供服务的序列图

9.3.3 自定义 Servlet

一个自定义的 Servlet 一般由以下几部分组成。

(1) import：导入的 Servlet 程序需要用到 Java package(包)。

(2) class header：继承(或扩展)Java 的 HttpServlet 抽象类。

(3) 重写 service()方法。该方法内容如下：

① 获取从客户端传来的 HTTP 请求中的参数信息。从 HttpServletRequest(请求)对象中提取 HTML 表单(Form)所提交的数据或附加在 URL 网址上的查询字符串。HttpServletRequest 对象含有特定的方法以供提取客户机传递的信息。例如，有 3 个方法可获取 POST/GET 传递的参数值：

- getParameter(String name)：获取指定参数 name 的值。
- getParameterName()：获取参数的名字。
- getQueryString()：获取附加在 URL 后面的字符串。

② 建立返回信息给客户机的输出流，生成 HTTP 响应。用 HttpServletResponse 对象生成响应，并将它返回到发出请求的客户机上。HttpServletResponse 的方法允许设置"请求"标题和"响应"主体。HttpServletResponse 对象有 getWriter()方法，以返回一个 PrintWriter 对象 output。使用 PrintWriter 的 print()和 println()方法将 Servlet 响应结果返回给客户端，或者直接使用 output 对象输出 HTML 文档形式的响应内容。

③ 关闭输出流。

下面用一个简单的查询学生信息的 Servlet 程序来说明一个 Servlet 的程序结构。

例 9-1 假设 Student 类和 studentDA 类已定义（见第 8 章），数据表 studentT 也已在数据库中创建，并且表中已录入学生信息，请编写一个查询一个学生信息的 Java Servlet 程序。

解 根据以上给出的 Servlet 程序结构，编写查询一个学生信息的 Servlet 程序代码如下：

```
// FindStudent.java
/* (1)导入的 Servlet 程序需要用到包 */
import java.io.*;
import javax.servlet.*;                         // 包括接收和响应请求的类
import javax.servlet.http.*;
import java.sql.*;

/* (2)继承(扩展)抽象类 HttpServlet */
public class FindStudent extends HttpServlet{

/* (3)重写 service()方法 */
    public void service (HttpServletRequest req,HttpServletResponse res)
    throws IOException,ServletException{
        String stuID,name,phoneNum;

        /* ①从客户端 HTML 页面的<Form>标记中文本框里获取信息 studentID */
        stuID = req.getParameter("StudentID"); // StudentID 是文本框的名字

        /* ②为响应 Client 建立一个字符输出流,生成 HTTP 响应内容 */
        // 返回一个 PrintWriter 对象 output
        PrintWriter output = res.getWriter();

        // 设置返回给客户端的显示格式
        res.setContentType( "text/html" );

        // 处理请求任务
        try{
            Student aStudent = null;        // 声明一个 Student 类的引用变量并初始化

            // 连接数据库
            Student.initialize();

            // 检索 studentID = stuID 的记录
            aStudent = Student.find(stuID);

            // 嵌入 HTML 代码,格式化一个输出响应
            output.println("<h3>Record found<br>"
```

```
                                    + "姓名： " + aStudent.getName() + "<br>"
                                    + "电话号码： " + aStudent.getPhoneNum() + "!</h3>");
            }
            catch (NotFoundException e) {
                output.println("<h3>这个学生没有找到。</h3>");
            }
            /* ③关闭输出流，释放资源 */
            output.close();
            Student.terminate()
        }                                                        // end service method
    }                                                            // end class
```

程序的说明见程序代码中的注释。黑体字部分是 Servlet 特有的语句。

程序运行后，首先获取从客户端发来的学生的标识 studentID，然后调用 Student 类的 find 方法查找这个学生的记录。如果找到，则在客户端网页上显示这个学生的信息，否则显示没有找到这个学生的信息。

9.3.4 Servlet 运行环境

为了运行 Servlet 程序，需要在服务器上安装支持 Servlet 的 Web 容器(container)，即应用服务器。客户机只有通过这个容器才能调用 Servlet 程序。Web 容器的例子有 Tomcat、JRun、Weblogic 等。没有它们，Web 应用程序就无法和真正的网络服务连接起来。由于 Tomcat 是开源的、免费的，对初学者来说是最佳选择。

Tomcat 的作用是负责处理客户机请求。当客户请求来到服务器时，Tomcat 获取这个请求，然后调用相应的 Servlet，并把 Servlet 的执行结果返回给客户端。

可以从网址 http:// tomcat.apache.org/ 下载 Tomcat 并安装。安装后在服务器上会产生相应的 Tomcat 的目录。为了编译和运行 Servlet 程序，需要在 Web 服务器上设置系统的 CLASSPATH 参数，例如，设置 CLASSPATH 如下：

```
CLASSPATH = .;Tomcat_Home\common\lib\servlet-api.jar
```

其中，Tomcat_Home 是安装 Tomcat 的总目录。

了解 Tomcat 的目录结构及它们的作用，有助于理解 Servlet 运行环境。Tomcat 的目录结构及说明如表 9-2 所示。

表 9-2 Tomcat 的目录结构及说明

目 录	描 述
/bin	存放用于启动和关闭 Tomcat 的脚本文件
/common/lib	存放 Tomcat 及所有 Web 应用程序都可以访问的 JAR 文件
/conf	存放用以配置 Tomcat 的 XML 及 DTD 文件
/server/lib	存放 Tomcat 运行所需的各种 JAR 文件
/server/webapps	存放 Tomcat 的两个 Web 应用程序：admin 应用程序和 manager 应用程序

续表

目 录	描 述
/shared	存放 Web 应用程序用到的类及库文件
/logs	存放 Tomcat 的日志文件
/webapps	Web 应用程序根目录
/work	Tomcat 把由 JSP 生成的 Servlet 放于此目录下

在 Tomcat 的 webapps 目录下，WEB-INT 是一个重要的子目录，在此目录下有一个文件 web.xml 和 classes 子目录。web.xml 文件是应用系统的配置文件，classes 子目录用来存放编译后的 Servlet 程序，以及 PD class 和 DA class。

一个 Web 容器可以同时运行多个 Web 应用程序，它们一般通过不同的 URL 来区分和访问。每个 Web 应用一般都会包含 JSP、Servlet、静态资源以及实施描述符。就 Tomcat 而言，每个 TOMCAT_HOME/webapps 下的子目录（如果这个目录包含一个 /WEB-INF/web.xml 文件的话）就是一个单独的 Web 应用程序。Web 容器保证了它们之间的数据不会互相冲突，也就是每个应用系统的 session、application 等服务器变量具有自己的内存空间，不会互相影响。

MyEclipse 是目前 JavaWeb 开发中使用较多的平台，自 MyEclipse 7.0 发布后，已不需要再另外安装 Tomcat，MyEclipse 7.0 及以后的版本都自带有 Tomcat 服务器，可以直接使用 MyEclipse 来学习项目的开发。

建立 Servlet 开发和运行环境的过程如下：

(1) 安装开发工具 MyEclipse。登录官方网站 http://www.myeclipseide.com，在其首页中单击 DOWNLOAD 按说明下载，安装。

(2) 生成和测试一个简单的 Web 应用（一个 servlet 程序或 JSP）。在 MyEclipse 中选择 File→New→Web Project→ Web Project，编辑和测试这个应用程序。

以上过程详见附录 B。

9.3.5 调用 Servlet 程序

调用 Java Servlet 程序通常是在用户界面层，其方法有多种。例如，在浏览器中由 URL 调用；在 Html/JSP 文件中用<FORM>表单调用。

1. 由 URL 调用 Servlet 程序

在浏览器地址框中输入 Servlet 程序的地址（URL），从浏览器中调用一个 Servlet 的一般形式如下：

http:// 你的 web 服务器名/你的应用系统目录名/sevlet/servlet 程序名

例如，http:// localhost:8080/StudentManagement/**servlet**/**FindStudent**。

2. 在 HTML 的<FORM>标记中调用 Servlet 程序

在 HTML 文件的<FORM>标记中调用 Servlet。HTML 页面的<Form>元素使

用户能在 Web 页面（即从浏览器）上输入数据，并向 Servlet 提交数据。例如，调用 9.3.3 节中的 Servlet 程序的 HTML 文件如下：

```html
<html>
<!- StudentFind.html-->
<head>
<title>Student Form</title>
</head>
<body>
<h1>查找学生信息</h1>
<FORM
ACTION = http://localhost:8080/servlet/FindStudent
METHOD = "post">
<table border = "0" >
<tr>
<td>Student ID:</td>
<td><input type = "text" name = "StudentID"></td>
<td><input type = "submit" value = "Submit" name = "Submit"></td>
</tr>
</table>
</FORM>
</center>
</body>
</html>
```

> 数据被传送到的地方，响应的Servlet程序是FindStudent

以上 HTML 文件有一个 FORM 表单，该表单将用户在此页面输入的 StudentID 传送到应用程序服务器，要求查找这个学生的全部信息，由应用程序服务器支持的 Servlet 程序 FindStudent 响应这个请求。对 FORM 表单说明如下：

① FORM 标记中的属性：
- ACTION 属性表明了用于调用 Servlet 程序的 URL。
- METHOD 的属性指定通过什么方法（get 或 post）向 Servlet 提交请求信息。

② FORM 标记中的元素：
- ＜input＞标记用来在页面中显示文本框和按钮。
- 第一个 input 标记的属性 type＝"text"指明这个元素是文本框，其名字 name 为 StudentID，其值是用户在网页上输入的信息。
- 第二个 input 标记的属性 type＝"submit"，指明这个元素是按钮，其名字 name 为 Submit，将在按钮上出现，该按钮的值是"查询"。

用户在文本框中输入 StudentID 数据，然后单击 Submit 按钮，触发发送请求的事件。由此调用 Servlet 程序 FindStudent 响应这个请求。执行上述 HTML 文件在浏览器中显示的结果如图 9-13 所示。

图 9-13　HTML 文件在浏览器中的表现形式

使用Servlet可以容易地完成下述任务：
(1) 读取HTML中<form>标记中的数据。
(2) 读取HTTP请求。
(3) 设置HTTP状态代码和响应内容。
(4) 使用Cookie或Session跟踪，用户登录一次可安全使用应用系统提供的每一个Servlet程序。

但使用Servlet也有不便的地方，例如：
(1) 需要使用println语句嵌入HTML代码，以此作为用户界面显示输入/输出信息。
(2) 在Servlet开发工具里调试和修改HTML代码比较麻烦、不直观。

因此目前的Web应用系统中Servlet程序不是用来生成网页，而是作为一个服务，用来响应用户请求控制程序的流向、过滤等（这将在9.5节中讲述），而生成网页就用JSP。

9.4 JSP

JSP(JavaServer Pages)是一种基于Java的脚本技术，由Sun公司倡导，许多公司参与建立的一种动态网页技术标准。JSP页面从形式上是在传统的网页HTML文件(*.htm,*.html)中加入Java程序片段(Scriptlet)和JSP标记。在JSP文件里面，HTML语句用于表示页面，而Java代码用于访问动态内容。JSP文件以扩展名.jsp保存。

JSP的优点之一是将内容（事务逻辑）与表示分离，不需要在Java程序(servlet)中嵌入HTML代码，即将HTML编码从Web页面的业务逻辑中有效地分离出来。JSP的另一优点是可以访问可重用的组件，如Servlet、JavaBean（类似PD类）和基于Java的Web应用程序。JSP文件运行在服务器端，JSP的脚本语言是Java，其平台无关性使得JSP一次编写，各处运行。JSP作为一个很好的动态网站开发语言得到了越来越广泛的应用。

9.4.1 JSP页面结构

JSP页面由两大部分组成：程序代码和非程序代码，程序代码由Java语言编写，并且用一对标识符<%和%>括起来；非程序代码由HTML编写。JSP文件的一般结构如下：

```
<%@page contentType = "text/html;charset = gb2312" %><%@page import = "java.util.*"%>...
<HTML>
    <Head>...</Head>
    <BODY>HTML语言
    <%符合JAVA语法的JAVA语句 %>
    HTML语言
```

```
    </BODY>
</HTML>
```

一个简单的 JSP 文件 jspExample.jsp 如下。

```
<%@page contentType = "text/html; charset = GBK" %>
<%@page import = "java.util.date" %>
<html>
    <head>
        <title>JSP 页面</title>
    </head>
    <body bgcolor = "#ffffff">
        <%
        Date now = new Date();
        out.println("当前时间是:" + now);
        %>
        <h1>你好,这就是一个 JSP 页面。</h1>
    </body>
</html>
```

其中,黑体字是 JSP 标记,其他的是 HTML 标记。

JSP 页面组成思想是:
- 大部分的页面使用常规的 HTML。
- 用特殊的标签将 Java 代码标记出来。
- 整个 JSP 页面最终转换成 Servlet 来执行,用这个 Servlet 响应每个客户端的请求。

9.4.2 JSP 页面元素

JSP 页面元素的类型如表 9-3 所示。

表 9-3 JSP 页面元素的类型

JSP 页面类型	语　　法
静态内容	HTML 静态文本
指令	以"<%@"开始,以"%>"结束。
声明	<%!变量或方法 %>
表达式	<%＝Java 表达式 %>
脚本	<% Java 代码 %>
动作	<jsp:动作名 属性＝值 /> or <jsp:动作名 属性＝值>Body </jsp:动作名>
注释	<! -- 这是 HTML 注释,客户端可以查看到-- > <%-- 这是 JSP 注释,客户端不能查看到-- %>

1. JSP 指令（directives）

JSP 指令是为 JSP engine(Web 容器)而设计的。它们并不直接产生任何可见的输出，只是告诉 Web 容器如何处理本页 JSP 页面。这些指令括在"＜%@…%＞"标记中。两个最重要的指令是 Page 和 Include。

1) Page 指令的作用
- 用来导入起支持作用的 Java classes 。例如，＜%@ page import＝"java.util.Date"%＞。
- 出现 Java 运行问题时，可将网上浏览者引向另一个页面。例如，＜%@ page errorPage＝"errorPage.jsp"%＞。
- 管理用户的会话级信息。例如，＜%@ page session＝"true"%＞。

2) Include 指令的作用

可以把页面内容分成更多可管理的元素，比如一个 JSP 文件可以包含一个固定的 HTML 页面或其他更多的 JSP 文件。例如，要在本页中包含其他的 JSP 文件 filename.jsp 内容，其语句为：

`<%@ include file = "filename.jsp" %>`

2. JSP 声明（declaration）

JSP 声明用来定义变量以保存信息，或用来定义方法(methods)。JSP 声明一般都在"＜%!…%＞"标记中。一定要以分号";"结束变量或方法的声明，因为任何声明的内容都必须是有效的 Java 语句。例如，声明一个整型变量 i：

`<%! int i = 0;%>`

声明一个方法 getHello：

```
<%!
String getHello(String name) {
    return "Hi," + name + "!";
}
%>
```

注意：如果方法中的 Java 代码太多，最好把它们定义为一个独立的 class。

3. JSP 表达式（expression）

JSP 表达式的结果会被转换成一个字符串，并且被直接包括在输出页面之内。JSP 表达式一般都在"＜%=…%＞"标记中。例如：

`<%= i %>;<%= getHello("hello") %>`

4. JSP 代码片段（scriptlets）

JSP 代码片段(脚本片段)在 Web 容器响应请求时就会运行。scriptlets 一般都在

"<%…%>"标记中。例如：

```
<%for (int i = 1; i<= 4; i ++ ) {%>
<H<%= i %>>Hello</H<%= i %>>
<%} %>
```

5. JSP 动作（action）

在 JSP 中的动作包括 include、param、forward、useBean、getProperty、setProperty。利用动作指令可以动态地插入文件，重用 JavaBean 组件，把页面重定向到另外的页面等。

（1）利用动作 jsp:include 和 jsp:param 动态地插入文件和传递参数。例如，在本页中插入另一个 JSP 文件 welcome.jsp，并传递参数 xxx 给 welcome.jsp。

```
<jsp:include flush = "true" page = "welcome.jsp">
    <jsp:param name = "str" value = "xxx"/>
</jsp:include>
```

（2）利用 jsp:useBean 寻找或者实例化一个 bean。例如：

```
<jsp:usebean id = "mary" scope = "session" class = "package.Person" />
```

- class 属性：表明类的长名，通常为包名.类名，这里的类是 Person。
- id 属性：表示创建 Person 类的实例名称，这里是 mary。
- scope 属性：表示该实例名的有效范围（page、request、session 或 application）。

如果这个 Bean(class)已经在指定的范围（scope）中存在，使用下面的元素可获得 Bean 的实例：

```
<jsp:usebean id = "mary" scope = "session" type = "package.Person" />
```

通常 jsp:useBean 和 jsp:getProperty、jsp:setProperty 配合使用，以便显示和设置 Bean 的属性值。例如：

```
<jsp:useBean id = "calendar" scope = "page" class = "employee.Calendar" />
<h2>Calendar of <jsp:getProperty name = "calendar" property = "month" /></h2>
```

这个<jsp:getProperty>元素将获得实例 calendar 的属性 month 的值，并将其属性 month 的值显示在 JSP 页面中。

6. 嵌入式注释（Comments）

HTML 的注释，用户可以在查看 web 页面源代码时看到这些注释。如果想让用户看到它，就应该将其嵌入在 JSP 的"< %-- …… %>"标记中。例如：

```
<%--comment for server side only --%>
```

从以上 JSP 元素说明中可以看到 JSP 是 html 和 java 编程的中庸形式，它更有助于美工人员设计界面。

9.4.3 JSP 与 Bean

1. Bean

Java Bean 实际上是指一种特殊的 Java 类,它通常用来实现一些比较常用的简单功能,并可以很容易地被重用或者是插入到其他应用程序中去。所有遵循一定编程原则的 Java 类都可以称做 Java Bean。编写 java bean 就是编写一个 java 的类,这个类创建的一个对象称做一个 bean。为了能让使用这个 bean 的 Web 容器(如 Tomcat)知道这个 bean 的属性和方法,只需在类的方法命名上遵守以下规则:

(1) 如果类的成员变量的名字是 xxx,那么为了更改或获取成员变量的值,即更改或获取属性,在类中就需要有两个方法:getXxx() 和 setXxx()。

(2) 对于 boolean 类型的成员变量,即布尔逻辑类型的属性,允许使用 is 代替上面的 get 和 set。

(3) 类中的普通方法不适合上面的命名规则,但这个方法必须是 public 的。

(4) 类中如果有构造方法,那么这个构造方法是 public 并且是无参数的。需要说明的是,如果不是在 JSP 中创建对象(实例),那么含有自定义的构造方法的问题域类(PD 类)可作为 Bean 使用。

下面是一个简单的 Circle beans。

```
// Circle.java
import java.io.*;
public class Circle{
    int radius;
    public Circle(){
        radius = 5;                    // 此方法中可放其他初始化的语句
    }
    public int getRadius(){
        return radius;
    }
    public void setRadius(int newRadius) {
        radius = newRadius;
    }
    public double circleArea(){
        return Math.PI * radius * radius;
    }
}
```

将上述 Java 文件保存为 Circle.java,并编译通过,得到字节码文件 Circle.class,放到 Web 应用 classes 目录下。

2. Bean 在 JSP 中的使用

为了在 JSP 页面中使用 benas,必须使用 JSP 动作标记 useBean。编写一个 JSP 文件

circle.jsp,说明 Bean 在 JSP 中如何被使用。

```
<%@ page contentType = "text/html;charset = GB2312" %>
<%@ page import = "Circle"%>
<HTML>
<BODY><Font size = 1>
<jsp:useBean id = "aCircle" class = "Circle" scope = "page" >
</jsp:useBean>
<%--通过上述 JSP 标记,客户获得了一个作用域是 page,名字是 aCircle 的 beans(circle 的
实例)--%>
<%// 设置圆的半径:
aCircle.setRadius(100);
%>
<P>圆的半径是:
<%= aCircle.getRadius()%>
<P>圆的面积是:
<%= aCircle.circleArea()%>
</BODY>
</HTML>
```

3. Bean 的有效范围

JSP 动作 useBean 中 Bean 的作用域(scope)或有效范围有 4 种类型:

(1) 页面域(page scope):该 Bean 的有效范围是当前页面,当客户离开这个页面时,JSP 引擎(Web 容器)取消分配给该客户的 Bean。

(2) 请求域(request scope):该 Bean 的有效范围是 request 期间。JSP 引擎对请求作出响应之后,取消分配给客户的这个 Bean。

(3) 会话域(session scope):JSP 引擎分配给每个客户的 Beans 是互不相同的,该 Bean 的有效范围是客户的会话期间(从一个客户打开浏览器并连接到服务器开始,到客户关闭浏览器离开这个服务器结束,称为一个会话)。当客户关闭浏览器时,JSP 引擎取消分配给客户的 Beans。

(4) 应用域(application scope):JSP 引擎为每个客户分配一个共享的 Bean。也就是说,所有客户共享这个 Bean,如果一个客户改变这个 Bean 的某个属性的值,那么所有客户的这个 Bean 的属性值都发生了变化。这个 Bean 直到服务器关闭才被取消。

9.4.4　JSP 的工作过程

Servlet 是在服务器端执行的 Java 程序,它可以处理用户的请求,并对这些请求做出响应。正因为如此,所有的 JSP 文件最终都将转换成 Java Servlet 来执行。或者说 JSP 是一种扩展的 Servlet 技术,JSP 重点在于提供一种简单的开发 Servlet 的方法。JSP 和 Servlet 在开发时表现形式不同,但当第一次运行后,JSP 文件都将被 Web 服务器编译成 Servlet。一个 JSP 文件的执行过程如下:

(1) 请求：客户端发出 Request(请求)。
(2) 转译：JSP 容器(如 Tomcat)将 JSP 文件转译成 Servlet 的源代码(.java)。
(3) 编译：将产生的 Servlet 的源代码经过编译成 Servlet 类(.class)。
(4) 执行：将 servlet 类加载到内存执行，并把结果返回至客户端。

JSP 执行过程如图 9-14 所示。

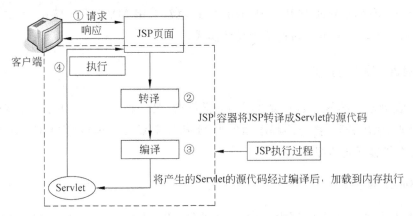

图 9-14　JSP 执行过程示意图

由于 JSP 文件类似 HTML 文件，由标记语言编写，不像 Java 程序那样必须先编译才能运行，故不能像 Java 程序那样可以通过编译发现编程错误，只能通过运行时发现错误。因此，调试所花的时间较多。因此建议在 JSP 文件中尽量少嵌入 Java 语句，让 JSP 文件主要用作用户界面请求服务和显示结果，其他事务处理由 Servlet 和问题域类(PD class)协作完成。

9.5　Web 应用系统的设计模式与架构

以上是开发 Web 应用系统所涉及的基本知识。本节主要介绍如何运用这些知识，设计出一个好的 Web 应用系统，即什么样的设计模式适合不同的 Web 应用系统。

9.5.1　Web 应用系统的设计模式

设计模式是面向对象的程序设计人员用来解决编程问题的一种形式化表示。

目前，在大多数 Browser/Server 结构的 Web 应用系统中，浏览器直接通过 HTML 或 JSP 的形式与用户交互，响应用户的请求，显示输出结果。根据 Web 应用系统的复杂程度不同，选用的设计模式有所不同。下面给出从简单 Web 应用系统到复杂 Web 应用系统应该采用的程序设计模式。

- 在 JSP 文件中用 JSP 脚本(Scriptlet)元素直接嵌入 Java 语句。
- Model-View-Controller(模型-视图-控制器)模式，简称 MVC 模式，将 Servlet 和 JSP 结合。

- Strus 框架模式，类似 MVC，一个开源的 Web 应用框架，用于 J2EE 企业级 Web 应用的开发。

对于简单的 Web 应用，程序设计模式较简单，即在 JSP 文件中用 JSP 脚本 (Scriptlet) 元素直接嵌入 Java 语句即可。

对于复杂的 Web 应用，程序设计模式可采用 J2EE 提供的 Strus 框架模式。

对于比较复杂的 Web 应用，程序设计模式通常采用 MVC 设计模式，主要应用于用户交互应用程序。下面重点讨论这种设计模式。

9.5.2 MVC 设计模式

MVC 设计模式的核心是实现 3 层的松散耦合，是一种"分治"的思想，它将应用程序的输入、处理、输出分开，把应用程序抽象为 Model(模型)、View(视图)、Controller(控制器) 3 个功能截然不同的部分。

1. Model(模型)

模型组件用来实现事务逻辑，例如 PD 类(或 JavaBeans)、DA 类。Model 组件通常是应用系统所处理的问题逻辑，它们封装了问题的核心数据、逻辑和功能的计算关系，从数据库或远程系统中存取信息，并返回处理结果，但是隐藏数据存储的细节(存储细节由 DA 类实现)。由于模型返回的数据没有被格式化，故一个模型能为多个视图提供数据，减少了代码的重复性。模型层细化可分为业务逻辑层和数据访问层。

2. View(视图)

视图组件代表用户交互界面，不含有业务逻辑或复杂的分析。视图的任务就是将用户的请求与输入数据传递给模型组件，并从模型获得显示信息，然后展示出来。视图组件由 JSP 或 HTML 文件来实现。视图相当于用户界面层，是数据展示的方式，以 Web 页面方式展现，验证输入的合法性，不负责任何事务的处理。

3. Controller(控制器)

控制器是连接模型与视图的一个桥梁，用来转发用户请求。或者说它接收用户通过视图发出的请求，并决定调用哪个业务模型组件去处理请求，在业务处理完成后，决定选择哪个视图来展示处理结果。和视图一样，控制器也不对数据进行任何处理，只是接收用户请求并决定调用哪个业务模型去处理请求，并选择使用哪个视图来显示业务模型返回的数据。控制器工作由 Servlet 程序实现。MVC 结构图如图 9-15 所示。

模型、视图与控制器的分离，使得一个模型的数据可以通过多个显示视图以不同形式表现出来。如果在业务处理过程中模型的数据有了改变，所有其他和这些数据关联的视图都应及时更新。因此，无论何时发生了何种数据变化，控制器都会将变化事件通知给所有相关的视图，导致显示界面的更新。

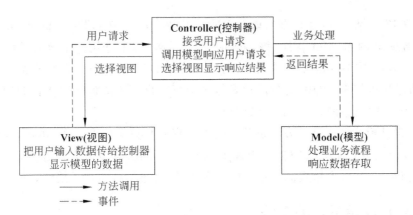

图 9-15　MVC 结构图

简单地说,MVC 设计模式就是通过将一个业务过程的输入、处理、输出流程按照 View、Model、Controller 的方式进行分离。MVC 设计模式下的各组件部署及各层之间的数据交互如图 9-16 所示。

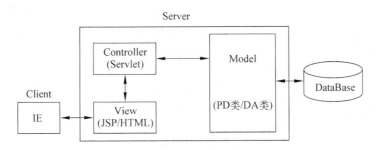

图 9-16　基于 MVC 的 B/S 结构数据交互示意图

由图 9-16 可见,所有客户端的请求通过视图组件发送给控制器组件 Servlet 程序,该 Servlet 接受请求,并根据请求信息创建模型组件中相关的 PD 类的实例(或 Beans)以完成相应的请求任务,然后将结果数据返回给视图,展示给客户。MVC 设计模式相当于前面几章讲述的三层设计模式又多加了一个控制层,即用户界面层、业务逻辑层、数据访问层与控制层。这个控制层是 Web 应用软件所特有的。MVC 设计模式中各层组件,例如 HTML/JSP 文件、Servlet、PD 类和 DA 类,它们之间的调用关系和工作过程如图 9-17 所示。

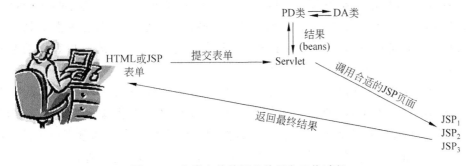

图 9-17　各类文件的调用关系和工作过程

由图 9-17 可见，所有客户端的请求通过视图组件 JSP（或 HTML）的 Form（表单）发送给作为控制器的 Servlet 程序，该 Servlet 接受请求，并根据用户请求信息调用相应的模型组件 PD 类（或 Beans）的方法，根据需要再调用 DA 类的方法，以完成相应的请求任务，然后将结果以实例（引用）变量的形式传送给相应的 JSP 页面，JSP 页面利用这个实例变量获取相应的数据并将数据展示给用户。

MVC 设计模式使软件开发人员分工明确。程序员只需要专注于 Model（模型）和控制层，UI 设计人员只需要集中精力于视图上，这样可加快软件开发的速度。模型、视图与控制器相互独立，极大地提高了系统的可重用性、易维护性与可扩展性。

9.5.3 Web 应用系统的架构

一般 Web 应用系统均采用 Browser/Web Server/DataBase Server 的三层结构。Web 应用系统的架构如图 9-18 所示。

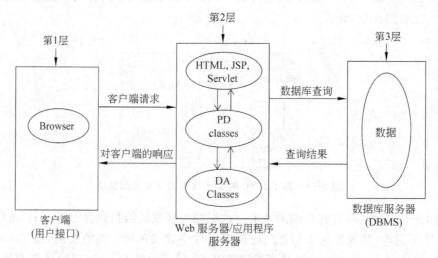

图 9-18 Web 应用系统架构

图 9-18 展示两个含义。第一个含义是 Web 应用系统的硬件组成结构（3 层）：客户机和 2 个服务器。第二个含义是 Web 应用系统的软件部署。客户机上安装浏览器；Web 服务器/应用程序服务器安装实现应用系统功能的所有类，如，Servlets、PD classes、DA class 和各种文件，如，HTML/JSP 文件、图形文件等；数据库服务器上安装有数据库管理系统如 SQLServer 和在此数据库管理系统上创建的应用系统的数据库及数据表等。

Web 应用系统三层结构的工作方式是：客户端向 Web 服务器发出请求服务，Web 服务器和 Web 容器（如 TOMCAT）响应客户端的请求，将客户所需信息返回到客户端，从而实现与客户端进行信息资源的交互。数据库服务器用来存储和管理应用系统的数据库，数据库中的数据直接由数据访问类（DA 类）检索、录入、删除和修改。

9.6 Web 应用系统开发实例

随着互联网技术的不断发展和普及，各种各样的网络应用已经成为人们工作生活中不可或缺的一部分，尤其是 Web 应用系统以其特有的灵活性、扩展性占据了大量份额。面向对象的软件系统的开发通常需经历需求分析、设计、实现和测试等几个主要过程。本节重点讲述基于 MVC 设计模式的应用系统的程序设计及编码实现。

9.6.1 基于 MVC 的 Web 应用的实现步骤

按照 MVC 设计模式实现 Web 应用系统的步骤大致可分为 5 步：创建 Model 组件，建立系统数据库，创建用户输入信息的视图组件，创建控制器，创建输出显示信息的视图组件。下面对每一步作较详细的描述。

1. 创建 Model 组件

根据需求分析和问题域类图，设计和定义 PD 类和 DA 类，方法同前几章所介绍的。注意 PD 类和 DA 类须放在自定义的包中，包所在的目录如下：

在开发环境 MyEclipse 中包所在的目录为 src/mypackage；

在运行环境 Tomcat 中包所在的目录为.../WEB-INF/classes/mypackage。

也可设计 beans，beans 类似 PD 类，在 bean 中必须有对属性和变量进行操作的标准方法（getters 和 setters）。Beans 专门用作承载服务器返回的结果，以便 JSP 调用并显示之。

2. 建立系统数据库

根据类图设计数据库表结构，一个数据表结构包括字段名、数据类型、字段的长度、是否是主键等。如果类之间有关联关系，还需在数据表中增加外键字段名，以实现类之间的关联关系。详见第 8 章所述。

3. 创建用户输入信息的视图组件

设计用于用户与系统交互的界面，编写实现用户界面的 JSP 或 HTML 文件，其中包含表单（FORM），用于发送请求信息等。其编写方法详见 9.1 节和 9.4 节。

4. 创建控制器

根据创建的序列图，设计和编写一个 Servlet 程序来响应客户端发出的请求。该 Servlet 程序读取客户端发来的请求信息，调用相应的 PD 类的方法，以处理事务逻辑。根据需要，PD 类可能会调用相应的 DA 类访问数据库。如果是查询数据，则根据查询的结果，创建相应 PD 类的实例，并将实例的引用变量存放在对象 HttpServletRequest、HttpSession 或 ServletContext 中。后面的例子是将实例的引用变量存放在 HttpServletRequest 对象中。该 Servlet 将根据实际运行情况来确定调用哪一个 JSP 文件运行。

一般使用 RequestDispatcher 类的 forward 方法来实现 JSP 页面的转换控制。RequestDispatcher.forward()方法仅是控制页面的转换，在客户端浏览器地址栏中不会显示出页面转向以后的地址，它不会改变 Request 的值。如果在跳转后的页面中需要用到某些信息，则可以用 Request.setAttribute()来放置这些信息，如对象的引用变量等。这样在下一个页面中就可以获取这些信息。

下面举例说明控制器 Servlet 程序的编写。

例 9-2 假设已定义 Student 类，以及用于输出界面的两个 JSP 文件 FoundStudent.jsp 和 UnknownStudent.jsp。编写一个作为控制器用的 ServletExample.java。该 Servlet 程序读取用户在网页上输入的学生证号 studentID，根据 studentID 是否为空做出控制转移。如果不为空，则调用类 Student 的方法 find()，完成查询，然后调用一个 JSP 文件 FoundStudent.jsp 显示查询结果；如果为空，则调用 UnknownStudent.jsp 文件，提示用户输入 studentID。该 Servlet 程序的控制流程如图 9-19 所示。

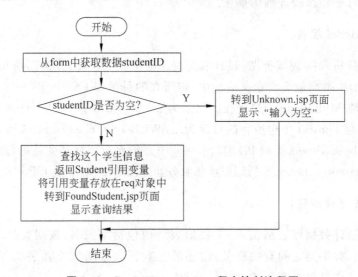

图 9-19 ServletExample.java 程序控制流程图

解 实现图 9-19 所示的控制流程的代码如下：

```java
// ServletExample.java
package studentpackage;
import java.io.IOException;
import javax.servlet.ServletException;
import javax.servlet.http.HttpServlet;
import javax.servlet.http.HttpServletRequest;
import javax.servlet.http.HttpServletResponse;
import javax.servlet.RequestDispatcher;

public class ServletExample extends HttpServlet {
    public void service (HttpServletRequest req,HttpServletResponse res)
```

```
    throws ServletException,IOException {
        String stuID;
        Student aStudent = null;
        String address;
        // ******从客户端 JSP 页面中 Form 表单获取学生学号信息******
        stuID = req.getParameter("StudentID");        // StudentID 是表单中文本框的名字

        if (stuID == null)
            address = "../UnknownStudent.jsp";
        else{
            aStudent = Student.find(stuID);
            req.setAttribute("student",aStudent);     // 放置实例变量到 req 对象中
            address = "../FoundStudent.jsp";
        }

        // 获得一个请求转发到指定的页面
        RequestDispatcher dispatcher = req.getRequestDispatcher(address);

        // 将响应信息(输出结果)转发给 address 指定的 JSP 文件
        dispatcher.forward(req,res);
    }
}
```

程序说明如下：
- UnknownStudent.jsp 实现用户界面，用来提示"学号为空"等信息。
- FoundStudent.jsp 实现另一个用户界面，用来显示查询结果 Student 的信息，如姓名、电话、地址等。
- 语句 req.setAttribute("student", aStudent);括号中前者为对象标识名，后者是对象名。该语句将 Student 类的实例变量 aStudent 存入 HttpServletRequest 的对象 req 中，其标识名为 student。该标识名在 JSP 页面中将被使用。在 FoundStudent.jsp 中使用这个标识名就可以获得这个实例变量，从而得到这个实例的各个属性。注意，对象 req 中仍然保存有学号"StudentID"信息。

5．创建输出显示信息的视图组件

在设计阶段须先设计显示结果的页面布局，然后编写实现此界面的 JSP 文件。

如果是查询，则服务器返回的数据可通过 PD 类的实例变量（reference）读出数据，显示给用户。例如：

① 如果是 JSP 1.2 版本，则使用以下语句：

```
<jsp:useBean id = "student" type = "somepackage.Student" scope = "request"/>
<jsp:getProperty name = "student" property = "name"/>
```

其中，"student"是 servlet 中 req.setAttribute 语句中给定的对象标识名；name 是对

象的属性;somepackage.Student 是类名。

注意:bean 中必须有获取该属性的方法,即 getter 方法。

② 如果是 JSP 2.0 版本,则使用 JSP EL(extend langauage)表达式:

$ {标识名.属性名}

其中,标识名为 Servlet 中 req.setAttribute 给定的对象标识名;属性名为对象的属性名。
例如:

$ {student.name}

注意:为减少系统的开销,在 JSP 文件中尽量不要创建类的实例,也不要修改实例的属性。即

- 应尽量使用语句 <jsp:useBean … **type**="**package.Class**"/>,而不用语句 <jsp:useBean … **class**="**package.Class**" />;
- 应尽量使用语句 jsp:getProperty 而不用语句 jsp:setProperty。

如果是团队开发,则用户界面的设计与实现第 2 步和第 5 步的工作可以安排给一个人完成。

运用面向对象的开发思想,把多层设计模式和面向对象程序设计技术结合起来进行软件开发,开发出来的应用系统将会有很强的适应性。多层设计模式是企业级应用的趋势与未来。

9.6.2 基于 MVC 的 Web 应用开发举例

例 9-3 应用 MVC 设计模式开发一个基于 Web 的用户信息管理系统。为简单起见,仅设计和实现管理员使用的用户管理模块。用户管理模块功能之一是维护用户登录信息,如添加、修改、删除、查询等。现仅实现查询用户登录信息,其他功能的设计和实现略。

解 根据题目要求先进行功能需求分析、设计,再编程实现。

由于题目要求实现的功能非常明确且简单,用例图可省略。首先针对题目要求,画出问题域类图,如图 9-20 所示。画出查询用户登录信息的序列图,如图 9-21 所示。

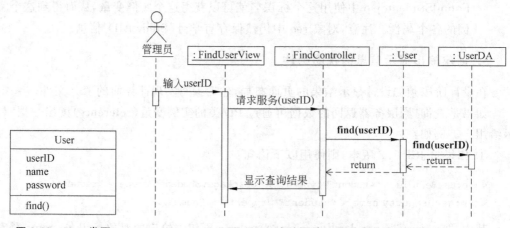

图 9-20　User 类图　　　　　图 9-21　查询用户登录信息的序列图

图 9-21 是基于 MVC 设计模式的序列图,其中,FindUserView 是视图层对象,FindController 是控制器层对象,User 是业务处理层对象,UserDA 是数据访问层对象。

根据类图可创建数据库表 userT,如图 9-22 所示。

假设 User 类的属性值用户名和密码已录入并存放在数据库的 userT 数据表中,如图 9-23 所示。

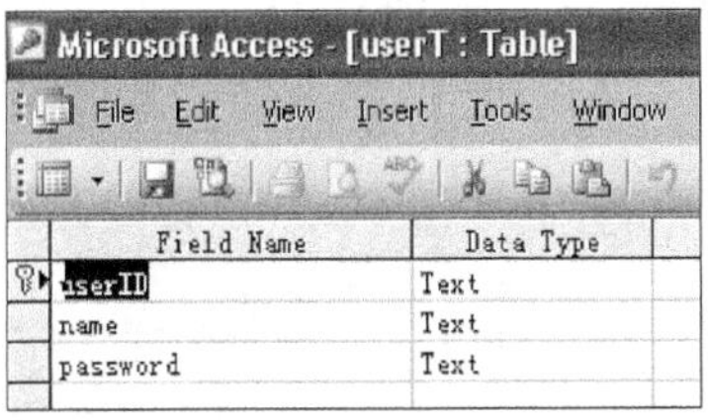

图 9-22 数据表 userT 设计视图

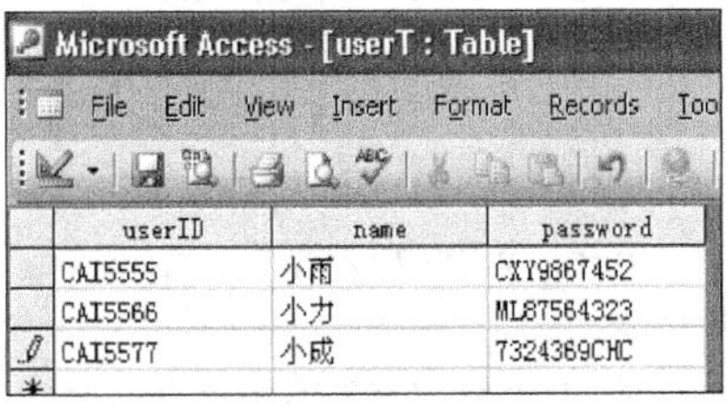

图 9-23 userT 数据表

实现查询用户信息的具体编程,按以下 4 步进行。

(1) 设计、编写 PD 类和相应的 DA 类。

根据题目要求查询用户信息,故除 User 类外还需设计一个 UserDA 类。

根据图 9-20 所示 User 类图,User 类的属性有 userID、name、password,数据类型均为字符串。User 类的方法应包括:

- getters 和 setters 方法:获取类的属性值,赋值给类的属性变量。
- initialize():建立数据库连接。
- terminate()方法:释放系统资源。
- find(String userID)方法:查找指定的用户信息,返回这个实例。

其中,方法 initialize()、terminate()和 find(String userID)是访问数据库的方法,这些方法只是调用 UserDA 类的相应方法,以真正完成相应功能。

UserDA 类的属性变量有 6 个:

```
static User    aUser;
static Connection  aConnection;
static Statement   aStatement;
static String   userID;
static String   name;
static String   password;
```

均是静态变量。其中前 3 个数据类型是引用类型,后 3 个是字符串类型。

根据 User 类中访问数据库的方法要求,在 UserDA 类中的方法也相应的有 3 个,用来真正实现与数据库交互。其方法是 initialize()、terminate()和 find(String userID)。

注意:在编写 User.java 和 UserDA.java 代码时,需要在第一行增加语句 package userpackage,即将应用程序打包在 userpackage 中,这是 web 应用运行环境要求的,同时也便于管理。

① 实现 User 类的代码如下：

```java
// User.java
package userpackage;
public class User{
    private String userID;
    private String userName;
    private String password;

    // ******构造方法 供查询时创建实例时用******
    public User(){
    }
    // ******带参数的构造方法******
    public User(String userID,String name,String password){
        setUserID(userID);
        setUserName(name);
        setPassword(password);
    }
    // ******getters******
    public String getUserID(){
        return userID;
    }
    public void setUserID(String userID){
        this.userID = userID;
    }
    public String getUserName(){
        return userName;
    }
    public void setUserName(String name){
        this.userName = name;
    }
    public String getPassword(){
        return password;
    }
    public void setPassword(String password){
        this.password = password;
    }
    // ******DA static methods******
    public static void initialize(){
        UserDA.initialize();
    }
    public static User find(String userID) throws Exception{
        return UserDA.find(userID);
    }
```

```java
    public static void terminate(){
        UserDA.terminate();
    }
}
```

② 实现 UserDA 类的代码如下：

```java
// UserDA.java
package userpackage;
import java.sql.*;
public class UserDA{
    static User aUser;
    static Connection aConnection;
    static Statement aStatement;
    static String userID;
    static String name;
    static String password;
    static String url = "jdbc:odbc:myDateSource";
    //******建立数据库连接******
    public static Connection initialize(){
        try{
            // 装载 jdbc-odbc bridge driver
            Class.forName("sun.jdbc.odbc.JdbcOdbcDriver");
            // 创建一个给定数据库 URL 的连接
            aConnection = DriverManager.getConnection(url,"","");
            aStatement = aConnection.createStatement();
        }
        catch (ClassNotFoundException e){
            System.out.println(e);
        }
        catch (SQLException e){
            System.out.println(e);
        }
        return aConnection;                              // 返回一个连接
    }
    //******释放资源******
    public static void terminate(){
        try{
            aStatement.close();
            aConnection.close();
        }
        catch (SQLException e){
            System.out.println(e);
        }
    }
```

```java
// ******查找数据******
public static User find(String key) throws Exception{
    aUser = null;
    String sql = "select userID,name,password "
                + "from userT where userID = '" + key + "'";
    try{
        ResultSet rs = aStatement.executeQuery(sql);
        boolean gotIt = rs.next();
        if(gotIt){
            userID = rs.getString(1);
            name = rs.getString(2);
            password = rs.getString(3);
            aUser = new User(userID,name,password);
        }
        else
            throw (new Exception("没有发现这个记录 "));
        rs.close();
    }
    catch (SQLException e){
        System.out.println(e);
    }
    return aUser;
}
}
```

(2) 设计管理员请求服务(查询用户信息)的界面,并编写实现该界面的 JSP 文件。

① 设计用户查询输入界面,如图 9-24 所示。用户将通过该界面输入 userID。

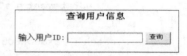

图 9-24　查询用户信息界面

② 根据界面设计图,编写相应的 JSP(或 HTML)文件,保存文件名为 FindUserView.jsp。FindUserView.jsp 代码如下:

```jsp
<%@ page language = "java" pageEncoding = "UTF-8"%>
<html>
<head>
    <title>Find User Info</title>
</head>
<body>
    <center><h1><font size = "5">查询用户信息</font></h1>
    <form action = "./FindController" method = "post">
    <table border = "0" >
    <tr>
    <td>输入用户 ID:</td>
    <td><input type = "text" name = "UserID" size = "20"></td>
```

```
        <td><input type = "submit" value = "查询" name = "Submit"></td>
      </tr>
    </table>
  </form>
  </center>
</body>
</html>
```

(3) 编写一个 Servlet 程序来响应客户端的请求。

根据图 9-21 所示的序列图,设计控制器程序 FindController,这个 servlet 程序类似于例 9-2 中的 Servlet 程序。该 Servlet 程序首先接收管理员输入的 userID,如果管理员输入了一个 userID,则调用 User.find()方法,完成查询,然后调用一个 JSP 文件 FoundUser.jsp 显示查询结果;如果管理员没有输入 userID 就单击了"查询"按钮,此时 UserID 为空,则调用 UnknownUser.jsp 文件,提示用户输入 userID。这个 Servlet 源文件名为 FindController.java,编写代码如下:

```
// FindController.java
package userpackage;
import java.io.IOException;
import javax.servlet.ServletException;
import javax.servlet.http.HttpServlet;
import javax.servlet.http.HttpServletRequest;
import javax.servlet.http.HttpServletResponse;
import javax.servlet.RequestDispatcher;
public class FindController extends HttpServlet {
    public void service (HttpServletRequest req ,HttpServletResponse res)
    throws ServletException,IOException {
        String userID;
        User aUser = null;
        // ******声明一个字符串变量,用于存放 jsp 文件的路径******
        String address;

        // ******从客户端 JSP 页面中 Form 表单获取输入的用户 ID******
        userID = req.getParameter( "UserID" );
        // 判断 userID 是否为空,根据不同情况设置将转换的页面路径
        if(userID == "")
            address = "./JSP/UnknownUser.jsp";
        else{
            try{
                User.initialize();              // 建立数据库连接
                // 调用 User 类(PD 类)的 find 方法,返回找到的 User 的引用
                aUser = User.find(userID);
                User.terminate();               // 释放资源
            }
```

```
            catch (Exception e){
                e.printStackTrace();
            }
            // 放置 User 实例的引用变量到对象 req
            req.setAttribute("user",aUser);
            address = "./JSP/FoundUser.jsp";
        }
        // ******获得一个请求转发******
        RequestDispatcher dispatcher = req.getRequestDispatcher(address);
        dispatcher.forward(req,res);    // 将响应信息转发给 address 指定的 JSP 文件
    }
}
```

程序说明如下：

- UnknownUser.jsp 用来显示有关信息，提示客户没有输入 userID。当客户没有输入 userID，但又单击了"查询"按钮时，网页将转换到此页面；FoundUser.jsp 用来显示查询到的用户信息，当客户输入 userID 后，单击"查询"按钮时，网页将转换到此页面。
- 语句 address="./JSP/UnknownUser.jsp"；因 UnknownUser.jsp 文件存放在 JSP 目录下，所以地址路径为"./JSP/UnknownUser.jsp"，应用软件的部署在 9.6.3 节中有较详细的说明。
- 语句 req.setAttribute("user"，aUser)；将查询结果 User 的引用变量 aUser 保存到 request 中，以便页面转换后，仍然可以获取这个引用变量 aUser。其中"user"是 aUser 的别名。

(4) 设计输出显示的用户界面，编写实现该用户界面的 JSP 文件。

① 设计输出显示界面。

根据以上控制程序 Servlet 的设计要求，需要设计两个客户端界面：一个是查询结果显示界面，另一个是提示信息界面。设计的界面如图 9-25 所示。

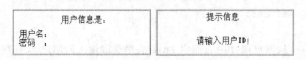

图 9-25　输出显示界面

② 根据图 9-25 设计的页面，分别编写实现这两个页面的 JSP 文件：FoundUser.jsp 和 UnknownUser.jsp。

a. FoundUser.jsp 用来显示查询的结果，其代码如下：

```
<%@ page language = "java" pageEncoding = "UTF-8"%>
<jsp:useBean id = "user" scope = "request" type = "userpackage.User" />
<HTML>
<head>
    <title>Found User Info</title>
```

```
    </head>
    <BODY>
        <table border = 3>
        <tr><b>用户信息</b></tr>
        <tr>
        <td>用户名:</td>
        <td><jsp:getProperty name = "user" property = "userName" /></td>
        </tr>
        <tr>
        <td>密  码:</td>
        <td><jsp:getProperty name = "user" property = "password" /></td>
        </tr>
        </table>
    </BODY>
</HTML>
```

如果有JSP2.x版本，可使用${user.name}替换其中的<jsp:getProperty name="user" property="userName" />。

b. UnknownUser.jsp 用来显示提示信息，其代码如下：

```
<HTML>
<head>
    <title>Prompting infoemation </title>
</head>
<BODY>
        <TABLE BORDER = 1 ALIGN = "CENTER">
        <H2>提示信息</H2>
        <br><br>
        <H3>请输入用户 ID!</H3>
        </TABLE >
</BODY>
</HTML>
```

当应用系统所需程序编写完成后需进行功能测试，当然要先部署好这些软件，如何部署可见9.6.3节的部署说明。下面给出本例的功能测试"管理员查询用户登录信息"的过程。

打开 IE 浏览器，输入本项目的 URL：http://localhost:8888/JavaWebExample。其中 8888 是 Web 服务器的端口在安装时设置的（缺省的端口号是 8080）。由于在 web.xml 文件的配置（详见 9.6.3 节）中，FindUserView.jsp 设为该应用系统的首页，因此首先运行 FindUserView.jsp，运行界面截图如图 9-26 所示。

当管理员在图 9-26 所示的界面中输入 userID：CAI5577 后，单击"查询"按钮，调用 servlet 程序 FindController 执行查询。在正常情况下，查询到结果后，将转向执行 FoundUser.jsp 文件，显示查询结果。查询结果页面截图如图 9-27 所示。

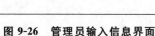

图 9-26　管理员输入信息界面　　　　　图 9-27　查询结果界面

9.6.3　Web 应用系统软件在 TOMCAT 中的部署

Web 应用系统所涉及的文件种类较多,如 class 文件、JSP 文件、第三方 JAR(运行环境)文件、HTML 文件、图片文件等。对于这些文件的组织,Java Servlet 规范中已经作出定义,用一种规范的目录结构管理这些文件。

一个较好的 Web 应用部署有以下几个特点。

(1) 只有一个总目录(或文件夹)。在这个目录下,用子目录的形式组织 Servlets、JSP 文件、HTML 文件、Utility 类(可重用的类)、PD 类、DA 类、beans 等。

(2) 只有一个共用的 URL 前缀。访问一个 Web 应用总是通过一个共用的 URL 前缀,例如:

http://www.host/webAppPrefix/×××

(3) 充分利用配置文件 web.xml。Web 应用系统的许多外观行为可通过设置 web.xml 来实现。

遵循以上特点,将 Web 应用系统中的文件按一定目录结构来部署。例 9-3 的 Web 应用系统的目录结构如图 9-28 所示。

图 9-28　web application 目录结构示意图

在图 9-28 中,webapps 是 Tomcat 目录下的一个应用系统总目录,如 JavaWebExample 是其中一个 Web 应用系统文件的目录。在此目录下有 3 个子目录,即 images、JSP 和 WEB-INF。目录 images 和 JSP 是开发者自己创建的,可选;目录 WEB-INF 是安装 TOMCAT 时自动生成的。它们的作用分别是:

- 目录 images 用来存放应用系统中所用到的图形文件。
- 目录 JS 中存放应用系统中的 JSP 和 HTML 文件。
- 目录 WEB-INF 包含的是服务器端使用的资源。通常在 WEB-INF 目录下有一个 web.xml 文件和一个 classes 目录。在 TOMCAT 中创建应用系统时会在目录 WEB-INF 下产生一个文件 web.xml 和一个子目录 classes。其中:
  - classes 目录下包含自定义的 Web 应用程序包,如图 9-28 中的 userpackage 目录,在此目录下是编译好的 Servlet 类和 JSP 或 Servlet 所依赖的其他类,如 PD

类或 Bean、DA 类、Utility 类。
- web.xml 是应用系统的初始化配置文件,可以修改它。

Web 应用系统的 web.xml 文件的基本结构如下:

＜**web-app**＞…＜/**web-app**＞：web.xml 文件的标记,是 web.xml 文件的根元素。所有 web.xml 文件的内容在此标记中。

＜**servlet**＞…＜/**servlet**＞：命名标记,用来为 Servlet 程序和 JSP 文件命名。

＜**servlet-mapping**＞…＜/**servlet-mapping**＞：URL 地址与 Servlet 程序匹配标记,用来定制 URL。定制 URL 是依赖 Servlet 程序命名的,命名必须在定制 URL 前。

＜**welcome-file-list**＞…＜/**welcome-file-list**＞：指定欢迎页面标记。

例如,修改例 9-3 的 web.xml 文件如下:

```
<?xml version="1.0" encoding="UTF-8"?>
<web-app version="2.5"
xmlns="http://java.sun.com/xml/ns/javaee"
xmlns:xsi="http://www.w3.org/2001/XMLSchema-instance"
xsi:schemaLocation="http://java.sun.com/xml/ns/javaee
http://java.sun.com/xml/ns/javaee/web-app_2_5.xsd">

<servlet>
<description>This is the description of my Application contents</description>
<display-name>FindController</display-name>
<servlet-name>FindController</servlet-name>
<servlet-class>userpackage.FindController</servlet-class>
</servlet>

<servlet-mapping>
<servlet-name>FindController</servlet-name>
<url-pattern>/FindController</url-pattern>
</servlet-mapping>

<welcome-file-list>
<welcome-file>FindUserView.jsp</welcome-file>    Web应用系统的首页文件名
</welcome-file-list>
</web-app>
```

说明:第一段是创建 Web 应用时自动生成的,后面几段标记括号中的内容是添加和修改的内容。

一般可以通过 Tomcat 的管理系统创建自己开发的应用系统目录,也可以在 MyEclipse 中创建一个 Dynamic Web project,myEclipse 将自动生成有关目录结构。在 myEclipse 中项目开发完成后,可将有关文件夹导出到 Tomcat 的 webapps 目录下即可。详见附录 B。

9.7 本章小结

本章从程序设计的角度,较系统地讲述了开发 Java Web 应用系统所需的基本知识和开发过程。其主要内容包括 URL、HTTP、HTML,JSP 的基本知识,Bean 的概念,Servlet 的基本知识与程序设计,Web 应用系统的结构与 MVC 程序设计模式,并给出一个较完整的 Web 应用系统的设计与实现的过程。

练 习 题

1. 简述 Web 应用系统三层体系结构,三层体系结构的好处是什么?
2. 解释说明 URL、HTTP、HTML。
3. 描述 Java Servlet 程序的基本组成部分。
4. Java 程序可以分为 Application 和 Servlet 两大类,能在 WWW 浏览器上运行的是哪一类?
5. JSP 的主要功用是什么?
6. JSP 与 Servlet 有联系吗?请说明。
7. 说明在 Web 应用开发中如何发挥 JSP 和 Servlet 各自的优点,以及如何克服其缺点。
8. 简述 Web 应用程序设计的模式 MVC。采用 MVC 设计模式的优点是什么?
9. 开发一个 Java Application 的三层设计模式与 Java Web Application MVC 三层设计模式有区别吗?请说明相同点和不同点。
10. JSP 和 Servlet 在程序设计中如何分工,才能达到最优组合?
11. 简述开发一个 Web 应用的步骤。
12. 如何部署一个 Java Web 应用所有的文件?
13. 采用 Java Web 技术,开发一个个人网页。用户必须通过登录进入该网页,并能查看网页的内容。
14. 采用 MVC 程序设计模式,完成 9.6.2 节中的例子的其他功能,如添加一个用户、删除一个用户、修改一个用户的密码。

附录 A
Java Application 开发环境的建立

目前比较好的 Java Application 开发平台（也称集成开发环境）是 Eclipse 或 MyEclipse。Eclipse 和 MyEclipse 是基于 Java 的可扩展开发平台，且比较流行。MyEclipse 企业级工作平台（MyEclipse Enterprise Workbench，简称 MyEclipse）是对 Eclipse 集成开发环境（IDE）的扩展，利用它用户可以在数据库和 JavaEE 的开发、发布以及应用程序服务器的整合方面极大地提高工作效率。它是功能丰富的 JavaEE 集成开发环境，包括了完备的编码、调试、测试和发布功能，完整支持 HTML、Struts、JSP、CSS、Javascript、Spring、SQL、Hibernate。

下面对 MyEclipse 下载、安装以及使用、编码、调试进行说明。

A.1 下载和安装 MyEclipse

1. 下载 MyEclipse

获得 MyEclipse，可以从 MyEclipse 官方网站或者其他下载网站下载最新版本的 MyEclipse。

官方下载地址为：http://www.myeclipseide.com

2. 安装 MyEclipse

下载 MyEclipse 后，可以看到一个 .exe 文件，双击此文件进行安装。在安装过程中可自行选择安装路径，如图 A-1 所示。单击 change 按钮，可改变安装路径。如果不改变安装路径，使用默认路径，单击 Install 按钮。

在安装 MyEclipse 时，提示设置工作空间，其界面如图 A-2 所示。如果要改变工作空间，单击 Browse 按钮。读者可以根据自己的需要将工作空间设置在任意盘中，例如工作空间设置在 C:\MyEclipse\workspace 下。这样，以后在 MyEclipse 中创建的文件都将存放在这个目录中。

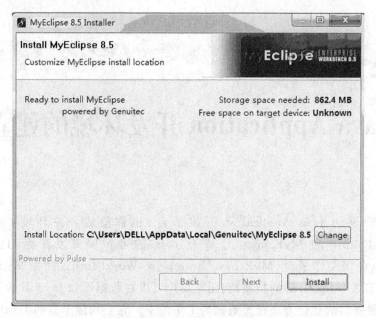

图 A-1　MyEclipse 8.5 安装界面

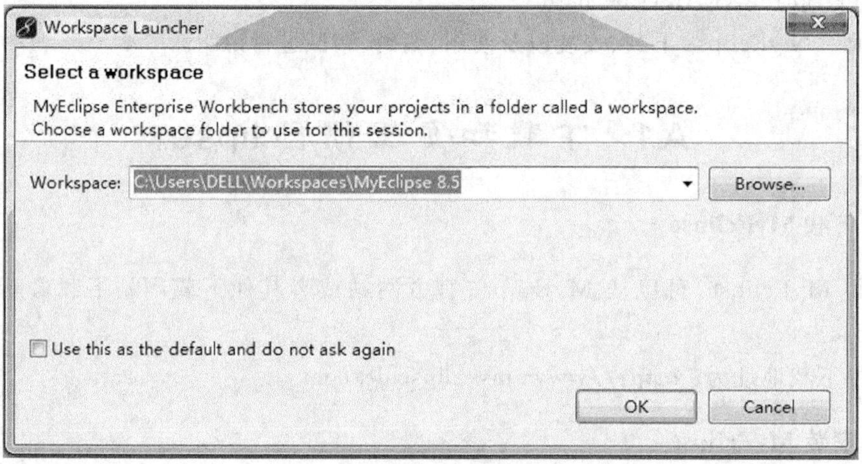

图 A-2　设置工作空间路径

单击图 A-2 中的 OK 按钮,完成安装。选择启动 MyEclipse,MyEclipse 开发主界面被打开,如图 A-3 所示。

MyEclipse 主界面有若干称为视图的功能子窗口组成,可更改各视图的大小,移动其位置。若干视图的组合称为透视图(Perspective)。顶部是菜单栏和工具栏;左边是项目文件管理窗口;中间是编辑程序编辑器;底部是状态栏,有控制台程序输出显示;右边 outline 显示编辑器中当前文件的方法声明。

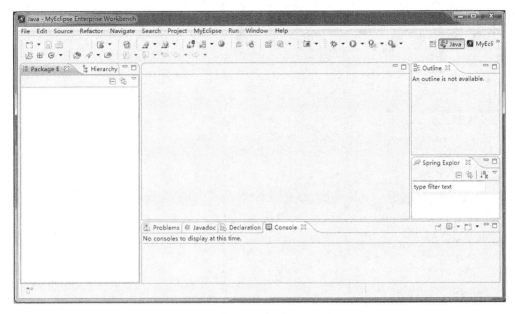

图 A-3　MyEclipse 开发主界面

A.2　使用 MyEclipse 编写 Java 程序

使用 MyEclipse 编写 Java 程序,首先需创建一个 Java Project,然后创建自定义的类或程序。

A.2.1　创建 Java Project(项目)

选择 File→New→Java Project 命令,弹出设置项目名称和项目相关信息的对话框。输入 project 名称例如 test,其他可选默认值,如图 A-4 所示。

单击 Finish 按钮,这样就创建了一个名为 test 的 Java 项目。

A.2.2　创建自定义的类

在刚刚建完的 Java 项目中,创建一个自定义的类。在 Package Explore(包资源管理器)中建立自定义的类。Package Explore 如图 A-5 所示。

右击刚创建的 Java 项目 test,在弹出的快捷菜单中选择 New Class 命令。在弹出的创建 Java Class 对话框中设置包名(你创建的 class 所在的 package Name)和要创建的 Java Class 的名称,如图 A-6 所示。

单击 Finish 按钮就定义了这个类框架;然后就可以在编辑器中编写这个类的具体内容了。

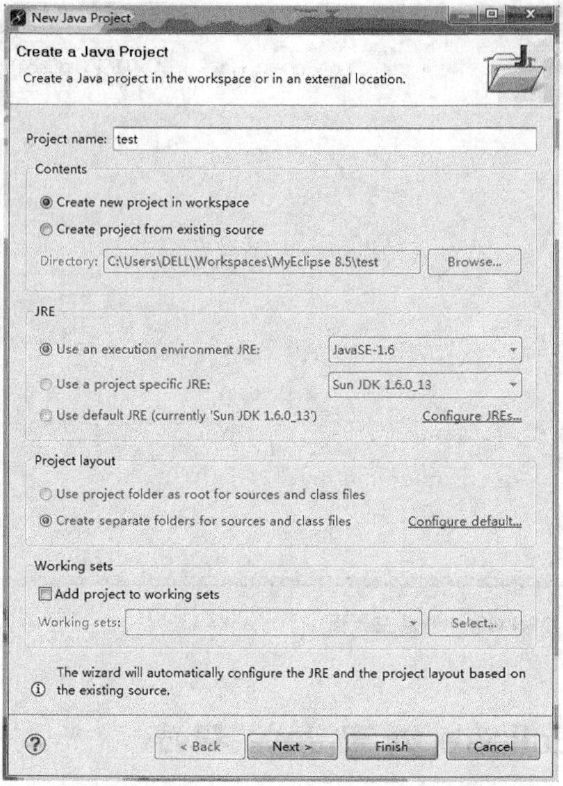

图 A-4　创建一个 Java Application 界面

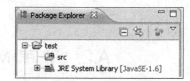

图 A-5　项目资源管理器界面

图 A-6　创建自定义类名的界面

A.2.3 编译一个类

安装 MyEclipse 后，MyEclipse 已设置好自动编译，如图 A-7 打勾那一项所示。因此只需选择 Save 命令，保存文件，之后可单击 Run 按钮就可运行了。

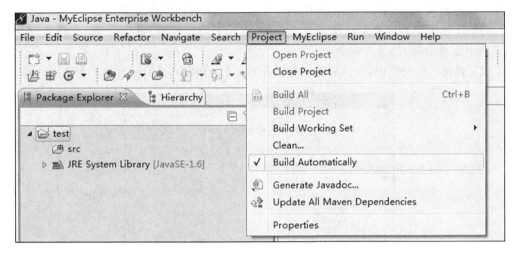

图 A-7　自动编译选择菜单

A.2.4 运行一个类

当编辑好一个可运行的类后，单击 Run 按钮，如图 A-8 所示。运行结果显示在图 A-8 中的下方。

图 A-8　运行程序界面

A.3 导入 Java Class

一个 Java 项目是由若干个类构成的,在构建项目时,可用上述方法创建类,也可以将外部已编辑好的类导入到用户创建的项目中。导入类的具体步骤如下:

(1) 在包资源管理器中选择要导入 Java 项目下的包,单击鼠标右键,在弹出的快捷键菜单中选择 Import 导入命令。

(2) 弹出一个对话框,在该对话框中展开 General,如图 A-9 所示。选择 File System 项;

图 A-9 导入 Java class 选项

(3) 单击 Next 按钮,弹出如图 A-10 所示的对话框,单击 Browser 按钮,选择要导入

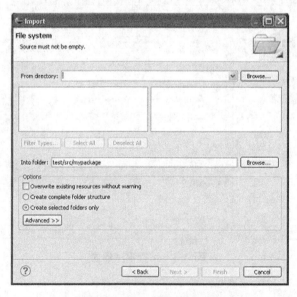

图 A-10 输入导入文件路径

的 Java 文件的位置，在右侧的列表框中，勾选要导入的 Java 文件。

接下来就可以导入想要的任何类到用户已经创建好的包（package）下面了。

A.4 导出 Java 项目

当项目在 MyEclips 中编写调试完成后，需导出到特定的文件夹下。以便运行。导出 Java Project 的步骤如下：

（1）在包资源管理器中，选择要导出的项目，单击鼠标右键，在弹出的快捷菜单中选择 Export 导出命令。

（2）在弹出的 Export 对话框中，选择 File System 项。

（3）单击 Next 按钮，在弹出的文件系统导出对话框中，设置要导出的项目和导出的目录，如图 A-11 所示。

图 A-11　输入导出文件路径

这样就把自己写的项目导出到指定的路径下了。

A.5 调试（Debug）Java 程序

当运行已编译好的程序时，如果有问题但不知道问题出在哪里，可以使用 MyEclipse 中的调试器（Debug），找出问题所在。

调试程序是在 MyEclipse 中的 Debug（调试）视图中进行，下面以一个小程序为例说明如何进行调试。被调试的程序代码例如图 A-12 所示。

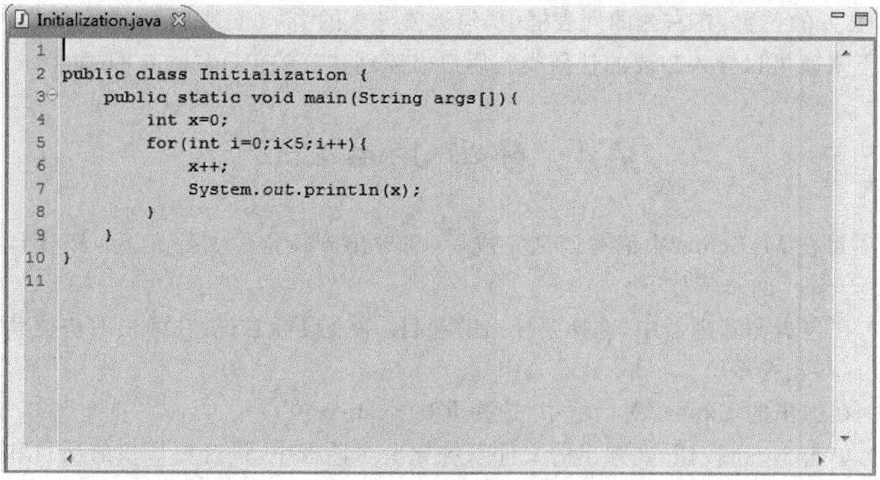

```
 1
 2  public class Initialization {
 3      public static void main(String args[]){
 4          int x=0;
 5          for(int i=0;i<5;i++){
 6              x++;
 7              System.out.println(x);
 8          }
 9      }
10  }
11
```

图 A-12　调试程序例子

对这段代码进行调试的步骤如下：

（1）进入调试视图

选择 Window→Open perspective→Other→Debug 命令，进入调试视图如图 A-13 所示。

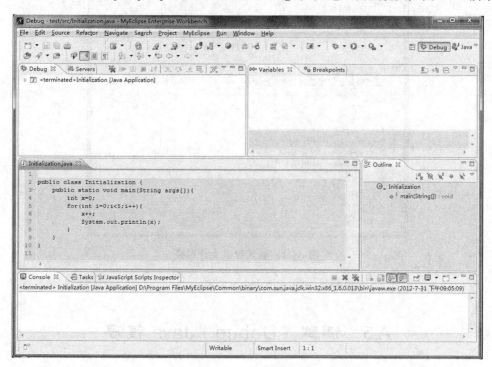

图 A-13　调试视图

（2）设置断点

如果要对这个程序进行调试，首先要在程序中设置断点。然后，调试程序会将设置的程序断点挂起来查看变量的值。设置断点的步骤如下：

附录 A　Java Application 开发环境的建立

① 右击 Java 编辑器中的断点编辑区(代码编辑区竖线的左边)，选择"显示行号"命令。此时，会显示程序代码的行号。

② 在需要设置断点的行号前双击，即设置了断点。此时，会在断点行号前打实心标记，见图 A-14 中的第 6 行。

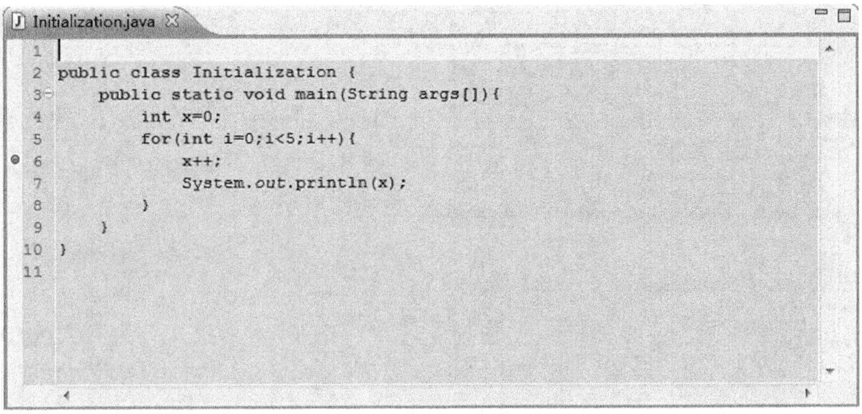

图 A-14　在程序中设置断点

可双击设置的断点，去掉不需要的断点。

(3) 单步跟踪调试

程序断点设置好以后，需要运行 MyEclipse 调试器来调试程序。单击 MyEclipse 工具栏中的 Debug 调试按钮，进入调试视图，如图 A-15 所示。

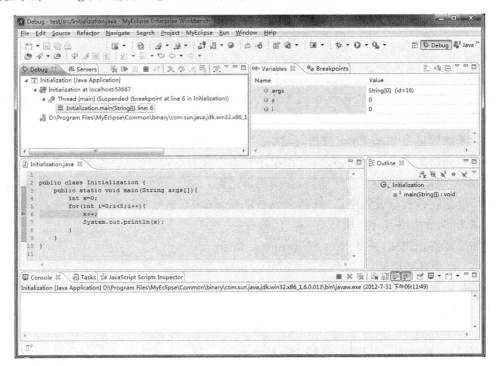

图 A-15　单步跟踪调试界面

调试视图会在设置的断点处暂挂线程,在变量视图中(见图 A-16 右上部分)可以查看断点以前的程序段执行后变量的值。程序编辑器中会高亮显示暂挂线程的程序代码。单击单步跟踪按钮 Step over 或是按 按钮,将执行断点下一行代码,如图 A-16 所示。

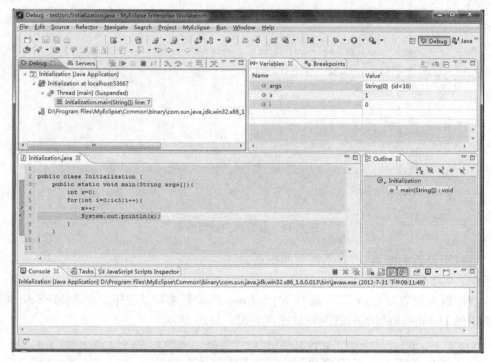

图 A-16 单击 Step over 按钮后的界面

见图 A-16 左边程序编辑器中高亮显示移至第 7 行代码。调试视图(见图 A-16 左上部分)挂起高亮显示程序代码所在的线程。变量视图(见图 A-16 右上部分)高亮显示程序执行断点处语句后变量的值。

如果继续单击 Step Over 按钮,将执行下一行代码。

如何找出某个程序中的错误,可在程序开头设置断点,在菜单栏上选择 Run→Debug 命令,单步跟踪每一行,察看变量值,直到找出错误。在 Java 程序编辑器,修改错误,保存文件。然后在修改行设置断点,选择 Run→Debug 命令,程序将运行到修改行,从此处再开始单击 Step Over 按钮,执行下一行代码……。

如果要终止调试,选择 Run→Terminate 命令。

(4) 命中计数调试

当命中次数等于设定值时将中断程序执行。在 Breakpoints 视图中设置命中计数的断点,步骤如下:

在 Breakpoints 视图(如图 A-17 右上部分所示)上,将鼠标移到要调试的程序名上,单击右键,在弹出的对话框中,选择 Hit Count。

在弹出的框中输入命中计数的值,如图 A-18 所示。

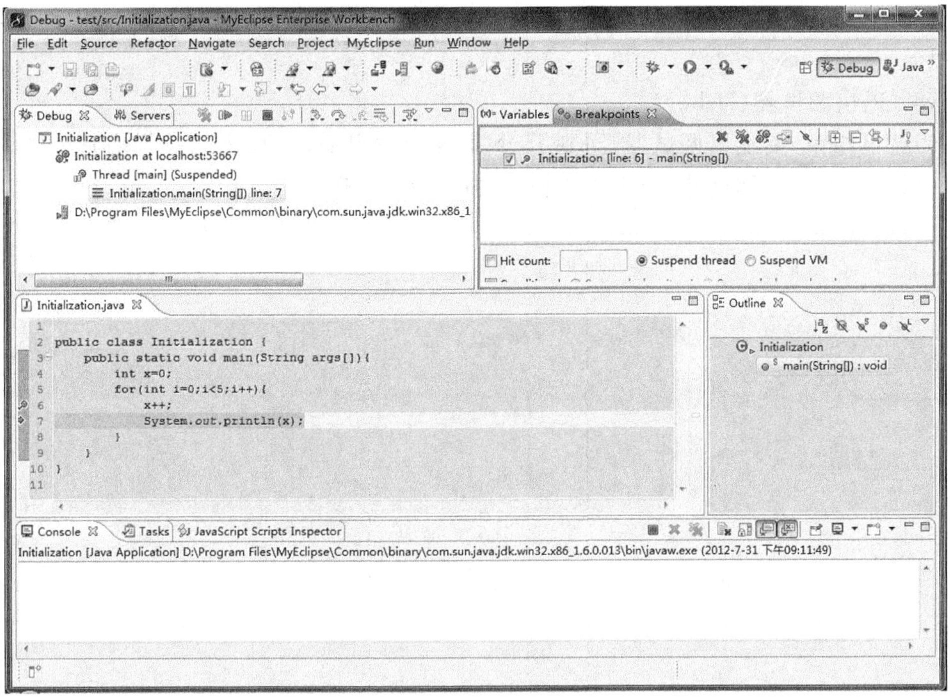

图 A-17　Breakpoint 视图

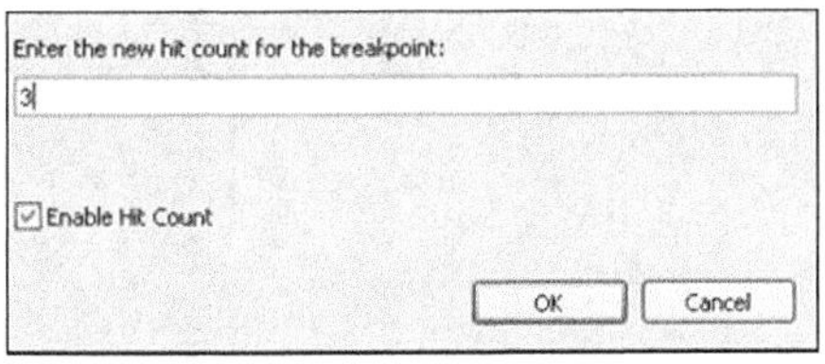

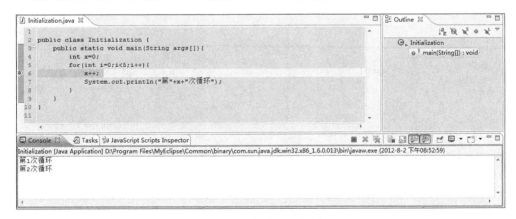

图 A-18　设置命中计数的值

然后执行调试,结果如图 A-19 底部 Console 视图所示。

图 A-19　调试运行结果

循环到第 2 次后,程序就挂起了。如果要终止程序运行可单击图 A-19 中红色小方形图标。

(5) 退出调试器(Debug)

当调试结束,要退出调试器,回到 Java 集成开发界面,可单击工具栏右边的 Java 按钮;如果要再次进入调试器,单击工具栏右边的 Debug 按钮。

附录 B appendix B

Java Web 应用开发环境的建立

目前比较好的 Java Web 开发平台是开发工具仍然是 MyEclipse 开发工具，MyEclips 集成了 Web 容器 Tomcat(也称应用程序服务器，或 servlet 引擎)。

在 MyEclipse 中开发 Java Web 应用，首先要在 MyEclipse 中创建一个 Web Project (Web 项目)，在此项目中创建、编辑、编译、调试 Sevelet 程序和其他类(PD 类、DA 类等)，以及编辑 JSP、HTML 等文件。

B.1 建立 web 项目

在 MyEclipse 菜单栏选择 File→New→Web project 命令，填写项目名称，如 JavaWeb，然后单击 Finish 按钮确定，如图 B-1 所示，之后可能会出现提示切换到 MyEclipse Java

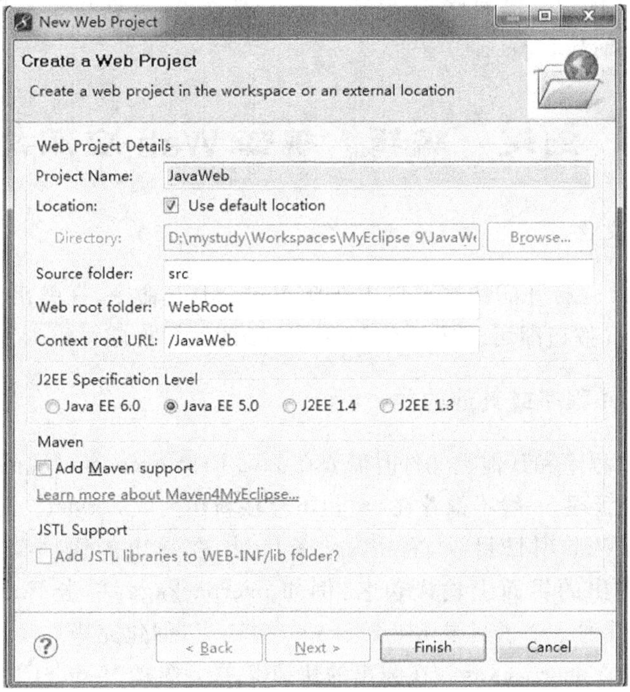

图 B-1 创建 Web 项目界面

Enterprise Perspective 视图的窗口,单击 Yes 按钮即可。

在 MyEclipse 界面左边的 Project Explorer(项目文件管理器)中单击展开新建的 JavaWeb 项目,在 JavaWeb 项目的展开文件夹中,一个 Web 项目 JavaWeb 的文件目录结构如图 B-2 所示。

其中:

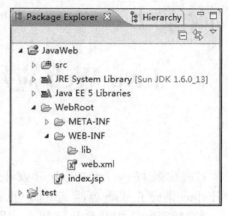

图 B-2　Web 项目文件目录结构

- src 存放你创建的各种类的源程序,例如 Servlet、PD 类、DA 类的源文件等。
- 自动编译好的类被自动存放在 WEB-INF 目录下的子目录 classes,此目录没有出现在 JavaWeb 项目的目录结构中,但可以在 Windows Explorer 的 myeclipse 目录下找到。
- 子目录 Webroot 下的 JSP 文件 index.jsp,是在建立一个 Web 项目后自动产生的。该文件是这个项目的默认的首页。单击工具栏中的按钮 Run JavaWeb on MyEclipse Tomcat 将运行 index.jsp 文件。初学者可以修改此文件作为自己开发项目的首页。自己编写的 JSP 文件一般放在 WebRoot 目录下,对于较大型的项目最好在 WebRoot 下创建一个子目录,专门用来存放 JSP、HTML、CSS 和 JS 文件等,以便管理。
- WEB-INF 下的文件 web.xml 是 Web 项目的配置文件,是在建立一个 Web 项目后自动产生的。你需要修改、完善 web.xml 文件(参见 9.6.3 节),以支持用户的 Web 项目调试、运行。

B.2　创建、编辑、编译 Web 应用文件

1. 新建 JSP 文件

右击 WebRoot 在打开的快捷菜单中选择 New→JSP 命令,在弹出的界面上输入 JSP 文件名,单击 Finish 按钮即可。然后在 MyEclipse 的编辑框就可以编写 JSP 文件了。

2. 新建 Servlet 程序或其他的类

在创建 Servlet 程序和其他类文件时需要在 Java Resources:src(源码)目录下建立新的 package。为了方便管理,一般不推荐在 src 包下直接新建类或 Servlet。具体操作如下。

(1) 展开 JavaWeb 项目目录,右击 src 子目录,在弹出的快捷菜单中选择 New→Package 命令,在弹出的界面上输入包名,例如 userpackage,单击 Finish 按钮。此时在 src 目录下面可以看到一个子目录 userpackage(包)。包创建完毕。

(2) 右击子目录 userpackage,在弹出的快捷菜单中选择 New→Class 命令,在弹出的界面上输入用户的 Servlet 程序名或类名,例如 FindController,单击 Finish 按钮。然后

在 MyEclipse 的编辑框中就可以编写程序了。当保存这些类时，MyEclipse 会自动对这些类进行编译。

B.3 调试运行 JSP 文件

假设生成了一个 JSP 文件，名为 JspExample.jsp。在文件编辑框中输入如下代码（先清除里面本有的内容）：

```
<%@ page language = "java" contentType = "text/html; charset = GBK"
    %>
<!DOCTYPE html PUBLIC "-//W3C//DTD HTML 4.01 Transitional//EN" "http://www.w3.org/TR/html4/loose.dtd">
<html>
<head>
    <title>JSP 页面</title>
</head>
<body bgcolor = "#ffffff">
    <%
    java.util.Date now = new java.util.Date();
    out.println("当前时间是: " + now);
    %>
    <h1>你好,这就是一个 JSP 页面</h1>
</body>
</html>
```

单击保存，然后右击 Package Explorer 框里面的 JavaWeb→Run as→MyEclipse Server Application，程序运行，或单击工具栏中的按钮 Run JavaWeb on MyEclipse Tomcat。在下面的 Console 中出现 Tomcat 的启动信息，如图 B-3 所示。如果要中止程序运行，单击图 B-3 中红色小方形图标。

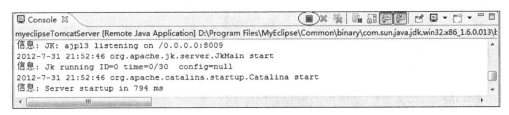

图 B-3　Tomcat 启动信息

程序运行结果，如图 B-4 所示。出现这个页面即表示运行成功。

调试运行 Servlet 程序与运行 JSP 文件操作类似，不同的是在运行 Servlet 程序时，如果有问题会显示在图 B-3 所示的 Console 视图中。

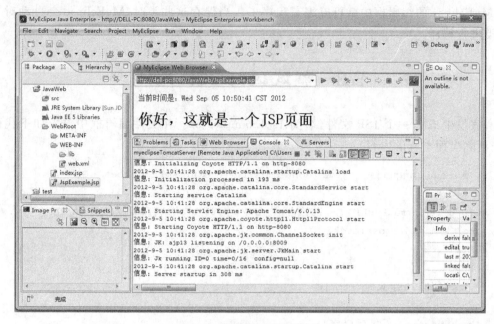

图 B-4　程序运行结果界面

B.4　项目的发布

如果使用的是 MyEclipse 自带的 Tomcat，将 URL 输入到浏览器地址栏就行了，例如上例，将 url 地址 http://localhost:8080/JavaWeb/JspExample.jsp 输入到浏览器地址栏，点击运行，结果如图 B-5 所示。

图 B-5　在浏览器上运行 JSP 文件

附录 C

常用术语或词汇表

为便于双语教学,常用术语或词汇的解释用英文表示。

A

abstract class　　抽象类
  a class that cannot be instantiated and only serves to allow subclasses to inherit from it

abstract method　　抽象方法
  a method without any statements that must be overridden by a corresponding method in a subclass

accessibility　　可访问性
  specifies which classes can access variables and methods: public (all classes have access), private (access only from within this class), and protected (subclasses and classes within the same package have access); default is that classes within the same package have access

accessor method　　存取方法
  a method that provides access to attribute values. E.g. getters and setters methods

action event　　动作事件
  an event resulting from clicking a menu item or a button

active object　　主动对象
  an object that is executing or controlling part of an interaction

activity diagram　　活动图
  a UML diagram useful for showing the steps followed in a use case

actor　　参与者
  the person or entity using the system

argument　　实际参数(实参)
  a value being passed to a method; the value is received into a parameter variable declared in the method header

arithmetic operators　　算术运算符

symbols used for addition, subtraction, multiplication, and division (+, −, *, /, %)

assignment operator 赋值运算符
   (=); assigns the value on the right side of the equal sign to the variable named on the left side

assignment operators 赋值运算符
   the assignment operator (=) together with the arithmetic operators (+, −, *, /, %)

association class 关联类
   a class that exists as a byproduct of an association relationship

association relationships 关联关系
   how objects of different classes are associated with each other

attribute 属性
   characteristic of an object that takes on a value

attribute storage 存储属性
   making an instance persistent by storing its attribute values in a file

B

block of code 语句块
   statements between an open curly brace ({}) and closed curly brace (})

breakpoint 中断点
   a flag set by the programmer that instructs the debugger to pause program execution at a particular line of code

byte stream 字节流
   a data steam consisting of Unicode characters

bytecode 字节码
   the code produced when you compile a Java program

C

catch block catch 语句块
   a block of code beginning with the keyword catch that executes if the specified exception is caught

character stream 字符流
   a data stream in the default format of the system where the data is stored; it is automatically translated in Unicode when read by Java

class 类
   objects are classified as a type of thing

class definition 类定义
   Java code written to represent a class containing attribute definitions and accessor methods

class diagram   类图
    a UML diagram showing classes and their relationships
class header   类的首部
    a line of code that identifies the class and some of its characteristics
class method   类方法
    a method not associated with a specific instance; a static variable
client   客户端
    the computer that issues a request in a client-server model of distributed processing
client object   提出请求的对象
    the object invoking a method
client-server computing   客户/服务器计算模式
    a form of distributed processing in which a client requests an action and the server perform it
compound expression   复合表达式
    consists of two expressions joined using the logical operators AND (&&) and OR (||)
concatenated key   连接键
    a key (primary or foreign) that is comprised of more than one field (or column) in the database
concatenation operator   连接运算符
    (+); joins values together into a string
concrete class   具体类
    a class that can be instantiated, as opposed to an abstract class
conditional operator   条件运算符
    (?); a shortcut to writing an if-else statement
constant   常量
    a variable with a value that does not change; uses the keyword final
constructor   构造方法
    a special method that is automatically invoked whenever you create an instance of a class; it has no return type and has the same name as its class
control break   中断控制
    a change in the value of a variable used to group a list of items
custom exception   自定义异常
    an exception that is written specifically for an application that extends the Exception or Throwable classes
custom method   自定义方法
    methods written to do some processing; in contrast, accessor methods are written to store and retrieve attribute values

D

data source name 数据源名
  a name used by JDBC instead of the actual database name

data stream 数据流
  a flow of bytes to or from an I/O device

data wrapper 数据包装
  a class that when instantiated contains primitive data inside an object instance; a wrapper class exists for each of the primitive data types (Boolean, Byte, Character, Double, Float, Integer, Long, and Short)

database 数据库
  one or more files organized into tables to facilitate queries; each table column represents an attribute and a row represents a record (or an instance)

debugger 调试器
  a set of tools that monitors the progress of a program at runtime and enables the programmer to isolate errors

default constructor 默认的构造方法
  a constructor method consisting of a header and an empty code block

doc comment doc 注释
  a special comment statement used by the javadoc utility to generate program documentation in HTML format; the resulting HTML pages contain pertinent information about the classes, methods, and variables used in a program

dynamic binding 动态绑定
  occurs when the JVM resolves which method to invoke when the system runs

dynamic model 动态模型
  a model such as the sequence diagram that shows objects interacting

E

encapsulation 封装
  occurs when an object has attributes and methods combined into one unit

event listener 事件监听器
  an object that is listening for events from event source objects with which it has registered

event source 事件源
  the object that triggers an event

exception 异常
  an object instance; more specifically, an instance of the Throwable class or one of its subclasses

Extensible Markup Language (XML)　　可扩展的标记语言
　　　XML is similar to HTML and allows programmers to develop their own tags and elements to fit the needs of specific applications and data structures
external event　　外部事件
　　　something that happens outside the system that results in system processing

F

fat client　　胖客户端
　　　a division of work in a client-server model that places heavy processing demands on the client
file　　文件
　　　a collection of related records
file system　　文件系统
　　　the hierarchical organization of directories (or folders) that exist above the package-lever folder; they control the Java classpath
finally block finally　　语句块
　　　a block of code beginning with the keyword finally that will execute regardless of whether an exception is caught
foreign key　　外键
　　　an attribute (or combination of attributes) in one database table that serves as a primary key in a different database table

G

generalization/specialization hierarchy　　一般/特殊层次结构
　　　a hierarchy of superclasses and subclasses; sometimes called an inheritance hierarchy
get accessor method　　获取属性值的方法
　　　a method that returns attribute values
getter　　get方法
　　　get accessor method
GUI object　　GUI对象
　　　an object that is part of the user interface to the system

H

Hypertext Markup Language (HTML)　　超文本标记语言
　　　a language used to format information that is displayed in a Web browser
Hypertext Transfer Protocol (HTTP)　　超文本传输协议
　　　the standard communication protocol used by most Web browsers and Web servers

I

identifier   标识符
    the name of a class, method, or variable

incremental development   增量开发
    life cycle approach where some of the system is completed and put into operation before the entire system is finished

increment operator   加 1 运算符
    (++); adds one to a variable

information hiding   信息隐藏
    occurs when encapsulation hides the internal structure of objects, protecting them from corruption

inheritance   继承
    the relationship between classes whereby one class inherits part or all of the public description of another superclass, and instances inherit all the properties and methods of the classes which they contain.
    inheritance is a way to compartmentalize and reuse code by creating collections of attributes and behaviors called objects which can be based on previously created objects.

instance   实例
    a specific object that belongs to a class (synonym of object)

instance method   实例方法
    a method associated with a specific instance; a nonstatic method

instance variable   实例变量
    a nonstatic variable; each instance maintains its own copy of the variable

instantiate   实例化
    to create a new instance of the class

IDE(Integrated Development Environment)   集成开发环境
    software that provides editing, debugging, and graphical tools used to develop systems

interface   接口
    the set of abstract methods and constants defined for an object; classes that implement the interface must override the abstract methods

interpreter   解释器
    a program that reads a file containing program code and executes it

J

JDBC(Java Database Connectivity)   Java 数据库连接
    Sun Microsystems' protocol for database connectivity

Java Development Kit (JDK)   Java 开发工具包

    the Java software system consisting of a compiler, debugger, the JVM, and packages containing hundreds of prewritten classes

Javadoc tag Javadoc   标记

    a code used to identify certain kinds of information needed by the Javadoc utility in creating HTML pages from the doc comments; begins with the @ character

javadoc utility javadoc   实用程序

    a utility program in the Java software development kit (SDK) that generates program documentation in HTML format based on the placement and content of doc comments

JSP(Java Server Page)

    a technology that allows you to embed Java code within an HTML file

JVM(Java Virtual Machine)   Java 虚拟机

    the Java interpreter that executes bytecode

K

keyword   关键字

    a word that has special meaning in a programming language and is used in writing statements

L

layout manager   布局管理器

    a class that determines the way GUI components are arranged on a container

lifeline   生命线

    a dashed line representing a sequence of time that an object exists on a sequence diagram

logical model   逻辑模型

    model showing what is required in the system independent of the technology used to implement it

logical operators   逻辑运算符

    OR (||) AND (&&)

look and feel   外观

    the overall what is required in the system independent of the technology used to implement it

logical counter   循环计数器

    a variable used to count the number of times a loop is executed

M

message 消息
   a request sent asking an object to invoke, or carry out, one of its methods
method 方法
   what an object is capable of doing
method header 方法的首部
   the first line of a method that identifies the method and describes some of its characteristics
method overriding 方法重写
   invoking the method of a subclass in place of the method in the superclass if both have the same signature (name, return type, and parameter list)
method signature 方法签名
   the method name and its parameter list
model 模型
   depicts some aspect of the real world
model-driven approach 模型驱动方法
   a systems development approach where developers create graphical models of the system requirements and the system design
model-driven development 模型驱动开发
   creating logical and physical models during analysis and design to describe system requirements and designs
MVC(Model-view-controller)
   this is a software architecture, currently considered an architectural pattern used in software engineering
modulus operator 模数运算符
   see remainder operator
multiple inheritance 多继承
   the ability to inherit from more than one class
multiplicity 多重性
   the number of associations possible between objects (see cardinality)

N

naturalness 自然
   a benefit of OO because people more naturally think about their world in terms of objects
nested if 嵌套if语句
   an if statement written inside another if statement

nested loop   嵌套循环
    a loop within a loop
nonstatic   非静态
    another term used for instance variables and methods
nonstatic method   非静态方法
    a method associated with a specific instance; an instance method
null   零值
    a Java keyword representing a constant containing binary zeroes

O

object   对象
    a thing that has attributes and behaviors
object identity   对象标识
    each object has a unique address, meaning you can find it, or refer to it, and send it a message
OOA(object-oriented analysis)   面向对象分析
    defining system requirements in terms of problem domain objects and their interactions
object-oriented approach   面向对象方法
    defines a system as a collection of objects that work together to accomplish tasks
OOD(object-oriented design)   面向对象设计
    designing the system in terms of classes of objects and their interactions, including the user interface and data access classes
object-oriented information system development   面向对象信息系统的开发
    analysis, design, and implementation of information systems using object-oriented programming languages, technologies, and techniques
OOP(object-oriented programming)   面向对象程序设计(编程)
    writing program statements that define or instantiate classes of objects that implement object interactions
object persistence   对象持久性
    making an object instance exist over time by storing the instance or its data in a file for future retrieval
object storage   对象存储
    making an instance persistent by storing the instance in a file
one-dimensional array   一维数组
    an array consisting of elements arranged in a single row (or column)
ODBC(Open Database Connectivity)   开放式数据库连接
    a protocol that provides methods to Microsoft's Access database
overloaded method   重载的方法

  a method within the same class having the same name as another, but with a different parameter list

overridden method   重写的方法

  a method with the same signature as an inherited method

P

package   包

  a group of related classes, similar to a class library; when working in an IDE, designate the package as the folder that contains your program

parameter   形式参数(形参)

  a variable declared in a method header that receives an argument value

parameterized constructor   参数化的构造方法

  a constructor method that receives argument, usually used to populate attribute values

physical model   物理模型

  model showing how a system component will be implemented using a specific technology

polymorphic method   多态的方法

  a method in one class with the same the same signature as a method in a second class

polymorphism   多态性

  in OO, refers to the way different objects can respond in their own way to the same message

portability   可移植性

  the ability to write a program once and have it run on any implementation of the JVM, regardless of the hardware platform

primary key   主键

  a field that is used to uniquely identify a record

primitive data type   基本数据类型

  one of the eight basic Java data types

primitive variable   基本类型的变量

  a variable declared with one of the eight primitive data types

problem domain object   问题域对象

  objects that are specific to the business application

project   项目

  a mechanism within an IDE for grouping related programs so that they are easier to find, manage, and word on; project structures are not recognized by the JVM and other systems software

protected access   受保护的访问

  attribute values can be directly accessed by subclasses (as well as by other classes in the package)

prototype 原型
    a model (or mock-up) of some portion of an information system; the prototyping strategy is to develop core features first, and get the look and feel of them before implementing other features

R

random access file 随机访问文件
    a file with its records organized so that you can access a record by specifying its record number

record 记录
    a collection of related variables

reference variable 引用变量
    a variable that uses a class name as a data type and refers to or points to an instance of that class

register 注册
    an event listener object invokes a method in an event source object in order to be notified when an event occurs

relational database 关系数据库
    data organized into tables which may be related to each other

remainder operator 取余运算符
    (%); one of the arithmetic operators used to produce a remainder resulting from the division of two integers

reuse 重用(复用)
    a benefit of OO that allows classes to be developed once and used many times

S

sequence diagram 序列图(顺序图)
    a UML diagram showing object interaction

sequential file 顺序文件
    a file with its records stored in sequential order, one after the other

server 服务器
    the computer in a client-server model of distributed processing that receives client requests and performs the desired actions

server object 提供服务的对象
    the object whose method is being invoked

servlet
    a special kind of Java program that resides on the Web server and responds to client

  requests
set accessor method 给属性赋值的方法
  a method that populates attributes
setter 赋值方法
  set accessor method
signature 签名
  this usually includes the method name, and the number, types and order of its parameters
standard method 标准方法
  see accessor method
static 静态的
  keyword used in a variable definition or a method header to associate it with a class instead of individual instances
static method 静态方法
  a method not associated with a specific instance
SQL(Structured Query Language) 结构化查询语言
  a standard set of keywords and statements used to access relational database
subclass 子类(派生类)
  a class that inherits from a superclass
superclass 超类(父类)
  a general class that a subclass can inherit from
system analysis 系统分析
  to study, understand, and define the requirements for a system
system design 系统设计
  process of creating physical models showing how the various system components will be implemented using specific technology
system requirements 系统需求
  define what the system needs to accomplish for users in business terms

T

tag 标记
  a keyword in HTML, JSP, ASP, XML, and other markup languages that identifies special kinds of formatting or commands to be carried out when a Web page is rendered by the browser
thin client 瘦客户端
  a division of work in a client-server model that minimizes processing demands on the client; generally a thin client is preferable to a fat client for Web applications
three-tier design 三层设计

a method of system design that requires that the collection of objects that interact in an OO system are separated into three categories of classes (problem domain classes, GUI classes, and data access classes)

try block try　语句块

a block of code beginning with the keyword try; code that invokes a method that may throw an exception is placed in a try block

U

Unicode　字符集

a standard character set used by Java that uses two bytes for each character; accommodates all of the characters in the major international languages

UML(Unified Modeling Language)　统一建模语言

an accepted standard for OO analysis and design diagramming mutation and constructs

URL(Uniform Resource Locator)　网络资源地址

specifies the location of a document to be loaded by the Web browser; most often take the form of protocol://hostname.port.file

use case　用例

a system function that allows the user to complete a task

use case diagram　用例图

a UML diagram showing use cases and actors

参 考 文 献

[1] Doke E R, John W Satzinger, Susan Rebstock Williams. Object-Oriented Application Development Using Java[M]. Thomson Learning, 2003.
[2] Deitel P J, Deitel H M. Java How to Program (seven edition)[M]. Person Education, 2007.
http://www.ibm.com/developerworks/cn/linux/software_engineering/l-oo/index1.html.
[3] Michael Blaha, James Rumbaugh. Object-Oriented Modeling and Design with UML (second edition)[M]. Person Education, 2005.